Java
并发编程之美
翟陆续 薛宾田 著

电子工业出版社
Publishing House of Electronics Industry
北京·BEIJING

内 容 简 介

并发编程相比 Java 中其他知识点的学习门槛较高，从而导致很多人望而却步。但无论是职场面试，还是高并发 / 高流量系统的实现，却都离不开并发编程，于是能够真正掌握并发编程的人成为了市场迫切需求的人才。

本书通过图文结合、通俗易懂的讲解方式帮助大家完成多线程并发编程从入门到实践的飞跃！全书分为三部分，第一部分为 Java 并发编程基础篇，主要讲解 Java 并发编程的基础知识、线程有关的知识和并发编程中的其他相关概念，这些知识在高级篇都会有所使用，掌握了本篇的内容，就为学习高级篇奠定了基础；第二部分为 Java 并发编程高级篇，讲解了 Java 并发包中核心组件的实现原理，让读者知其然，也知其所以然，熟练掌握本篇内容，对我们在日常开发高并发、高流量的系统时会大有裨益；第三部分为 Java 并发编程实践篇，主要讲解并发组件的使用方法，以及在使用过程中容易遇到的问题和解决方法。

本书适合 Java 初级、中高级研发工程师，对 Java 并发编程感兴趣，以及希望探究 JUC 包源码原理的人员阅读。

图书在版编目（CIP）数据

Java 并发编程之美 / 翟陆续，薛宾田著 . —北京：电子工业出版社，2018.11
ISBN 978-7-121-34947-8

Ⅰ . ① J… Ⅱ . ①翟… ②薛… Ⅲ . ① JAVA 语言 – 程序设计 Ⅳ . ① TP312

中国版本图书馆 CIP 数据核字 (2018) 第 199378 号

策划编辑：刘　皎
责任编辑：牛　勇
印　　刷：北京天宇星印刷厂
装　　订：北京天宇星印刷厂
出版发行：电子工业出版社
　　　　　北京市海淀区万寿路 173 信箱　　邮编：100036
开　　本：787×980　　1/16　　印张：22.5　　字数：432 千字
版　　次：2018 年 11 月第 1 版
印　　次：2023 年 4 月第 10 次印刷
定　　价：89.00 元

凡所购买电子工业出版社图书有缺损问题，请向购买书店调换。若书店售缺，请与本社发行部联系，联系及邮购电话：(010) 88254888，88258888。
质量投诉请发邮件至 zlts@phei.com.cn，盗版侵权举报请发邮件至 dbqq@phei.com.cn。
本书咨询联系方式：010-51260888-819，faq@phei.com.cn。

业界好评

Java 的并发编程太重要，又太迷人，所以自 Goetz 的 Java Concurrency in Practice 在 2006 年出版，2012 年重译以来，国内的众多作者又陆陆续续出版了若干本相关主题的书籍。那我手上的这本，是又一本 Java 并发编程 (Yet Another ...) 吗？为了找一个大家再次购买的理由，我快速翻完了全书。

显而易见，作者是一位喜欢用代码说话的同学，第一部分基础知识中的每个知识点都伴随一段简短的示例及证明的代码，代码不撒谎。

作者对代码的爱，也带到了第二部分。书中针对 Java 并发库中的主要组件，进行了代码级的原理讲解，而且紧贴时代脉搏，涵盖了 JDK 8 的内容。如果你能耐下心来，跟随作者进行一番代码级的探究，所产生的印象比阅读文章、死记结论，无疑要深刻得多。

到了最后的实践部分，依然没有模式、架构之类的宏大叙事，而是作者自己一个个的实践例子。

所以，如果要简单概括，这就是一本有好奇心的 Coder，写给另一位有好奇心的 Coder 的 Java 并发编程书。

——肖桦（江南白衣），唯品会资深架构师，公众号"春天的旁边"

JDK 1.5 之前，我们必须自己编写代码实现一些并发编程的逻辑；之后到了 JDK 1.5，Doug Lea 解救了广大 Java 用户，在 JDK 里特意设计并实现了一套 JUC 的框架，给大家提供了非常好的并发编程体验。本书作者在阿里经历过大量并发的场景，积攒了不少并发编程的经验，并毫无保留地写入本书。通过书中对 JUC 源码的解读，读者可以揭开 JUC 的神秘面纱。这是一本值得仔细品读的好书。

——你假笨 / 寒泉子，PerfMa CEO，公众号"你假笨"

Java 并发编程所涉及的知识点比较多，多线程编程所考虑的场景相对比较复杂，包括线程间的资源共享、竞争、死锁等问题。并发编程相比 Java 中其他知识点，学习起来门槛相对较高，学习难度较大，从而导致很多人望而却步。加多的《Java 并发编程之美》这本书刚好填补了这个空缺，作者在并发编程领域深耕多年。本书用浅显易懂的文字为大家系统地介绍了 Java 并发编程的相关内容，推荐大家关注学习。

——纯洁的微笑，第三方支付公司技术总监，公众号"纯洁的微笑"

Java 并发编程无处不在，Java 多线程、并发处理是深入学习 Java 必须要掌握的技术。本书涵盖了 Java 并发包中的核心类、API 以及框架等内容，并辅以详尽的案例讲解，帮助读者快速学习、迅速掌握。如果你希望成长为一名优秀的 Java 程序员，有必要读一读本书。

——许令波，《深入分析 Java Web 技术内幕》作者

第一作者加多是一位非常勤奋的技术人员，经常发布各种技术文章，有时候甚至能做到每天一篇，在并发编程网已经累计发布了近百篇文章。本书是他多年的积累，厚积薄发，从并发编程的基础知识一直到实战娓娓道来，希望读者喜欢。

——方腾飞，并发编程网创始人

前　言

本书特色

不像其他并发类书籍那样晦涩难懂，本书的特色之一是通俗易懂，对 Java 有一定基础的开发人员都可以看懂。本书在基础篇专门讲解并发编程基础，笔者根据在项目实践中对这些知识的理解，总结了并发编程中常用的基础知识以及常用的概念，并通过图文结合的方式降低理解的难度，使用少量的代码讲解就可以让读者轻松掌握并发编程的基础知识，让读者逐步建立起自信。在高级篇主要讲解 JUC 并发包下并发组件的实现原理，首先介绍 JUC 里面最简单的原子类，让读者学会使用在基础篇里介绍的最简单的 CAS 操作，再逐步加大难度让读者慢慢适应：比如一开始打算把并发 List 放到锁后面讲解，因为并发 List 里面使用了锁，但是锁的理解难度比 List 大太多，所以最终还是坚持从易入难的原则，先讲解 List，再讲解锁。在实践篇中首先讲解并发组件在开源框架或者项目中的运用，让读者不仅可以知道并发组件的原理，而且可以了解怎么使用这些组件。最后总结笔者在项目中或者其他同事在项目中经常遇到的并发编程问题，并对其进行分析，给出解决方案。

如果你只想使用并发包，那么可以阅读本书，因为本书在讲解代码时基本都是用的实例；如果你想研究源码却一筹莫展——不知道如何下手或者感觉吃力，也可以阅读本书，因为本书对核心代码进行了讲解；如果你想了解并发编程中的常见问题，增加对并发的认识，也可以阅读本书，因为本书对这类问题进行了总结。

如何阅读本书

本书分为基础篇、高级篇和实践篇，其中基础篇讲解线程的知识和并发编程中的基本概念以及基础知识，高级篇则介绍并发包下常用的并发组件的原理，实践篇讲解并发组件的具体使用方法和在并发编程中会遇到的一些并发问题及解决方法。

阅读开源框架源码的一点心得

为什么要看源码

我们在做项目的时候一般会遇到下面的问题：

（1）不知道如何去设计。比如刚入职场时，来一个需求需做概要设计，不知如何下手，不得不去看当前系统类似需求是如何设计的，然后仿照去设计。

（2）设计的时候，考虑问题不周全。相比职场新手，这类人对一个需求依靠自己的经验已经能够拿出一个概要设计，但是设计中经常会遗漏一些异常细节，比如使用多线程有界队列执行任务，遇到机器宕机了，如果队列里面的任务不存盘的话，那么机器下次启动的时候这些任务就丢失了。

对于这些问题，说到底主要还是因为经验不够，而经验主要从项目实践中积累，所以招聘单位一般都会限定工作时间大于 3 年，因为这些人的项目经验相对较丰富，在项目中遇到的场景相对较多。工作经验的积累来自于年限与实践，然而看源码可以扩展我们的思路，这是变相增加我们经验的不错方法。虽然不能在短时间内通过时间积累经验，但是可以通过学习开源框架、开源项目来获取经验。

另外，进职场后一般都要先熟悉现有系统，如果有文档还好，没文档的话就得自己去翻代码研究。如果之前对阅读源码有经验，那么在研究新系统的代码逻辑时就不会那么费劲了。

还有一点就是，当你使用框架或者工具做开发时，如果你对它的实现有所了解，就能最大化地减少出故障的可能。比如并发队列 ArrayBlockingQueue 里面关于元素入队有个 offer 方法 和 put 方法，虽然某个时间点你知道使用 offer 方法时，当队列满了就会丢弃要入队的元素，之后 offer 方法会返回 false，而不会阻塞当前线程；而使用 put 方法时，当队列满了，则会挂起当前线程，直到队列有空闲，元素入队成功后才返回。但是人是善忘的，一段时间不使用，就会忘记它们的区别，当你再去使用时，需进入 offer 和 put 方法的内部，看它们的源码实现。进入 offer 方法一看，哦，原来队列满后直接返回了 false；进入 put 方法一看，哦，原来队列满后，直接使用条件变量的 await 方法挂起了当前线程。知道了它们的区别，你就可以根据自己的需求来选择了。

　　看源码最大的好处是可以开阔思维，提升架构设计能力。有些东西仅靠书本和自己思考是很难学到的，必须通过看源码，看别人如何设计，然后思考为何这样设计才能领悟到。能力的提高不在于你写了多少代码，做了多少项目，而在于给你一个业务场景时，你是否能拿出几种靠谱的解决方案，并且说出各自的优缺点。而如何才能拿出来，一来靠经验，二来靠归纳总结，而看源码可以快速增加你的经验。

如何看源码

　　那么如何阅读源码呢？在你看某一个框架的源码前，先去 Google 查找这个开源框架的官方介绍，通过资料了解该框架有几个模块，各个模块是做什么的，之间有什么联系，每个模块都有哪些核心类，在阅读源码时可以着重看这些类。

　　然后对哪个模块感兴趣就去写个小 demo，先了解一下这个模块的具体作用，然后再 debug 进入看具体实现。在 debug 的过程中，第一遍是走马观花，简略看一下调用逻辑，都用了哪些类；第二遍需有重点地 debug，看看这些类担任了架构图里的哪些功能，使用了哪些设计模式。如果第二遍有感觉了，便大致知道了整体代码的功能实现，但是对整体代码结构还不是很清晰，毕竟代码里面多个类来回调用，很容易遗忘当前断点的来处；那么你可以进行第三遍 debug，这时候你最好把主要类的调用时序图以及类图结构画出来，等画好后，再对着时序图分析调用流程，就可以清楚地知道类之间的调用关系，而通过类图可以知道类的功能以及它们相互之间的依赖关系。

　　另外，开源框架里面每个功能类或者方法一般都有注释，这些注释是一手资料，比如 JUC 包里的一些并发组件的注释，就已经说明了它们的设计原理和使用场景。

　　在阅读源码时，最好画出时序图和类图，因为人总是善忘的。如果隔一段时间你再去看之前看过的源码，虽然有些印象，但当你想去看某个模块的逻辑时，又需根据 demo 再从头 debug 了。而如果有了这俩图，就可以从这俩图里面直接找，并且看一眼时序图就知道整个模块的脉络了。

　　此外，查框架使用说明最好去官网查（这些信息是源头，是没有经过别人翻译的），虽然是英文，但是看久了就好了，毕竟还有 Google 翻译呐！

　　当然研究代码时不一定非要 debug 三遍，其实这里说的是三种掌握程度，如果你 debug 一遍就能掌握，那自然更好啦。

目　　录

第一部分　Java 并发编程基础篇

第二部分　Java 并发编程高级篇

第 3 章　Java 并发包中 ThreadLocalRandom 类原理剖析 80

第三部分　Java 并发编程实践篇

第一部分

Java并发编程基础篇

本篇主要介绍并发编程的基础知识,包含两章内容,分别为并发编程线程基础以及并发编程的其他概念与原理解析。

第1章

并发编程线程基础

1.1　什么是线程

在讨论什么是线程前有必要先说下什么是进程，因为线程是进程中的一个实体，线程本身是不会独立存在的。进程是代码在数据集合上的一次运行活动，是系统进行资源分配和调度的基本单位，线程则是进程的一个执行路径，一个进程中至少有一个线程，进程中的多个线程共享进程的资源。

操作系统在分配资源时是把资源分配给进程的，但是 CPU 资源比较特殊，它是被分配到线程的，因为真正要占用 CPU 运行的是线程，所以也说线程是 CPU 分配的基本单位。

在 Java 中，当我们启动 main 函数时其实就启动了一个 JVM 的进程，而 main 函数所在的线程就是这个进程中的一个线程，也称主线程。

进程和线程的关系如图 1-1 所示。

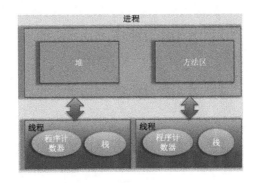

图 1–1

由图 1-1 可以看到，一个进程中有多个线程，多个线程共享进程的堆和方法区资源，但是每个线程有自己的程序计数器和栈区域。

程序计数器是一块内存区域，用来记录线程当前要执行的指令地址。那么为何要将程序计数器设计为线程私有的呢？前面说了线程是占用 CPU 执行的基本单位，而 CPU 一般是使用时间片轮转方式让线程轮询占用的，所以当前线程 CPU 时间片用完后，要让出 CPU，等下次轮到自己的时候再执行。那么如何知道之前程序执行到哪里了呢？其实程序计数器就是为了记录该线程让出 CPU 时的执行地址的，待再次分配到时间片时线程就可以从自己私有的计数器指定地址继续执行。另外需要注意的是，如果执行的是 native 方法，那么 pc 计数器记录的是 undefined 地址，只有执行的是 Java 代码时 pc 计数器记录的才是下一条指令的地址。

另外每个线程都有自己的栈资源，用于存储该线程的局部变量，这些局部变量是该线程私有的，其他线程是访问不了的，除此之外栈还用来存放线程的调用栈帧。

堆是一个进程中最大的一块内存，堆是被进程中的所有线程共享的，是进程创建时分配的，堆里面主要存放使用 new 操作创建的对象实例。

方法区则用来存放 JVM 加载的类、常量及静态变量等信息，也是线程共享的。

1.2 线程创建与运行

Java 中有三种线程创建方式，分别为实现 Runnable 接口的 run 方法，继承 Thread 类并重写 run 的方法，使用 FutureTask 方式。

首先看继承 Thread 类方式的实现。

```java
public class ThreadTest {

    //继承Thread类并重写run方法
    public static class MyThread extends Thread {

        @Override
        public void run() {

            System.out.println("I am a child thread");

        }
```

```
    }

    public static void main(String[] args) {

        // 创建线程
        MyThread thread = new MyThread();

        // 启动线程
        thread.start();
    }
}
```

如上代码中的 MyThread 类继承了 Thread 类，并重写了 run() 方法。在 main 函数里面创建了一个 MyThread 的实例，然后调用该实例的 start 方法启动了线程。需要注意的是，当创建完 thread 对象后该线程并没有被启动执行，直到调用了 start 方法后才真正启动了线程。

其实调用 start 方法后线程并没有马上执行而是处于就绪状态，这个就绪状态是指该线程已经获取了除 CPU 资源外的其他资源，等待获取 CPU 资源后才会真正处于运行状态。一旦 run 方法执行完毕，该线程就处于终止状态。

使用继承方式的好处是，在 run() 方法内获取当前线程直接使用 this 就可以了，无须使用 Thread.currentThread() 方法；不好的地方是 Java 不支持多继承，如果继承了 Thread 类，那么就不能再继承其他类。另外任务与代码没有分离，当多个线程执行一样的任务时需要多份任务代码，而 Runable 则没有这个限制。下面看实现 Runnable 接口的 run 方法方式。

```
    public static class RunableTask implements Runnable{

        @Override
        public void run() {
            System.out.println("I am a child thread");
        }

    }
    public static void main(String[] args) throws InterruptedException{

        RunableTask task = new RunableTask();
        new Thread(task).start();
        new Thread(task).start();
    }
```

如上面代码所示，两个线程共用一个 task 代码逻辑，如果需要，可以给 RunableTask 添加参数进行任务区分。另外，RunableTask 可以继承其他类。但是上面介绍的两种方式都有一个缺点，就是任务没有返回值。下面看最后一种，即使用 FutureTask 的方式。

```java
//创建任务类，类似Runable
public static class CallerTask implements Callable<String>{

        @Override
        public String call() throws Exception {

            return "hello";
        }

    }

    public static void main(String[] args) throws InterruptedException {
    // 创建异步任务
        FutureTask<String> futureTask  = new FutureTask<>(new CallerTask());
        //启动线程
        new Thread(futureTask).start();
        try {
            //等待任务执行完毕，并返回结果
            String result = futureTask.get();
            System.out.println(result);
        } catch (ExecutionException e) {
            e.printStackTrace();
        }
}
```

如上代码中的 CallerTask 类实现了 Callable 接口的 call() 方法。在 main 函数内首先创建了一个 FutrueTask 对象（构造函数为 CallerTask 的实例），然后使用创建的 FutrueTask 对象作为任务创建了一个线程并且启动它，最后通过 futureTask.get() 等待任务执行完毕并返回结果。

小结：使用继承方式的好处是方便传参，你可以在子类里面添加成员变量，通过 set 方法设置参数或者通过构造函数进行传递，而如果使用 Runnable 方式，则只能使用主线程里面被声明为 final 的变量。不好的地方是 Java 不支持多继承，如果继承了 Thread 类，那么子类不能再继承其他类，而 Runable 则没有这个限制。前两种方式都没办法拿到任务的返回结果，但是 Futuretask 方式可以。

1.3 线程通知与等待

Java 中的 Object 类是所有类的父类，鉴于继承机制，Java 把所有类都需要的方法放到了 Object 类里面，其中就包含本节要讲的通知与等待系列函数。

1. wait() 函数

当一个线程调用一个共享变量的 wait() 方法时，该调用线程会被阻塞挂起，直到发生下面几件事情之一才返回：（1）其他线程调用了该共享对象的 notify() 或者 notifyAll() 方法；（2）其他线程调用了该线程的 interrupt() 方法，该线程抛出 InterruptedException 异常返回。

另外需要注意的是，如果调用 wait() 方法的线程没有事先获取该对象的监视器锁，则调用 wait() 方法时调用线程会抛出 IllegalMonitorStateException 异常。

那么一个线程如何才能获取一个共享变量的监视器锁呢？

（1）执行 synchronized 同步代码块时，使用该共享变量作为参数。

```
synchronized（共享变量）{
    //doSomething
}
```

（2）调用该共享变量的方法，并且该方法使用了 synchronized 修饰。

```
synchronized void add(int a,int b){
    //doSomething
}
```

另外需要注意的是，一个线程可以从挂起状态变为可以运行状态（也就是被唤醒），即使该线程没有被其他线程调用 notify()、notifyAll() 方法进行通知，或者被中断，或者等待超时，这就是所谓的虚假唤醒。

虽然虚假唤醒在应用实践中很少发生，但要防患于未然，做法就是不停地去测试该线程被唤醒的条件是否满足，不满足则继续等待，也就是说在一个循环中调用 wait() 方法进行防范。退出循环的条件是满足了唤醒该线程的条件。

```
synchronized (obj) {
    while (条件不满足){
        obj.wait();
    }
}
```

如上代码是经典的调用共享变量 wait() 方法的实例，首先通过同步块获取 obj 上面的监视器锁，然后在 while 循环内调用 obj 的 wait() 方法。

下面从一个简单的生产者和消费者例子来加深理解。如下面代码所示，其中 queue 为共享变量，生产者线程在调用 queue 的 wait() 方法前，使用 synchronized 关键字拿到了该共享变量 queue 的监视器锁，所以调用 wait() 方法才不会抛出 IllegalMonitorStateException 异常。如果当前队列没有空闲容量则会调用 queued 的 wait() 方法挂起当前线程，这里使用循环就是为了避免上面说的虚假唤醒问题。假如当前线程被虚假唤醒了，但是队列还是没有空余容量，那么当前线程还是会调用 wait() 方法把自己挂起。

```
//生产线程
synchronized (queue) {

    //消费队列满，则等待队列空闲
    while (queue.size() == MAX_SIZE) {
        try {
            //挂起当前线程，并释放通过同步块获取的queue上的锁，让消费者线程可以获取该锁，然后
                获取队列里面的元素
            queue.wait();
        } catch (Exception ex) {
            ex.printStackTrace();
        }
    }

    //空闲则生成元素，并通知消费者线程
    queue.add(ele);
    queue.notifyAll();

}
}
//消费者线程
synchronized (queue) {

    //消费队列为空
    while (queue.size() == 0) {
        try
            //挂起当前线程，并释放通过同步块获取的queue上的锁，让生产者线程可以获取该锁，将生
                产元素放入队列
            queue.wait();
```

```
        } catch (Exception ex) {
            ex.printStackTrace();
        }
    }

    //消费元素，并通知唤醒生产者线程
    queue.take();
    queue.notifyAll();

    }
}
```

在如上代码中假如生产者线程 A 首先通过 synchronized 获取到了 queue 上的锁，那么后续所有企图生产元素的线程和消费线程将会在获取该监视器锁的地方被阻塞挂起。线程 A 获取锁后发现当前队列已满会调用 queue.wait() 方法阻塞自己，然后释放获取的 queue 上的锁，这里考虑下为何要释放该锁？如果不释放，由于其他生产者线程和所有消费者线程都已经被阻塞挂起，而线程 A 也被挂起，这就处于了死锁状态。这里线程 A 挂起自己后释放共享变量上的锁，就是为了打破死锁必要条件之一的持有并等待原则。关于死锁后面的章节会讲。线程 A 释放锁后，其他生产者线程和所有消费者线程中会有一个线程获取 queue 上的锁进而进入同步块，这就打破了死锁状态。

另外需要注意的是，当前线程调用共享变量的 wait() 方法后只会释放当前共享变量上的锁，如果当前线程还持有其他共享变量的锁，则这些锁是不会被释放的。下面来看一个例子。

```
// 创建资源
private static volatile  Object resourceA = new Object();
private static volatile Object resourceB = new Object();

public static void main(String[] args) throws InterruptedException {

    // 创建线程
    Thread threadA = new Thread(new Runnable() {
        public void run() {

            try {

                // 获取resourceA共享资源的监视器锁
                synchronized (resourceA) {
                    System.out.println("threadA get resourceA lock");
```

```java
        // 获取resourceB共享资源的监视器锁
        synchronized (resourceB) {
            System.out.println("threadA get resourceB lock");

            // 线程A阻塞, 并释放获取到的resourceA的锁
            System.out.println("threadA release resourceA lock");
            resourceA.wait();

        }

    }

    } catch (InterruptedException e) {
        e.printStackTrace();
    }
}
});

// 创建线程
Thread threadB = new Thread(new Runnable() {
    public void run() {

        try {

        //休眠1s
            Thread.sleep(1000);

            // 获取resourceA共享资源的监视器锁
            synchronized (resourceA) {
                System.out.println("threadB get resourceA lock");

                System.out.println("threadB try get resourceB lock...");

                // 获取resourceB共享资源的监视器锁
                synchronized (resourceB) {
                    System.out.println("threadB get resourceB lock");

                    // 线程B阻塞, 并释放获取到的resourceA的锁
                    System.out.println("threadB release resourceA lock");
                    resourceA.wait();

                }
```

```
                    }

            } catch (InterruptedException e) {
                e.printStackTrace();
            }
        }
    });

    // 启动线程
    threadA.start();
    threadB.start();

    // 等待两个线程结束
    threadA.join();
    threadB.join();

    System.out.println("main over");

}
```

输出结果如下：

```
WaitNotifyTest [Java Application] /Library/Java/JavaVirtualMachines/jdk1.8.0_101.jdk/Contents/Home/bin/java
threadA get resourceA lock
threadA get resourceB lock
threadA release resourceA lock
threadB get resourceA lock
threadB try get resourceB lock...
```

如上代码中，在 main 函数里面启动了线程 A 和线程 B，为了让线程 A 先获取到锁，这里让线程 B 先休眠了 1s，线程 A 先后获取到共享变量 resourceA 和共享变量 resourceB 上的锁，然后调用了 resourceA 的 wait() 方法阻塞自己，阻塞自己后线程 A 释放掉获取的 resourceA 上的锁。

线程 B 休眠结束后会首先尝试获取 resourceA 上的锁，如果当时线程 A 还没有调用 wait() 方法释放该锁，那么线程 B 会被阻塞，当线程 A 释放了 resourceA 上的锁后，线程 B 就会获取到 resourceA 上的锁，然后尝试获取 resourceB 上的锁。由于线程 A 调用的是 resourceA 上的 wait() 方法，所以线程 A 挂起自己后并没有释放获取到的 resourceB 上的锁，所以线程 B 尝试获取 resourceB 上的锁时会被阻塞。

这就证明了当线程调用共享对象的 wait() 方法时，当前线程只会释放当前共享对象的锁，当前线程持有的其他共享对象的监视器锁并不会被释放。

最后再举一个例子进行说明。当一个线程调用共享对象的 wait() 方法被阻塞挂起后，如果其他线程中断了该线程，则该线程会抛出 InterruptedException 异常并返回。

```java
public class WaitNotifyInterupt {

    static Object obj = new Object();

    public static void main(String[] args) throws InterruptedException {

        //创建线程
        Thread threadA = new Thread(new Runnable() {
            public void run() {
                try {
                    System.out.println("---begin---");
                    //阻塞当前线程
                    synchronized (obj) {
                        obj.wait();
                    }
                    System.out.println("---end---");

                } catch (InterruptedException e) {
                    e.printStackTrace();
                }
            }
        });

        threadA.start();

        Thread.sleep(1000);

        System.out.println("---begin interrupt threadA---");
        threadA.interrupt();
        System.out.println("---end interrupt threadA---");
    }
}
```

输出如下。

```
<terminated> WaitNotifyInterupt [Java Application] /Library/Java/JavaVirtualMachines/jdk1.8.0_101.jdk/Contents/Home/bin/java (2018年8月8日 下午2:01:14)
---begin---
---begin interrupt threadA---
---end interrupt threadA---
java.lang.InterruptedException
        at java.lang.Object.wait(Native Method)
        at java.lang.Object.wait(Object.java:502)
        at com.gitchat.demo.netty_learn.WaitNotifyInterupt$1.run(WaitNotifyInterupt.java:16)
        at java.lang.Thread.run(Thread.java:745)
```

在如上代码中，threadA 调用共享对象 obj 的 wait() 方法后阻塞挂起了自己，然后主线程在休眠 1s 后中断了 threadA 线程，中断后 threadA 在 obj.wait() 处抛出 java.lang.InterruptedException 异常而返回并终止。

2. wait(long timeout) 函数

该方法相比 wait() 方法多了一个超时参数，它的不同之处在于，如果一个线程调用共享对象的该方法挂起后，没有在指定的 timeout ms 时间内被其他线程调用该共享变量的 notify() 或者 notifyAll() 方法唤醒，那么该函数还是会因为超时而返回。如果将 timeout 设置为 0 则和 wait 方法效果一样，因为在 wait 方法内部就是调用了 wait(0)。需要注意的是，如果在调用该函数时，传递了一个负的 timeout 则会抛出 IllegalArgumentException 异常。

3. wait(long timeout, int nanos) 函数

在其内部调用的是 wait(long timeout) 函数，如下代码只有在 nanos>0 时才使参数 timeout 递增 1。

```java
public final void wait(long timeout, int nanos) throws InterruptedException {
    if (timeout < 0) {
        throw new IllegalArgumentException("timeout value is negative");
    }

    if (nanos < 0 || nanos > 999999) {
        throw new IllegalArgumentException(
                        "nanosecond timeout value out of range");
    }

    if (nanos > 0) {
        timeout++;
    }

    wait(timeout);
}
```

4. notify() 函数

一个线程调用共享对象的 notify() 方法后，会唤醒一个在该共享变量上调用 wait 系列方法后被挂起的线程。一个共享变量上可能会有多个线程在等待，具体唤醒哪个等待的线程是随机的。

此外，被唤醒的线程不能马上从 wait 方法返回并继续执行，它必须在获取了共享对象的监视器锁后才可以返回，也就是唤醒它的线程释放了共享变量上的监视器锁后，被唤醒的线程也不一定会获取到共享对象的监视器锁，这是因为该线程还需要和其他线程一起竞争该锁，只有该线程竞争到了共享变量的监视器锁后才可以继续执行。

类似 wait 系列方法，只有当前线程获取到了共享变量的监视器锁后，才可以调用共享变量的 notify() 方法，否则会抛出 IllegalMonitorStateException 异常。

5. notifyAll() 函数

不同于在共享变量上调用 notify() 函数会唤醒被阻塞到该共享变量上的一个线程，notifyAll() 方法则会唤醒所有在该共享变量上由于调用 wait 系列方法而被挂起的线程。

下面举一个例子来说明 notify() 和 notifyAll() 方法的具体含义及一些需要注意的地方，代码如下。

```
// 创建资源
private static volatile Object resourceA = new Object();

public static void main(String[] args) throws InterruptedException {

    // 创建线程
    Thread threadA = new Thread(new Runnable() {
        public void run() {

            // 获取resourceA共享资源的监视器锁
            synchronized (resourceA) {

                System.out.println("threadA get resourceA lock");
                try {

                    System.out.println("threadA begin wait");
                    resourceA.wait();
                    System.out.println("threadA end wait");
```

```
                } catch (InterruptedException e) {
                    // TODO Auto-generated catch block
                    e.printStackTrace();
                }
            }
        }
    });

    // 创建线程
    Thread threadB = new Thread(new Runnable() {
        public void run() {

            synchronized (resourceA) {
                System.out.println("threadB get resourceA lock");
                try {

                    System.out.println("threadB begin wait");
                    resourceA.wait();
                    System.out.println("threadB end wait");

                } catch (InterruptedException e) {
                    // TODO Auto-generated catch block
                    e.printStackTrace();
                }
            }
        }

    });

    // 创建线程
    Thread threadC = new Thread(new Runnable() {
        public void run() {

            synchronized (resourceA) {

                System.out.println("threadC begin notify");
                resourceA.notify();
            }
        }
    });

    // 启动线程
    threadA.start();
```

```
threadB.start();

Thread.sleep(1000);
threadC.start();

// 等待线程结束
threadA.join();
threadB.join();
threadC.join();

System.out.println("main over");

}
```

输出结果如下。

```
WaitNotifyAllTest [Java Application] /Library/Java/JavaVirtualMachines/jdk1.8.0_101.jdk/Contents/Home/bin/java
threadA get resourceA lock
threadA begin wait
threadB get resourceA lock
threadB begin wait
threadC begin notify
threadA end wait
```

如上代码开启了三个线程，其中线程 A 和线程 B 分别调用了共享资源 resourceA 的 wait() 方法，线程 C 则调用了 nofity() 方法。这里启动线程 C 前首先调用 sleep 方法让主线程休眠 1s，这样做的目的是让线程 A 和线程 B 全部执行到调用 wait 方法后再调用线程 C 的 notify 方法。这个例子试图在线程 A 和线程 B 都因调用共享资源 resourceA 的 wait() 方法而被阻塞后，让线程 C 再调用 resourceA 的 notify() 方法，从而唤醒线程 A 和线程 B。但是从执行结果来看，只有一个线程 A 被唤醒，线程 B 没有被唤醒：

从输出结果可知线程调度器这次先调度了线程 A 占用 CPU 来运行，线程 A 首先获取 resourceA 上面的锁，然后调用 resourceA 的 wait() 方法挂起当前线程并释放获取到的锁，然后线程 B 获取到 resourceA 上的锁并调用 resourceA 的 wait() 方法，此时线程 B 也被阻塞挂起并释放了 resourceA 上的锁，到这里线程 A 和线程 B 都被放到了 resourceA 的阻塞集合里面。线程 C 休眠结束后在共享资源 resourceA 上调用了 notify() 方法，这会激活 resourceA 的阻塞集合里面的一个线程，这里激活了线程 A，所以线程 A 调用的 wait() 方法返回了，线程 A 执行完毕。而线程 B 还处于阻塞状态。如果把线程 C 调用的 notify() 方法改为调用 notifyAll() 方法，则执行结果如下。

```
<terminated> WaitNotifyAllTest [Java Application] /Library/Java/JavaVirtualMachines/jdk1.8.0_101.jdk/Contents/Home/bin/java
threadA get resourceA lock
threadA begin wait
threadB get resourceA lock
threadB begin wait
threadc begin notify
threadB end wait
threadA end wait
main over
```

从输入结果可知线程 A 和线程 B 被挂起后，线程 C 调用 notifyAll() 方法会唤醒 resourceA 的等待集合里面的所有线程，这里线程 A 和线程 B 都会被唤醒，只是线程 B 先获取到 resourceA 上的锁，然后从 wait() 方法返回。线程 B 执行完毕后，线程 A 又获取了 resourceA 上的锁，然后从 wait() 方法返回。线程 A 执行完毕后，主线程返回，然后打印输出。

一个需要注意的地方是，在共享变量上调用 notifyAll() 方法只会唤醒调用这个方法前调用了 wait 系列函数而被放入共享变量等待集合里面的线程。如果调用 notifyAll() 方法后一个线程调用了该共享变量的 wait() 方法而被放入阻塞集合，则该线程是不会被唤醒的。尝试把主线程里面休眠 1s 的代码注释掉，再运行程序会有一定概率输出下面的结果。

```
WaitNotifyAllTest [Java Application] /Library/Java/JavaVirtualMachines/jdk1.8.0_101.jdk/Contents/Home/bin/jav
threadA get resourceA lock
threadA begin wait
threadC begin notify
threadB get resourceA lock
threadB begin wait
threadA end wait
```

也就是在线程 B 调用共享变量的 wait() 方法前线程 C 调用了共享变量的 notifyAll 方法，这样，只有线程 A 被唤醒，而线程 B 并没有被唤醒，还是处于阻塞状态。

1.4 等待线程执行终止的 join 方法

在项目实践中经常会遇到一个场景，就是需要等待某几件事情完成后才能继续往下执行，比如多个线程加载资源，需要等待多个线程全部加载完毕再汇总处理。Thread 类中有一个 join 方法就可以做这个事情，前面介绍的等待通知方法是 Object 类中的方法，而 join 方法则是 Thread 类直接提供的。join 是无参且返回值为 void 的方法。下面来看一个简单的例子。

```java
public static void main(String[] args) throws InterruptedException {
```

```java
Thread threadOne = new Thread(new Runnable() {

    @Override
    public void run() {

        try {
            Thread.sleep(1000);
        } catch (InterruptedException e) {
            e.printStackTrace();
        }

        System.out.println("child threadOne over!");

    }
});

Thread threadTwo = new Thread(new Runnable() {

    @Override
    public void run() {

        try {
            Thread.sleep(1000);
        } catch (InterruptedException e) {
            e.printStackTrace();
        }

        System.out.println("child threadTwo over!");


    }
});


//启动子线程
threadOne.start();
threadTwo.start();

System.out.println("wait all child thread over!");

//等待子线程执行完毕, 返回
threadOne.join();
threadTwo.join();
```

```
        System.out.println("all child thread over!");
    }
```

如上代码在主线程里面启动了两个子线程，然后分别调用了它们的 join() 方法，那么主线程首先会在调用 threadOne.join() 方法后被阻塞，等待 threadOne 执行完毕后返回。threadOne 执行完毕后 threadOne.join() 就会返回，然后主线程调用 threadTwo.join() 方法后再次被阻塞，等待 threadTwo 执行完毕后返回。这里只是为了演示 join 方法的作用，在这种情况下使用后面会讲到的 CountDownLatch 是个不错的选择。

另外，线程 A 调用线程 B 的 join 方法后会被阻塞，当其他线程调用了线程 A 的 interrupt() 方法中断了线程 A 时，线程 A 会抛出 InterruptedException 异常而返回。下面通过一个例子来加深理解。

```java
public static void main(String[] args) throws InterruptedException {

    //线程one
    Thread threadOne = new Thread(new Runnable() {

        @Override
        public void run() {

            System.out.println("threadOne begin run!");
            for (;;) {
            }

        }
    });
    //获取主线程
    final Thread mainThread = Thread.currentThread();

    //线程two
    Thread threadTwo = new Thread(new Runnable() {

        @Override
        public void run() {
            //休眠1s
            try {
                Thread.sleep(1000);
            } catch (InterruptedException e) {
                e.printStackTrace();
```

```
        }
        //中断主线程
        mainThread.interrupt();

    }
});

// 启动子线程
threadOne.start();

//延迟1s启动线程
threadTwo.start();


try{//等待线程one执行结束
    threadOne.join();

}catch(InterruptedException e){
    System.out.println("main thread:" + e);
}

}
```

输出结果如下。

```
JoinInterruptedExceptionTest [Java Application] /Library/Java/JavaVirtualMachines/jdk1.8.0_101.jdk/Col
threadOne begin run!
main thread:java.lang.InterruptedException
```

如上代码在 threadOne 线程里面执行死循环，主线程调用 threadOne 的 join 方法阻塞自己等待线程 threadOne 执行完毕，待 threadTwo 休眠 1s 后会调用主线程的 interrupt() 方法设置主线程的中断标志，从结果看在主线程中的 threadOne.join() 处会抛出 InterruptedException 异常。这里需要注意的是，在 threadTwo 里面调用的是主线程的 interrupt() 方法，而不是线程 threadOne 的。

1.5　让线程睡眠的 sleep 方法

　　Thread 类中有一个静态的 sleep 方法，当一个执行中的线程调用了 Thread 的 sleep 方法后，调用线程会暂时让出指定时间的执行权，也就是在这期间不参与 CPU 的调度，但是该线程所拥有的监视器资源，比如锁还是持有不让出的。指定的睡眠时间到了后该函数会正常返回，线程就处于就绪状态，然后参与 CPU 的调度，获取到 CPU 资源后就可以继续运行了。如果在睡眠期间其他线程调用了该线程的 interrupt() 方法中断了该线程，则该线程会在调用 sleep 方法的地方抛出 InterruptedException 异常而返回。

下面举一个例子来说明，线程在睡眠时拥有的监视器资源不会被释放。

```java
public class SleepTest2 {

    // 创建一个独占锁
    private static final Lock lock = new ReentrantLock();

    public static void main(String[] args) throws InterruptedException {

        // 创建线程A
        Thread threadA = new Thread(new Runnable() {
            public void run() {
                // 获取独占锁
                lock.lock();
                try {
                    System.out.println("child threadA is in sleep");

                    Thread.sleep(10000);

                    System.out.println("child threadA is in awaked");

                } catch (InterruptedException e) {
                    e.printStackTrace();
                } finally {
                    // 释放锁
                    lock.unlock();
                }
            }
        });

        // 创建线程B
        Thread threadB = new Thread(new Runnable() {
            public void run() {
                // 获取独占锁
                lock.lock();
                try {
                    System.out.println("child threadB is in sleep");

                    Thread.sleep(10000);
```

```
            System.out.println("child threadB is in awaked");

        } catch (InterruptedException e) {
            e.printStackTrace();
        } finally {
            // 释放锁
            lock.unlock();
        }
    }
});

// 启动线程
threadA.start();
threadB.start();

    }

}
```

执行结果如下。

```
<terminated> SleepTest2 [Java Application] /Library/Java/JavaVirtualMachines/jdk1.8.0_101.jdk/Contents/Home/bin/java
child threadA is in sleep
child threadA is in awaked
child threadB is in sleep
child threadB is in awaked
```

　　如上代码首先创建了一个独占锁，然后创建了两个线程，每个线程在内部先获取锁，然后睡眠，睡眠结束后会释放锁。首先，无论你执行多少遍上面的代码都是线程 A 先输出或者线程 B 先输出，不会出现线程 A 和线程 B 交叉输出的情况。从执行结果来看，线程 A 先获取了锁，那么线程 A 会先输出一行，然后调用 sleep 方法让自己睡眠 10s，在线程 A 睡眠的这 10s 内那个独占锁 lock 还是线程 A 自己持有，线程 B 会一直阻塞直到线程 A 醒来后执行 unlock 释放锁。下面再来看一下，当一个线程处于睡眠状态时，如果另外一个线程中断了它，会不会在调用 sleep 方法处抛出异常。

```
public static void main(String[] args) throws InterruptedException {

    //创建线程
    Thread thread = new Thread(new  Runnable() {
        public void run() {

            try {
```

```
                System.out.println("child thread is in sleep");

                Thread.sleep(10000);
                System.out.println("child thread is in awaked");

            } catch (InterruptedException e) {
                e.printStackTrace();
            }
        }
    });

    //启动线程
    thread.start();

    //主线程休眠2s
    Thread.sleep(2000);

    //主线程中断子线程
    thread.interrupt();
}
```

执行结果如下。

```
<terminated> SleepTest [Java Application] /Library/Java/JavaVirtualMachines/jdk1.8.0_101.jdk/Contents/Home/bin/java
child thread is in sleep
java.lang.InterruptedException: sleep interrupted
        at java.lang.Thread.sleep(Native Method)
        at com.zlx.con.program.example.SleepTest$1.run(SleepTest.java:14)
        at java.lang.Thread.run(Thread.java:745)
```

子线程在睡眠期间，主线程中断了它，所以子线程在调用 sleep 方法处抛出了 InterruptedException 异常。

另外需要注意的是，如果在调用 Thread.sleep(long millis) 时为 millis 参数传递了一个负数，则会抛出 IllegalArgumentException 异常，如下所示。

```
<terminated> SleepTest [Java Application] /Library/Java/JavaVirtualMachines/jdk1.8.0_101.jdk/Contents/Home/bin/java (2017年8月27
Exception in thread "main" java.lang.IllegalArgumentException: timeout value is negative
        at java.lang.Thread.sleep(Native Method)
        at com.zlx.con.program.example.SleepTest.main(SleepTest.java:23)
```

1.6 让出 CPU 执行权的 yield 方法

Thread 类中有一个静态的 yield 方法，当一个线程调用 yield 方法时，实际就是在暗示线程调度器当前线程请求让出自己的 CPU 使用，但是线程调度器可以无条件忽略这个暗示。我们知道操作系统是为每个线程分配一个时间片来占有 CPU 的，正常情况下当一个线程把分配给自己的时间片使用完后，线程调度器才会进行下一轮的线程调度，而当一个线程调用了 Thread 类的静态方法 yield 时，是在告诉线程调度器自己占有的时间片中还没有使用完的部分自己不想使用了，这暗示线程调度器现在就可以进行下一轮的线程调度。

当一个线程调用 yield 方法时，当前线程会让出 CPU 使用权，然后处于就绪状态，线程调度器会从线程就绪队列里面获取一个线程优先级最高的线程，当然也有可能会调度到刚刚让出 CPU 的那个线程来获取 CPU 执行权。下面举一个例子来加深对 yield 方法的理解。

```java
public class YieldTest implements Runnable {

    YieldTest() {

        //创建并启动线程
        Thread t = new Thread(this);
        t.start();
    }

    public void run() {

        for (int i = 0; i < 5; i++) {
            //当i=0时让出CPU执行权，放弃时间片，进行下一轮调度
            if ((i % 5) == 0) {
                System.out.println(Thread.currentThread() + "yield cpu...");

                //当前线程让出CPU执行权，放弃时间片，进行下一轮调度
                // Thread.yield();
            }
        }

        System.out.println(Thread.currentThread() + " is over");
    }

    public static void main(String[] args) {
        new YieldTest();
        new YieldTest();
```

```
    new YieldTest();
  }
}
```

输出结果如下。

```
<terminated> YieldTest [Java Application] /Library/Java/JavaVirtualMachines/jdk1.8.0_101.jdk/Contents/Home/bin/java
Thread[Thread-0,5,main]yield cpu...
Thread[Thread-0,5,main] is over
Thread[Thread-1,5,main]yield cpu...
Thread[Thread-1,5,main] is over
Thread[Thread-2,5,main]yield cpu...
Thread[Thread-2,5,main] is over
```

如上代码开启了三个线程，每个线程的功能都一样，都是在 for 循环中执行 5 次打印。运行多次后，上面的结果是出现次数最多的。解开 Thread.yield() 注释再执行，结果如下。

```
<terminated> YieldTest [Java Application] /Library/Java/JavaVirtualMachines/jdk1.8.0_101.jdk/Contents/Home/bin/java
Thread[Thread-0,5,main]yield cpu...
Thread[Thread-2,5,main]yield cpu...
Thread[Thread-1,5,main]yield cpu...
Thread[Thread-0,5,main] is over
Thread[Thread-2,5,main] is over
Thread[Thread-1,5,main] is over
```

从结果可知，Thread.yield() 方法生效了，三个线程分别在 i=0 时调用了 Thread.yield() 方法，所以三个线程自己的两行输出没有在一起，因为输出了第一行后当前线程让出了 CPU 执行权。

一般很少使用这个方法，在调试或者测试时这个方法或许可以帮助复现由于并发竞争条件导致的问题，其在设计并发控制时或许会有用途，后面在讲解 java.util.concurrent. locks 包里面的锁时会看到该方法的使用。

总结：sleep 与 yield 方法的区别在于，当线程调用 sleep 方法时调用线程会被阻塞挂起指定的时间，在这期间线程调度器不会去调度该线程。而调用 yield 方法时，线程只是让出自己剩余的时间片，并没有被阻塞挂起，而是处于就绪状态，线程调度器下一次调度时就有可能调度到当前线程执行。

1.7 线程中断

Java 中的线程中断是一种线程间的协作模式，通过设置线程的中断标志并不能直接终止该线程的执行，而是被中断的线程根据中断状态自行处理。

- **void interrupt() 方法**：中断线程，例如，当线程 A 运行时，线程 B 可以调用线程 A 的 interrupt() 方法来设置线程 A 的中断标志为 true 并立即返回。设置标志仅仅是设置标志，线程 A 实际并没有被中断，它会继续往下执行。如果线程 A 因为调用了 wait 系列函数、join 方法或者 sleep 方法而被阻塞挂起，这时候若线程 B 调用线程 A 的 interrupt() 方法，线程 A 会在调用这些方法的地方抛出 InterruptedException 异常而返回。

- **boolean isInterrupted() 方法**：检测当前线程是否被中断，如果是返回 true，否则返回 false。

```
public boolean isInterrupted() {
    //传递false，说明不清除中断标志
    return isInterrupted(false);
}
```

- **boolean interrupted() 方法**：检测当前线程是否被中断，如果是返回 true，否则返回 false。与 isInterrupted 不同的是，该方法如果发现当前线程被中断，则会清除中断标志，并且该方法是 static 方法，可以通过 Thread 类直接调用。另外从下面的代码可以知道，在 interrupted() 内部是获取当前调用线程的中断标志而不是调用 interrupted() 方法的实例对象的中断标志。

```
public static boolean interrupted() {
    //清除中断标志
    return currentThread().isInterrupted(true);
}
```

下面看一个线程使用 Interrupted 优雅退出的经典例子，代码如下。

```
public void run(){
    try{
        ....
        //线程退出条件
        while(!Thread.currentThread().isInterrupted()&& more work to do){
            // do more work;
        }
    }catch(InterruptedException e){
            // thread was interrupted during sleep or wait
    }
    finally{
            // cleanup, if required
```

```
        }
}
```

下面看一个根据中断标志判断线程是否终止的例子。

```java
public static void main(String[] args) throws InterruptedException {

    Thread thread = new Thread(new Runnable() {

        @Override
        public void run() {

            //如果当前线程被中断则退出循环
            while (!Thread.currentThread().isInterrupted())

                System.out.println(Thread.currentThread() + " hello");
        }
    });

    //启动子线程
    thread.start();

    //主线程休眠1s，以便中断前让子线程输出
    Thread.sleep(1000);

    //中断子线程
    System.out.println("main thread interrupt thread");
    thread.interrupt();

    //等待子线程执行完毕
    thread.join();
    System.out.println("main is over");

}
```

输出结果如下．

```
<terminated> MyThread [Java Application] /Library/Java/JavaVirtualMachines/jdk1.8.0_101.jdk/Contents/Home/bin/java
Thread[Thread-0,5,main] hello
main thread interrupt thread
Thread[Thread-0,5,main] hello
main is over
```

在如上代码中，子线程 thread 通过检查当前线程中断标志来控制是否退出循环，主线程在休眠 1s 后调用 thread 的 interrupt() 方法设置了中断标志，所以线程 thread 退出了循环。

　　下面再来看一种情况。当线程为了等待一些特定条件的到来时，一般会调用 sleep 函数、wait 系列函数或者 join() 函数来阻塞挂起当前线程。比如一个线程调用了 Thread. sleep(3000)，那么调用线程会被阻塞，直到 3s 后才会从阻塞状态变为激活状态。但是有可能在 3s 内条件已被满足，如果一直等到 3s 后再返回有点浪费时间，这时候可以调用该线程的 interrupt() 方法，强制 sleep 方法抛出 InterruptedException 异常而返回，线程恢复到激活状态。下面看一个例子。

```java
public static void main(String[] args) throws InterruptedException {

    Thread threadOne = new Thread(new Runnable() {
        public void run() {

            try {
                System.out.println("threadOne begin sleep for 2000 seconds");
                Thread.sleep(2000000);
                System.out.println("threadOne awaking");

            } catch (InterruptedException e) {
                System.out.println("threadOne is interrupted while sleeping");
                return;
            }

            System.out.println("threadOne-leaving normally");
        }
    });

    //启动线程
    threadOne.start();

    //确保子线程进入休眠状态
    Thread.sleep(1000);

    //打断子线程的休眠，让子线程从sleep函数返回
    threadOne.interrupt();

    //等待子线程执行完毕
    threadOne.join();

    System.out.println("main thread is over");

}
```

输出结果如下。

```
<terminated> SleepInterruptTest [Java Application] /Library/Java/JavaVirtualMachines/jdk1.8.0_101.jdk/Contents/Home/bin/java
threadOne begin sleep for 2000 seconds
threadOne is interrupted while sleeping
main thread is over
```

在如上代码中，threadOne 线程休眠了 2000s，在正常情况下该线程需要等到 2000s 后才会被唤醒，但是本例通过调用 threadOne.interrupt() 方法打断了该线程的休眠，该线程会在调用 sleep 方法处抛出 InterruptedException 异常后返回。

下面再通过一个例子来了解 interrupted() 与 isInterrupted() 方法的不同之处。

```java
public static void main(String[] args) throws InterruptedException {

    Thread threadOne = new Thread(new Runnable() {
        public void run() {

                for(;;){

                }
        }
    });

    //启动线程
    threadOne.start();

    //设置中断标志
    threadOne.interrupt();

    //获取中断标志
    System.out.println("isInterrupted:" + threadOne.isInterrupted());

    //获取中断标志并重置
    System.out.println("isInterrupted:" + threadOne.interrupted());

    //获取中断标志并重置
    System.out.println("isInterrupted:" + Thread.interrupted());

    //获取中断标志
    System.out.println("isInterrupted:" + threadOne.isInterrupted());

    threadOne.join();
```

```
System.out.println("main thread is over");
```

}

输出结果如下。

```
<terminated> SleepInterruptTest2 [Java Application] /Library/Java/JavaVirtualMachines/jdk1.8.0_101.jdk/Contents/Home/bin/java
isInterrupted:true
isInterrupted:false
isInterrupted:false
isInterrupted:true
```

第一行输出 true 这个大家应该都可以想到，但是下面三行为何是 false、false、true 呢，不应该是 true、false、false 吗？如果你有这个疑问，则说明你对这两个函数的区别还是不太清楚。上面我们介绍了在 interrupted() 方法内部是获取当前线程的中断状态，这里虽然调用了 threadOne 的 interrupted() 方法，但是获取的是主线程的中断标志，因为主线程是当前线程。threadOne.interrupted() 和 Thread.interrupted() 方法的作用是一样的，目的都是获取当前线程的中断标志。修改上面的例子为如下。

```java
public static void main(String[] args) throws InterruptedException {

    Thread threadOne = new Thread(new Runnable() {
        public void run() {

            //中断标志为true时会退出循环，并且清除中断标志
            while (!Thread.currentThread().interrupted()) {

            }

            System.out.println("threadOne isInterrupted:" + Thread.currentThread().
isInterrupted());
        }
    });

    // 启动线程
    threadOne.start();

    // 设置中断标志
    threadOne.interrupt();

    threadOne.join();
    System.out.println("main thread is over");
```

```
}
```

输出结果如下。

```
<terminated> SleepInterruptTest2 [Java Application] /Library/Java/JavaVirtualMachines/jdk1.8.0_101.jdk/Contents/Home/bin/java
threadOne isInterrupted:false
main thread is over
```

由输出结果可知，调用 interrupted() 方法后中断标志被清除了。

1.8　理解线程上下文切换

在多线程编程中，线程个数一般都大于 CPU 个数，而每个 CPU 同一时刻只能被一个线程使用，为了让用户感觉多个线程是在同时执行的，CPU 资源的分配采用了时间片轮转的策略，也就是给每个线程分配一个时间片，线程在时间片内占用 CPU 执行任务。当前线程使用完时间片后，就会处于就绪状态并让出 CPU 让其他线程占用，这就是上下文切换，从当前线程的上下文切换到了其他线程。那么就有一个问题，让出 CPU 的线程等下次轮到自己占有 CPU 时如何知道自己之前运行到哪里了？所以在切换线程上下文时需要保存当前线程的执行现场，当再次执行时根据保存的执行现场信息恢复执行现场。

线程上下文切换时机有： 当前线程的 CPU 时间片使用完处于就绪状态时，当前线程被其他线程中断时。

1.9　线程死锁

1.9.1　什么是线程死锁

死锁是指两个或两个以上的线程在执行过程中，因争夺资源而造成的互相等待的现象，在无外力作用的情况下，这些线程会一直相互等待而无法继续运行下去，如图 1-2 所示。

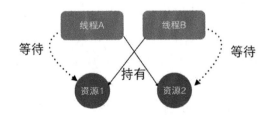

图 1-2

在图 1-2 中，线程 A 已经持有了资源 2，它同时还想申请资源 1，线程 B 已经持有了资源 1，它同时还想申请资源 2，所以线程 1 和线程 2 就因为相互等待对方已经持有的资源，而进入了死锁状态。

那么为什么会产生死锁呢？学过操作系统的朋友应该都知道，死锁的产生必须具备以下四个条件。

- 互斥条件：指线程对已经获取到的资源进行排它性使用，即该资源同时只由一个线程占用。如果此时还有其他线程请求获取该资源，则请求者只能等待，直至占有资源的线程释放该资源。
- 请求并持有条件：指一个线程已经持有了至少一个资源，但又提出了新的资源请求，而新资源已被其他线程占有，所以当前线程会被阻塞，但阻塞的同时并不释放自己已经获取的资源。
- 不可剥夺条件：指线程获取到的资源在自己使用完之前不能被其他线程抢占，只有在自己使用完毕后才由自己释放该资源。
- 环路等待条件：指在发生死锁时，必然存在一个线程—资源的环形链，即线程集合 {T0，T1，T2，…，Tn} 中的 T0 正在等待一个 T1 占用的资源，T1 正在等待 T2 占用的资源，……Tn 正在等待已被 T0 占用的资源。

下面通过一个例子来说明线程死锁。

```java
public class DeadLockTest2 {

    // 创建资源
    private static Object resourceA = new Object();
    private static Object resourceB = new Object();

    public static void main(String[] args) {

        // 创建线程A
        Thread threadA = new Thread(new Runnable() {
            public void run() {
                synchronized (resourceA) {
                    System.out.println(Thread.currentThread() + " get ResourceA");

                    try {
                        Thread.sleep(1000);
                    } catch (InterruptedException e) {
```

```
                e.printStackTrace();
            }

            System.out.println(Thread.currentThread() + "waiting get sourceB");
            synchronized (resourceB) {
                System.out.println(Thread.currentThread() + "get esourceB");
            }
        }
    }
});

// 创建线程B
Thread threadB = new Thread(new Runnable() {
    public void run() {
        synchronized (resourceB) {
            System.out.println(Thread.currentThread() + " get ResourceB");

            try {
                Thread.sleep(1000);
            } catch (InterruptedException e) {
                e.printStackTrace();
            }

            System.out.println(Thread.currentThread() + "waiting get esourceA");
            synchronized (resourceA) {
                System.out.println(Thread.currentThread() + "get ResourceA");
            }
        };
    }
});

// 启动线程
threadA.start();
threadB.start();
    }
}
```

输出结果如下。

```
Thread[Thread-0,5,main] get ResourceA
Thread[Thread-1,5,main] get ResourceB
Thread[Thread-0,5,main]waiting get ResourceB
Thread[Thread-1,5,main]waiting get ResourceA
```

下面分析代码和结果：Thread-0 是线程 A，Thread-1 是线程 B，代码首先创建了两个资源，并创建了两个线程。从输出结果可以知道，线程调度器先调度了线程 A，也就是把 CPU 资源分配给了线程 A，线程 A 使用 synchronized(resourceA) 方法获取到了 resourceA 的监视器锁，然后调用 sleep 函数休眠 1s，休眠 1s 是为了保证线程 A 在获取 resourceB 对应的锁前让线程 B 抢占到 CPU，获取到资源 resourceB 上的锁。线程 A 调用 sleep 方法后线程 B 会执行 synchronized(resourceB) 方法，这代表线程 B 获取到了 resourceB 对象的监视器锁资源，然后调用 sleep 函数休眠 1s。好了，到了这里线程 A 获取到了 resourceA 资源，线程 B 获取到了 resourceB 资源。线程 A 休眠结束后会企图获取 resourceB 资源，而 resourceB 资源被线程 B 所持有，所以线程 A 会被阻塞而等待。而同时线程 B 休眠结束后会企图获取 resourceA 资源，而 resourceA 资源已经被线程 A 持有，所以线程 A 和线程 B 就陷入了相互等待的状态，也就产生了死锁。下面谈谈本例是如何满足死锁的四个条件的。

首先，resourceA 和 resourceB 都是互斥资源，当线程 A 调用 synchronized(resourceA) 方法获取到 resourceA 上的监视器锁并释放前，线程 B 再调用 synchronized(resourceA) 方法尝试获取该资源会被阻塞，只有线程 A 主动释放该锁，线程 B 才能获得，这满足了资源互斥条件。

线程 A 首先通过 synchronized(resourceA) 方法获取到 resourceA 上的监视器锁资源，然后通过 synchronized(resourceB) 方法等待获取 resourceB 上的监视器锁资源，这就构成了请求并持有条件。

线程 A 在获取 resourceA 上的监视器锁资源后，该资源不会被线程 B 掠夺走，只有线程 A 自己主动释放 resourceA 资源时，它才会放弃对该资源的持有权，这构成了资源的不可剥夺条件。

线程 A 持有 objectA 资源并等待获取 objectB 资源，而线程 B 持有 objectB 资源并等待 objectA 资源，这构成了环路等待条件。所以线程 A 和线程 B 就进入了死锁状态。

1.9.2　如何避免线程死锁

要想避免死锁，只需要破坏掉至少一个构造死锁的必要条件即可，但是学过操作系统的读者应该都知道，目前只有请求并持有和环路等待条件是可以被破坏的。

造成死锁的原因其实和申请资源的顺序有很大关系，使用资源申请的有序性原则就可以避免死锁，那么什么是资源申请的有序性呢？我们对上面线程 B 的代码进行如下修改。

```java
// 创建线程B
    Thread threadB = new Thread(new Runnable() {
        public void run() {
            synchronized (resourceA) {
                System.out.println(Thread.currentThread() + " get ResourceB");

                try {
                    Thread.sleep(1000);
                } catch (InterruptedException e) {
                    e.printStackTrace();
                }

                System.out.println(Thread.currentThread() + "waiting get ResourceA");
                synchronized (resourceB) {
                    System.out.println(Thread.currentThread() + "get ResourceA");
                }
            }
        };
    }
});
```

输出结果如下。

```
<terminated> DeadLockTest2 [Java Application] /Library/Java/JavaVirtualMachines/jdk1.8.0_101.jdk/Contents/Home/bin/java
Thread[Thread-0,5,main] get ResourceA
Thread[Thread-0,5,main]waiting get ResourceB
Thread[Thread-0,5,main]get ResourceB
Thread[Thread-1,5,main] get ResourceB
Thread[Thread-1,5,main]waiting get ResourceA
Thread[Thread-1,5,main]get ResourceA
```

如上代码让在线程 B 中获取资源的顺序和在线程 A 中获取资源的顺序保持一致，其实资源分配有序性就是指，假如线程 A 和线程 B 都需要资源 1，2，3，...，n 时，对资源进行排序，线程 A 和线程 B 只有在获取了资源 $n-1$ 时才能去获取资源 n。

我们可以简单分析一下为何资源的有序分配会避免死锁，比如上面的代码，假如线程 A 和线程 B 同时执行到了 synchronized (resourceA)，只有一个线程可以获取到 resourceA 上的监视器锁，假如线程 A 获取到了，那么线程 B 就会被阻塞而不会再去获取资源 B，线程 A 获取到 resourceA 的监视器锁后会去申请 resourceB 的监视器锁资源，这时候线程 A 是可以获取到的，线程 A 获取到 resourceB 资源并使用后会放弃对资源 resourceB 的持有，然后再释放对 resourceA 的持有，释放 resourceA 后线程 B 才会被从阻塞状态变为激活状态。

所以资源的有序性破坏了资源的请求并持有条件和环路等待条件，因此避免了死锁。

1.10　守护线程与用户线程

　　Java 中的线程分为两类，分别为 daemon 线程（守护线程）和 user 线程（用户线程）。在 JVM 启动时会调用 main 函数，main 函数所在的线程就是一个用户线程，其实在 JVM 内部同时还启动了好多守护线程，比如垃圾回收线程。那么守护线程和用户线程有什么区别呢？区别之一是当最后一个非守护线程结束时，JVM 会正常退出，而不管当前是否有守护线程，也就是说守护线程是否结束并不影响 JVM 的退出。言外之意，只要有一个用户线程还没结束，正常情况下 JVM 就不会退出。

　　那么在 Java 中如何创建一个守护线程？代码如下。

```
public static void main(String[] args) {

        Thread daemonThread = new Thread(new  Runnable() {
            public void run() {

            }
        });

        //设置为守护线程
        daemonThread.setDaemon(true);
        daemonThread.start();

}
```

　　只需要设置线程的 daemon 参数为 true 即可。

　　下面通过例子来理解用户线程与守护线程的区别。首先看下面的代码。

```
public static void main(String[] args) {

    Thread thread = new Thread(new  Runnable() {
        public void run() {
            for(;;){}
        }
    });

    //启动子线程
    thread.start();
```

```
        System.out.print("main thread is over");
    }
```

输出结果如下。

testDaemonThread [Java Application] /Library/Java/JavaVirtualMachines/jdk1.8.0_101.jdk/Contents/Home/bin/java (2017年9月28日 下午10:05:43)
main thread is over

如上代码在 main 线程中创建了一个 thread 线程，在 thread 线程里面是一个无限循环。从运行代码的结果看，main 线程已经运行结束了，那么 JVM 进程已经退出了吗？在 IDE 的输出结果右上侧的红色方块说明，JVM 进程并没有退出。另外，在 mac 上执行 jps 会输出如下结果。

```
→ /Users/zhuizhumengxiang git:(master) ✗ jps
36705 TestUserThread
36795 Jps
720
```

这个结果说明了当父线程结束后，子线程还是可以继续存在的，也就是子线程的生命周期并不受父线程的影响。这也说明了在用户线程还存在的情况下 JVM 进程并不会终止。那么我们把上面的 thread 线程设置为守护线程后，再来运行看看会有什么结果：

```
//设置为守护线程
thread.setDaemon(true);
//启动子线程
thread.start();
```

输出结果如下。

\<terminated\> testDaemonThread [Java Application] /Library/Java/JavaVirtualMachines/jdk1.8.0_101.jdk/Contents/Home/bin/java (2017年9月28日 下午10:1:
main thread is over

在启动线程前将线程设置为守护线程，执行后的输出结果显示，JVM 进程已经终止了，执行 ps -eaf |grep java 也看不到 JVM 进程了。在这个例子中，main 函数是唯一的用户线程，thread 线程是守护线程，当 main 线程运行结束后，JVM 发现当前已经没有用户线程了，就会终止 JVM 进程。由于这里的守护线程执行的任务是一个死循环，这也说明了如果当前进程中不存在用户线程，但是还存在正在执行任务的守护线程，则 JVM 不等守护线程

运行完毕就会结束 JVM 进程。

main 线程运行结束后，JVM 会自动启动一个叫作 DestroyJavaVM 的线程，该线程会等待所有用户线程结束后终止 JVM 进程。下面通过简单的 JVM 代码来证明这个结论。

翻看 JVM 的代码，能够发现，最终会调用到 JavaMain 这个 C 函数。

```c
int JNICALL
JavaMain(void * _args)
{
    ...
    //执行Java中的main函数
    (*env)->CallStaticVoidMethod(env, mainClass, mainID, mainArgs);

    //main函数返回值
    ret = (*env)->ExceptionOccurred(env) == NULL ? 0 : 1;

    //等待所有非守护线程结束，然后销毁JVM进程
    LEAVE();
}
```

LEAVE 是 C 语言里面的一个宏定义，具体定义如下。

```c
#define LEAVE() \
    do { \
        if ((*vm)->DetachCurrentThread(vm) != JNI_OK) { \
            JLI_ReportErrorMessage(JVM_ERROR2); \
            ret = 1; \
        } \
        if (JNI_TRUE) { \
            (*vm)->DestroyJavaVM(vm); \
            return ret; \
        } \
    } while (JNI_FALSE)
```

该宏的作用是创建一个名为 DestroyJavaVM 的线程，来等待所有用户线程结束。

在 Tomcat 的 NIO 实现 NioEndpoint 中会开启一组接受线程来接受用户的连接请求，以及一组处理线程负责具体处理用户请求，那么这些线程是用户线程还是守护线程呢？下面我们看一下 NioEndpoint 的 startInternal 方法。

```java
public void startInternal() throws Exception {

    if (!running) {
```

```
        running = true;
        paused = false;

        ...

        //创建处理线程
        pollers = new Poller[getPollerThreadCount()];
        for (int i=0; i<pollers.length; i++) {
            pollers[i] = new Poller();
            Thread pollerThread = new Thread(pollers[i], getName() +
             "-ClientPoller-"+i);
            pollerThread.setPriority(threadPriority);
            pollerThread.setDaemon(true);//声明为守护线程
            pollerThread.start();
        }
        //启动接受线程
        startAcceptorThreads();
    }

protected final void startAcceptorThreads() {
    int count = getAcceptorThreadCount();
    acceptors = new Acceptor[count];

    for (int i = 0; i < count; i++) {
        acceptors[i] = createAcceptor();
        String threadName = getName() + "-Acceptor-" + i;
        acceptors[i].setThreadName(threadName);
        Thread t = new Thread(acceptors[i], threadName);
        t.setPriority(getAcceptorThreadPriority());
        t.setDaemon(getDaemon());//设置是否为守护线程，默认为守护线程
        t.start();
    }
}

private boolean daemon = true;
public void setDaemon(boolean b) { daemon = b; }
public boolean getDaemon() { return daemon; }
```

在如上代码中，在默认情况下，接受线程和处理线程都是守护线程，这意味着当 tomcat 收到 shutdown 命令后并且没有其他用户线程存在的情况下 tomcat 进程会马上消亡，而不会等待处理线程处理完当前的请求。

总结：如果你希望在主线程结束后 JVM 进程马上结束，那么在创建线程时可以将其设置为守护线程，如果你希望在主线程结束后子线程继续工作，等子线程结束后再让 JVM 进程结束，那么就将子线程设置为用户线程。

1.11 ThreadLocal

多线程访问同一个共享变量时特别容易出现并发问题，特别是在多个线程需要对一个共享变量进行写入时。为了保证线程安全，一般使用者在访问共享变量时需要进行适当的同步，如图 1-3 所示。

同步的措施一般是加锁，这就需要使用者对锁有一定的了解，这显然加重了使用者的负担。那么有没有一种方式可以做到，当创建一个变量后，每个线程对其进行访问的时候访问的是自己线程的变量呢？其实 ThreadLocal 就可以做这件事情，虽然 ThreadLocal 并不是为了解决这个问题而出现的。

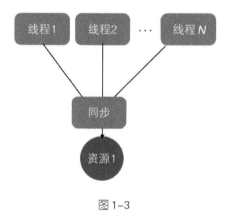

图 1-3

ThreadLocal 是 JDK 包提供的，它提供了线程本地变量，也就是如果你创建了一个 ThreadLocal 变量，那么访问这个变量的每个线程都会有这个变量的一个本地副本。当多个线程操作这个变量时，实际操作的是自己本地内存里面的变量，从而避免了线程安全问题。创建一个 ThreadLocal 变量后，每个线程都会复制一个变量到自己的本地内存，如图 1-4 所示。

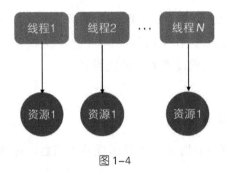

图1-4

1.11.1 ThreadLocal 使用示例

本节介绍如何使用 ThreadLocal。本例开启了两个线程，在每个线程内部都设置了本地变量的值，然后调用 print 函数打印当前本地变量的值。如果打印后调用了本地变量的 remove 方法，则会删除本地内存中的该变量，代码如下。

```java
public class ThreadLocalTest {

    //(1)print函数
    static void print(String str){
        //1.1 打印当前线程本地内存中localVariable变量的值
        System.out.println(str + ":" +localVariable.get());
        //1.2 清除当前线程本地内存中的localVariable变量
        //localVariable.remove();
    }
    //(2) 创建ThreadLocal变量
    static ThreadLocal<String> localVariable = new ThreadLocal<>();
    public static void main(String[] args) {

        //(3) 创建线程one
        Thread threadOne = new Thread(new  Runnable() {
            public void run() {
                //3.1 设置线程One中本地变量localVariable的值
                localVariable.set("threadOne local variable");
                //3.2 调用打印函数
                print("threadOne");
                //3.3 打印本地变量值
                System.out.println("threadOne remove after" + ":" +localVariable.get());

            }
        });
```

```
    //(4) 创建线程two
    Thread threadTwo = new Thread(new  Runnable() {
        public void run() {
            //4.1 设置线程Two中本地变量localVariable的值
            localVariable.set("threadTwo local variable");
            //4.2 调用打印函数
            print("threadTwo");
            //4.3 打印本地变量值
            System.out.println("threadTwo remove after" + ":" +localVariable.get());

        }
    });
    //(5)启动线程
    threadOne.start();
    threadTwo.start();
}
```

运行结果如下。

```
threadOne:threadOne local variable
threadTwo:threadTwo local variable
threadOne remove after:threadOne local variable
threadTwo remove after:threadTwo local variable
```

代码（2）创建了一个 ThreadLocal 变量。

代码（3）和（4）分别创建了线程 One 和 Two。

代码（5）启动了两个线程。

线程 One 中的代码 3.1 通过 set 方法设置了 localVariable 的值，这其实设置的是线程 One 本地内存中的一个副本，这个副本线程 Two 是访问不了的。然后代码 3.2 调用了 print 函数，代码 1.1 通过 get 函数获取了当前线程（线程 One）本地内存中 localVariable 的值。

线程 Two 的执行类似于线程 One。

打开代码 1.2 的注释后，再次运行，运行结果如下。

```
threadOne:threadOne local variable
threadOne remove after:null
threadTwo:threadTwo local variable
threadTwo remove after:null
```

1.11.2 ThreadLocal 的实现原理

首先看一下 ThreadLocal 相关类的类图结构，如图 1-5 所示。

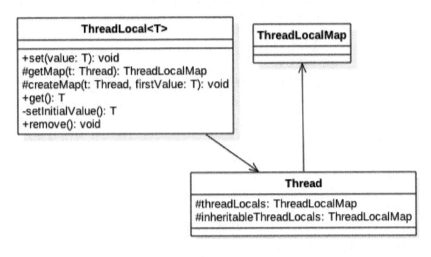

图 1-5

由该图可知，Thread 类中有一个 threadLocals 和一个 inheritableThreadLocals，它们都是 ThreadLocalMap 类型的变量，而 ThreadLocalMap 是一个定制化的 Hashmap。在默认情况下，每个线程中的这两个变量都为 null，只有当前线程第一次调用 ThreadLocal 的 set 或者 get 方法时才会创建它们。其实每个线程的本地变量不是存放在 ThreadLocal 实例里面，而是存放在调用线程的 threadLocals 变量里面。也就是说，ThreadLocal 类型的本地变量存放在具体的线程内存空间中。ThreadLocal 就是一个工具壳，它通过 set 方法把 value 值放入调用线程的 threadLocals 里面并存放起来，当调用线程调用它的 get 方法时，再从当前线程的 threadLocals 变量里面将其拿出来使用。如果调用线程一直不终止，那么这个本地变量会一直存放在调用线程的 threadLocals 变量里面，所以当不需要使用本地变量时可以通过调用 ThreadLocal 变量的 remove 方法，从当前线程的 threadLocals 里面删除该本地变量。另外，Thread 里面的 threadLocals 为何被设计为 map 结构？很明显是因为每个线程可以关联多个 ThreadLocal 变量。

下面简单分析 ThreadLocal 的 set、get 及 remove 方法的实现逻辑。

1. void set(T value)

```
public void set(T value) {
```

```
    //(1)获取当前线程
    Thread t = Thread.currentThread();
    //(2)将当前线程作为key，去查找对应的线程变量，找到则设置
    ThreadLocalMap map = getMap(t);
    if (map != null)
        map.set(this, value);
    else
    //(3)第一次调用就创建当前线程对应的HashMap
        createMap(t, value);
}
```

代码（1）首先获取调用线程，然后使用当前线程作为参数调用 getMap(t) 方法，getMap(Thread t) 的代码如下。

```
ThreadLocalMap getMap(Thread t) {
    return t.threadLocals;
}
```

可以看到，getMap(t) 的作用是获取线程自己的变量 threadLocals，threadlocal 变量被绑定到了线程的成员变量上。

如果 getMap(t) 的返回值不为空，则把 value 值设置到 threadLocals 中，也就是把当前变量值放入当前线程的内存变量 threadLocals 中。threadLocals 是一个 HashMap 结构，其中 key 就是当前 ThreadLocal 的实例对象引用，value 是通过 set 方法传递的值。

如果 getMap(t) 返回空值则说明是第一次调用 set 方法，这时创建当前线程的 threadLocals 变量。下面来看 createMap(t, value) 做什么。

```
    void createMap(Thread t, T firstValue) {
        t.threadLocals = new ThreadLocalMap(this, firstValue);
    }
```

它创建当前线程的 threadLocals 变量。

2. T get()

```
public T get() {
    //(4) 获取当前线程
    Thread t = Thread.currentThread();
    //(5)获取当前线程的threadLocals变量
    ThreadLocalMap map = getMap(t);
    //(6)如果threadLocals不为null，则返回对应本地变量的值
    if (map != null) {
```

```
        ThreadLocalMap.Entry e = map.getEntry(this);
        if (e != null) {
            @SuppressWarnings("unchecked")
            T result = (T)e.value;
            return result;
        }
    }
//(7)threadLocals为空则初始化当前线程的threadLocals成员变量
        return setInitialValue();
}
```

代码（4）首先获取当前线程实例，如果当前线程的 threadLocals 变量不为 null，则直接返回当前线程绑定的本地变量，否则执行代码（7）进行初始化。setInitialValue() 的代码如下。

```
private T setInitialValue() {
    //(8)初始化为null
    T value = initialValue();
    Thread t = Thread.currentThread();
    ThreadLocalMap map = getMap(t);
    //(9)如果当前线程的threadLocals变量不为空
    if (map != null)
        map.set(this, value);
    else
    //(10)如果当前线程的threadLocals变量为空
        createMap(t, value);
    return value;
}

protected T initialValue() {
    return null;
}
```

如果当前线程的 threadLocals 变量不为空，则设置当前线程的本地变量值为 null，否则调用 createMap 方法创建当前线程的 createMap 变量。

3．void remove()

```
public void remove() {
    ThreadLocalMap m = getMap(Thread.currentThread());
    if (m != null)
        m.remove(this);
}
```

如以上代码所示，如果当前线程的 threadLocals 变量不为空，则删除当前线程中指定 ThreadLocal 实例的本地变量。

总结：如图 1-6 所示，在每个线程内部都有一个名为 threadLocals 的成员变量，该变量的类型为 HashMap，其中 key 为我们定义的 ThreadLocal 变量的 this 引用，value 则为我们使用 set 方法设置的值。每个线程的本地变量存放在线程自己的内存变量 threadLocals 中，如果当前线程一直不消亡，那么这些本地变量会一直存在，所以可能会造成内存溢出，因此使用完毕后要记得调用 ThreadLocal 的 remove 方法删除对应线程的 threadLocals 中的本地变量。在高级篇要讲解的 JUC 包里面的 ThreadLocalRandom，就是借鉴 ThreadLocal 的思想实现的，后面会具体讲解。

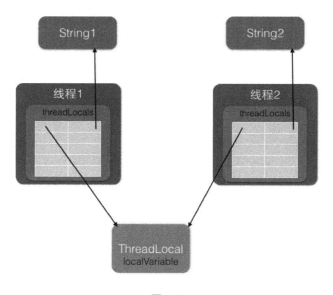

图 1-6

1.11.3　ThreadLocal 不支持继承性

首先看一个例子。

```
public class TestThreadLocal {

    //(1)创建线程变量
    public static ThreadLocal<String> threadLocal = new ThreadLocal<String>();
    public static void main(String[] args) {
```

```
//(2) 设置线程变量
threadLocal.set("hello world");
//(3) 启动子线程
Thread thread = new Thread(new  Runnable() {
    public void run() {
        //(4) 子线程输出线程变量的值
        System.out.println("thread:" + threadLocal.get());

    }
});
thread.start();

//(5) 主线程输出线程变量的值
System.out.println("main:" + threadLocal.get());

    }
}
```

输出结果如下。

```
main:hello world
thread:null
```

也就是说,同一个 ThreadLocal 变量在父线程中被设置值后,在子线程中是获取不到的。根据上节的介绍,这应该是正常现象,因为在子线程 thread 里面调用 get 方法时当前线程为 thread 线程,而这里调用 set 方法设置线程变量的是 main 线程,两者是不同的线程,自然子线程访问时返回 null。那么有没有办法让子线程能访问到父线程中的值? 答案是有。

1.11.4 InheritableThreadLocal 类

为了解决上节提出的问题,InheritableThreadLocal 应运而生。InheritableThreadLocal 继承自 ThreadLocal,其提供了一个特性,就是让子线程可以访问在父线程中设置的本地变量。 下面看一下 InheritableThreadLocal 的代码。

```
public class InheritableThreadLocal<T> extends ThreadLocal<T> {

    //(1)
    protected T childValue(T parentValue) {
        return parentValue;
    }
    //(2)
```

```
ThreadLocalMap getMap(Thread t) {
    return t.inheritableThreadLocals;
}
//(3)
void createMap(Thread t, T firstValue) {
    t.inheritableThreadLocals = new ThreadLocalMap(this, firstValue);
}
}
```

由如上代码可知，InheritableThreadLocal 继承了 ThreadLocal，并重写了三个方法。由代码（3）可知，InheritableThreadLocal 重写了 createMap 方法，那么现在当第一次调用 set 方法时，创建的是当前线程的 inheritableThreadLocals 变量的实例而不再是 threadLocals。由代码（2）可知，当调用 get 方法获取当前线程内部的 map 变量时，获取的是 inheritableThreadLocals 而不再是 threadLocals。

综上可知，在 InheritableThreadLocal 的世界里，变量 inheritableThreadLocals 替代了 threadLocals。

下面我们看一下重写的代码（1）何时执行，以及如何让子线程可以访问父线程的本地变量。这要从创建 Thread 的代码说起，打开 Thread 类的默认构造函数，代码如下。

```
public Thread(Runnable target) {
    init(null, target, "Thread-" + nextThreadNum(), 0);
}

private void init(ThreadGroup g, Runnable target, String name,
                  long stackSize, AccessControlContext acc) {
    ...
    //(4)获取当前线程
    Thread parent = currentThread();
    ...
    //(5)如果父线程的inheritableThreadLocals变量不为null
    if (parent.inheritableThreadLocals != null)
    //(6)设置子线程中的inheritableThreadLocals变量
    this.inheritableThreadLocals =
ThreadLocal.createInheritedMap(parent.inheritableThreadLocals);
    this.stackSize = stackSize;
    tid = nextThreadID();
}
```

如上代码在创建线程时,在构造函数里面会调用 init 方法。代码(4)获取了当前线程(这里是指 main 函数所在的线程，也就是父线程)，然后代码（5）判断 main 函数所在线程里面的 inheritableThreadLocals 属性是否为 null，前面我们讲了 InheritableThreadLocal 类的 get 和 set 方法操作的是 inheritableThreadLocals，所以这里的 inheritableThreadLocal 变量不为 null，因此会执行代码（6）。下面看一下 createInheritedMap 的代码。

```
static ThreadLocalMap createInheritedMap(ThreadLocalMap parentMap) {
    return new ThreadLocalMap(parentMap);
}
```

可以看到，在 createInheritedMap 内部使用父线程的 inheritableThreadLocals 变量作为构造函数创建了一个新的 ThreadLocalMap 变量，然后赋值给了子线程的 inheritableThreadLocals 变量。下面我们看看在 ThreadLocalMap 的构造函数内部都做了什么事情。

```
private ThreadLocalMap(ThreadLocalMap parentMap) {
        Entry[] parentTable = parentMap.table;
        int len = parentTable.length;
        setThreshold(len);
        table = new Entry[len];

        for (int j = 0; j < len; j++) {
            Entry e = parentTable[j];
            if (e != null) {
                @SuppressWarnings("unchecked")
                ThreadLocal<Object> key = (ThreadLocal<Object>) e.get();
                if (key != null) {
                    //(7)调用重写的方法
                    Object value = key.childValue(e.value);//返回e.value
                    Entry c = new Entry(key, value);
                    int h = key.threadLocalHashCode & (len - 1);
                    while (table[h] != null)
                        h = nextIndex(h, len);
                    table[h] = c;
                    size++;
                }
            }
        }
    }
```

在该构造函数内部把父线程的 inheritableThreadLocals 成员变量的值复制到新的 ThreadLocalMap 对象中，其中代码（7）调用了 InheritableThreadLocal 类重写的代码（1）。

总结：InheritableThreadLocal 类通过重写代码（2）和（3）让本地变量保存到了具体

线程的 inheritableThreadLocals 变量里面，那么线程在通过 InheritableThreadLocal 类实例的 set 或者 get 方法设置变量时，就会创建当前线程的 inheritableThreadLocals 变量。当父线程创建子线程时，构造函数会把父线程中 inheritableThreadLocals 变量里面的本地变量复制一份保存到子线程的 inheritableThreadLocals 变量里面。

把 1.11.3 节中的代码（1）修改为

```
//(1) 创建线程变量
public static ThreadLocal<String> threadLocal = new InheritableThreadLocal<Stri
ng>();
```

运行结果如下。

```
thread:hello world
main:hello world
```

可见，现在可以从子线程正常获取到线程变量的值了。

那么在什么情况下需要子线程可以获取父线程的 threadlocal 变量呢？情况还是蛮多的，比如子线程需要使用存放在 threadlocal 变量中的用户登录信息，再比如一些中间件需要把统一的 id 追踪的整个调用链路记录下来。其实子线程使用父线程中的 threadlocal 方法有多种方式，比如创建线程时传入父线程中的变量，并将其复制到子线程中，或者在父线程中构造一个 map 作为参数传递给子线程，但是这些都改变了我们的使用习惯，所以在这些情况下 InheritableThreadLocal 就显得比较有用。

第2章

并发编程的其他基础知识

2.1　什么是多线程并发编程

　　首先要澄清并发和并行的概念，并发是指同一个时间段内多个任务同时都在执行，并且都没有执行结束，而并行是说在单位时间内多个任务同时在执行。并发任务强调在一个时间段内同时执行，而一个时间段由多个单位时间累积而成，所以说并发的多个任务在单位时间内不一定同时在执行。在单 CPU 的时代多个任务都是并发执行的，这是因为单个 CPU 同时只能执行一个任务。在单 CPU 时代多任务是共享一个 CPU 的，当一个任务占用 CPU 运行时，其他任务就会被挂起，当占用 CPU 的任务时间片用完后，会把 CPU 让给其他任务来使用，所以在单 CPU 时代多线程编程是没有太大意义的，并且线程间频繁的上下文切换还会带来额外开销。

　　图 2-1 所示为在单个 CPU 上运行两个线程，线程 A 和线程 B 是轮流使用 CPU 进行任务处理的，也就是在某个时间内单个 CPU 只执行一个线程上面的任务。当线程 A 的时间片用完后会进行线程上下文切换，也就是保存当前线程 A 的执行上下文，然后切换到线程 B 来占用 CPU 运行任务。

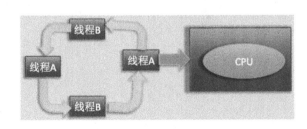

图 2-1

图 2-2 所示为双 CPU 配置，线程 A 和线程 B 各自在自己的 CPU 上执行任务，实现了真正的并行运行。

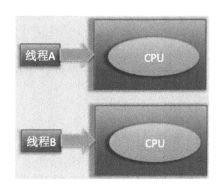

图 2-2

而在多线程编程实践中，线程的个数往往多于 CPU 的个数，所以一般都称多线程并发编程而不是多线程并行编程。

2.2　为什么要进行多线程并发编程

多核 CPU 时代的到来打破了单核 CPU 对多线程效能的限制。多个 CPU 意味着每个线程可以使用自己的 CPU 运行，这减少了线程上下文切换的开销，但随着对应用系统性能和吞吐量要求的提高，出现了处理海量数据和请求的要求，这些都对高并发编程有着迫切的需求。

2.3　Java 中的线程安全问题

谈到线程安全问题，我们先说说什么是共享资源。所谓共享资源，就是说该资源被多个线程所持有或者说多个线程都可以去访问该资源。

线程安全问题是指当多个线程同时读写一个共享资源并且没有任何同步措施时，导致出现脏数据或者其他不可预见的结果的问题，如图 2-3 所示。

图 2-3

在图 2-3 中，线程 A 和线程 B 可以同时操作主内存中的共享变量，那么线程安全问题和共享资源之间是什么关系呢？是不是说多个线程共享了资源，当它们都去访问这个共享资源时就会产生线程安全问题呢？答案是否定的，如果多个线程都只是读取共享资源，而不去修改，那么就不会存在线程安全问题，只有当至少一个线程修改共享资源时才会存在线程安全问题。最典型的就是计数器类的实现，计数变量 count 本身是一个共享变量，多个线程可以对其进行递增操作，如果不使用同步措施，由于递增操作是获取—计算—保存三步操作，因此可能导致计数不准确，如下所示。

	t1	t2	t3	t4
线程A	从内存读取count值到本线程	递增本线程count的值	写回主内存	
线程B		从内存读取count值到本线程	递增本线程count的值	写回主内存

假如当前 count=0，在 t1 时刻线程 A 读取 count 值到本地变量 countA。然后在 t2 时刻递增 countA 的值为 1，同时线程 B 读取 count 的值 0 到本地变量 countB，此时 countB 的值为 0（因为 countA 的值还没有被写入主内存）。在 t3 时刻线程 A 才把 countA 的值 1 写入主内存，至此线程 A 一次计数完毕，同时线程 B 递增 CountB 的值为 1。在 t4 时刻线程 B 把 countB 的值 1 写入内存，至此线程 B 一次计数完毕。这里先不考虑内存可见性问题，明明是两次计数，为何最后结果是 1 而不是 2 呢？其实这就是共享变量的线程安全问题。那么如何来解决这个问题呢？这就需要在线程访问共享变量时进行适当的同步，在 Java 中最常见的是使用关键字 synchronized 进行同步，下面会有具体介绍。

2.4　Java 中共享变量的内存可见性问题

谈到内存可见性，我们首先来看看在多线程下处理共享变量时 Java 的内存模型，如图 2-4 所示。

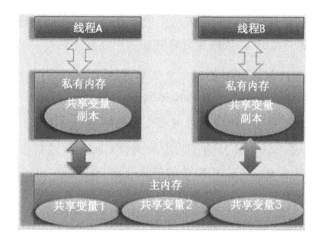

图 2-4

　　Java 内存模型规定，将所有的变量都存放在主内存中，当线程使用变量时，会把主内存里面的变量复制到自己的工作空间或者叫作工作内存，线程读写变量时操作的是自己工作内存中的变量。Java 内存模型是一个抽象的概念，那么在实际实现中线程的工作内存是什么呢？请看图 2-5。

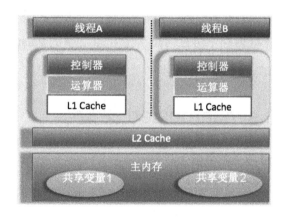

图 2-5

　　图中所示是一个双核 CPU 系统架构，每个核有自己的控制器和运算器，其中控制器包含一组寄存器和操作控制器，运算器执行算术逻辑运算。每个核都有自己的一级缓存，在有些架构里面还有一个所有 CPU 都共享的二级缓存。那么 Java 内存模型里面的工作内存，就对应这里的 L1 或者 L2 缓存或者 CPU 的寄存器。

当一个线程操作共享变量时，它首先从主内存复制共享变量到自己的工作内存，然后对工作内存里的变量进行处理，处理完后将变量值更新到主内存。

那么假如线程 A 和线程 B 同时处理一个共享变量，会出现什么情况？我们使用图 2-5 所示 CPU 架构，假设线程 A 和线程 B 使用不同 CPU 执行，并且当前两级 Cache 都为空，那么这时候由于 Cache 的存在，将会导致内存不可见问题，具体看下面的分析。

- 线程 A 首先获取共享变量 X 的值，由于两级 Cache 都没有命中，所以加载主内存中 X 的值，假如为 0。然后把 X=0 的值缓存到两级缓存，线程 A 修改 X 的值为 1，然后将其写入两级 Cache，并且刷新到主内存。线程 A 操作完毕后，线程 A 所在的 CPU 的两级 Cache 内和主内存里面的 X 的值都是 1。

- 线程 B 获取 X 的值，首先一级缓存没有命中，然后看二级缓存，二级缓存命中了，所以返回 X= 1；到这里一切都是正常的，因为这时候主内存中也是 X=1。然后线程 B 修改 X 的值为 2，并将其存放到线程 2 所在的一级 Cache 和共享二级 Cache 中，最后更新主内存中 X 的值为 2；到这里一切都是好的。

- 线程 A 这次又需要修改 X 的值，获取时一级缓存命中，并且 X=1，到这里问题就出现了，明明线程 B 已经把 X 的值修改为了 2，为何线程 A 获取的还是 1 呢？这就是共享变量的内存不可见问题，也就是线程 B 写入的值对线程 A 不可见。

那么如何解决共享变量内存不可见问题？使用 Java 中的 volatile 关键字就可以解决这个问题，下面会有讲解。

2.5　Java 中的 synchronized 关键字

2.5.1　synchronized 关键字介绍

synchronized 块是 Java 提供的一种原子性内置锁，Java 中的每个对象都可以把它当作一个同步锁来使用，这些 Java 内置的使用者看不到的锁被称为内部锁，也叫作监视器锁。线程的执行代码在进入 synchronized 代码块前会自动获取内部锁，这时候其他线程访问该同步代码块时会被阻塞挂起。拿到内部锁的线程会在正常退出同步代码块或者抛出异常后或者在同步块内调用了该内置锁资源的 wait 系列方法时释放该内置锁。内置锁是排它锁，也就是当一个线程获取这个锁后，其他线程必须等待该线程释放锁后才能获取该锁。

另外，由于 Java 中的线程是与操作系统的原生线程一一对应的，所以当阻塞一个线程时，需要从用户态切换到内核态执行阻塞操作，这是很耗时的操作，而 synchronized 的使用就会导致上下文切换。

2.5.2 synchronized 的内存语义

前面介绍了共享变量内存可见性问题主要是由于线程的工作内存导致的，下面我们来讲解 synchronized 的一个内存语义，这个内存语义就可以解决共享变量内存可见性问题。进入 synchronized 块的内存语义是把在 synchronized 块内使用到的变量从线程的工作内存中清除，这样在 synchronized 块内使用到该变量时就不会从线程的工作内存中获取，而是直接从主内存中获取。退出 synchronized 块的内存语义是把在 synchronized 块内对共享变量的修改刷新到主内存。

其实这也是加锁和释放锁的语义，当获取锁后会清空锁块内本地内存中将会被用到的共享变量，在使用这些共享变量时从主内存进行加载，在释放锁时将本地内存中修改的共享变量刷新到主内存。

除可以解决共享变量内存可见性问题外，synchronized 经常被用来实现原子性操作。另外请注意，synchronized 关键字会引起线程上下文切换并带来线程调度开销。

2.6 Java 中的 volatile 关键字

上面介绍了使用锁的方式可以解决共享变量内存可见性问题，但是使用锁太笨重，因为它会带来线程上下文的切换开销。对于解决内存可见性问题，Java 还提供了一种弱形式的同步，也就是使用 volatile 关键字。该关键字可以确保对一个变量的更新对其他线程马上可见。当一个变量被声明为 volatile 时，线程在写入变量时不会把值缓存在寄存器或者其他地方，而是会把值刷新回主内存。当其他线程读取该共享变量时，会从主内存重新获取最新值，而不是使用当前线程的工作内存中的值。volatile 的内存语义和 synchronized 有相似之处，具体来说就是，当线程写入了 volatile 变量值时就等价于线程退出 synchronized 同步块（把写入工作内存的变量值同步到主内存），读取 volatile 变量值时就相当于进入同步块（先清空本地内存变量值，再从主内存获取最新值）。

下面看一个使用 volatile 关键字解决内存可见性问题的例子。如下代码中的共享变量

value 是线程不安全的，因为这里没有使用适当的同步措施。

```java
public class ThreadNotSafeInteger {

    private int value;

    public int get() {
        return value;
    }

    public void set(int value) {
        this.value = value;
    }
}
```

首先来看使用 synchronized 关键字进行同步的方式。

```java
public class ThreadSafeInteger {

    private int value;

    public synchronized int get() {
        return value;
    }

    public synchronized  void set(int value) {
        this.value = value;
    }
}
```

然后是使用 volatile 进行同步。

```java
public class ThreadSafeInteger {

    private volatile int value;

    public int get() {
        return value;
    }

    public void set(int value) {
        this.value = value;
    }
}
```

在这里使用 synchronized 和使用 volatile 是等价的，都解决了共享变量 value 的内存可见性问题，但是前者是独占锁，同时只能有一个线程调用 get() 方法，其他调用线程会被阻塞，同时会存在线程上下文切换和线程重新调度的开销，这也是使用锁方式不好的地方。而后者是非阻塞算法，不会造成线程上下文切换的开销。

但并非在所有情况下使用它们都是等价的，volatile 虽然提供了可见性保证，但并不保证操作的原子性。

那么一般在什么时候才使用 volatile 关键字呢？

- 写入变量值不依赖变量的当前值时。因为如果依赖当前值，将是获取—计算—写入三步操作，这三步操作不是原子性的，而 volatile 不保证原子性。
- 读写变量值时没有加锁。因为加锁本身已经保证了内存可见性，这时候不需要把变量声明为 volatile 的。

2.7　Java 中的原子性操作

所谓原子性操作，是指执行一系列操作时，这些操作要么全部执行，要么全部不执行，不存在只执行其中一部分的情况。在设计计数器时一般都先读取当前值，然后 +1，再更新。这个过程是读—改—写的过程，如果不能保证这个过程是原子性的，那么就会出现线程安全问题。如下代码是线程不安全的，因为不能保证 ++value 是原子性操作。

```
public class ThreadNotSafeCount {

    private  Long value;

    public Long getCount() {
        return value;
    }

    public void inc() {
        ++value;
    }
}
```

使用 Javap -c 命令查看汇编代码，如下所示。

```
public void inc();
    Code:
```

```
 0: aload_0
 1: dup
 2: getfield        #2                    // Field value:J
 5: lconst_1
 6: ladd
 7: putfield        #2                    // Field value:J
10: return
```

由此可见，简单的 ++value 由 2、5、6、7 四步组成，其中第 2 步是获取当前 value 的值并放入栈顶，第 5 步把常量 1 放入栈顶，第 6 步把当前栈顶中两个值相加并把结果放入栈顶，第 7 步则把栈顶的结果赋给 value 变量。因此，Java 中简单的一句 ++value 被转换为汇编后就不具有原子性了。

那么如何才能保证多个操作的原子性呢？最简单的方法就是使用 synchronized 关键字进行同步，修改代码如下。

```java
public class ThreadSafeCount {

    private  Long value;

    public synchronized Long getCount() {
        return value;
    }

    public synchronized void inc() {
        ++value;
    }
}
```

使用 synchronized 关键字的确可以实现线程安全性，即内存可见性和原子性，但是 synchronized 是独占锁，没有获取内部锁的线程会被阻塞掉，而这里的 getCount 方法只是读操作，多个线程同时调用不会存在线程安全问题。但是加了关键字 synchronized 后，同一时间就只能有一个线程可以调用，这显然大大降低了并发性。你也许会问，既然是只读操作，那为何不去掉 getCount 方法上的 synchronized 关键字呢？其实是不能去掉的，别忘了这里要靠 synchronized 来实现 value 的内存可见性。那么有没有更好的实现呢？答案是肯定的，下面将讲到的在内部使用非阻塞 CAS 算法实现的原子性操作类 AtomicLong 就是一个不错的选择。

2.8 Java 中的 CAS 操作

在 Java 中，锁在并发处理中占据了一席之地，但是使用锁有一个不好的地方，就是当一个线程没有获取到锁时会被阻塞挂起，这会导致线程上下文的切换和重新调度开销。Java 提供了非阻塞的 volatile 关键字来解决共享变量的可见性问题，这在一定程度上弥补了锁带来的开销问题，但是 volatile 只能保证共享变量的可见性，不能解决读—改—写等的原子性问题。CAS 即 Compare and Swap，其是 JDK 提供的非阻塞原子性操作，它通过硬件保证了比较—更新操作的原子性。JDK 里面的 Unsafe 类提供了一系列的 compareAndSwap* 方法，下面以 compareAndSwapLong 方法为例进行简单介绍。

- boolean compareAndSwapLong(Object obj,long valueOffset,long expect, long update) 方法：其中 compareAndSwap 的意思是比较并交换。CAS 有四个操作数，分别为：对象内存位置、对象中的变量的偏移量、变量预期值和新的值。其操作含义是，如果对象 obj 中内存偏移量为 valueOffset 的变量值为 expect，则使用新的值 update 替换旧的值 expect。这是处理器提供的一个原子性指令。

关于 CAS 操作有个经典的 ABA 问题，具体如下：假如线程 I 使用 CAS 修改初始值为 A 的变量 X，那么线程 I 会首先去获取当前变量 X 的值（为 A），然后使用 CAS 操作尝试修改 X 的值为 B，如果使用 CAS 操作成功了，那么程序运行一定是正确的吗？其实未必，这是因为有可能在线程 I 获取变量 X 的值 A 后，在执行 CAS 前，线程 II 使用 CAS 修改了变量 X 的值为 B，然后又使用 CAS 修改了变量 X 的值为 A。所以虽然线程 I 执行 CAS 时 X 的值是 A，但是这个 A 已经不是线程 I 获取时的 A 了。这就是 ABA 问题。

ABA 问题的产生是因为变量的状态值产生了环形转换，就是变量的值可以从 A 到 B，然后再从 B 到 A。如果变量的值只能朝着一个方向转换，比如 A 到 B，B 到 C，不构成环形，就不会存在问题。JDK 中的 AtomicStampedReference 类给每个变量的状态值都配备了一个时间戳，从而避免了 ABA 问题的产生。

2.9 Unsafe 类

2.9.1 Unsafe 类中的重要方法

JDK 的 rt.jar 包中的 Unsafe 类提供了硬件级别的原子性操作，Unsafe 类中的方法都是 native 方法，它们使用 JNI 的方式访问本地 C++ 实现库。下面我们来了解一下 Unsafe 提供的几个主要的方法以及编程时如何使用 Unsafe 类做一些事情。

- long objectFieldOffset(Field field) 方法 : 返回指定的变量在所属类中的内存偏移地址，该偏移地址仅仅在该 Unsafe 函数中访问指定字段时使用。如下代码使用 Unsafe 类获取变量 value 在 AtomicLong 对象中的内存偏移。

```
static {
try {
    valueOffset = unsafe.objectFieldOffset
        (AtomicLong.class.getDeclaredField("value"));
} catch (Exception ex) { throw new Error(ex); }
}
```

- int arrayBaseOffset(Class arrayClass) 方法 : 获取数组中第一个元素的地址。
- int arrayIndexScale(Class arrayClass) 方法 : 获取数组中一个元素占用的字节。
- boolean compareAndSwapLong(Object obj, long offset, long expect, long update) 方法 : 比较对象 obj 中偏移量为 offset 的变量的值是否与 expect 相等，相等则使用 update 值更新，然后返回 true，否则返回 false。
- public native long getLongvolatile(Object obj, long offset) 方法 : 获取对象 obj 中偏移量为 offset 的变量对应 volatile 语义的值。
- void putLongvolatile(Object obj, long offset, long value) 方法 : 设置 obj 对象中 offset 偏移的类型为 long 的 field 的值为 value，支持 volatile 语义。
- void putOrderedLong(Object obj, long offset, long value) 方法 : 设置 obj 对象中 offset 偏移地址对应的 long 型 field 的值为 value。这是一个有延迟的 putLongvolatile 方法，并且不保证值修改对其他线程立刻可见。只有在变量使用 volatile 修饰并且预计会被意外修改时才使用该方法。
- void park(boolean isAbsolute, long time) 方法 : 阻塞当前线程，其中参数 isAbsolute 等于 false 且 time 等于 0 表示一直阻塞。time 大于 0 表示等待指定的 time 后阻塞线程会被唤醒，这个 time 是个相对值，是个增量值，也就是相对当前时间累加 time 后当前线程就会被唤醒。如果 isAbsolute 等于 true，并且 time 大于 0，则表示阻塞的线程到指定的时间点后会被唤醒，这里 time 是个绝对时间，是将某个时间点换算为 ms 后的值。另外，当其他线程调用了当前阻塞线程的 interrupt 方法而中断了当前线程时，当前线程也会返回，而当其他线程调用了 unPark 方法并且把当前线程作为参数时当前线程也会返回。

- void unpark(Object thread) 方法：唤醒调用 park 后阻塞的线程。

下面是 JDK8 新增的函数，这里只列出 Long 类型操作。

- long getAndSetLong(Object obj, long offset, long update) 方法：获取对象 obj 中偏移量为 offset 的变量 volatile 语义的当前值，并设置变量 volatile 语义的值为 update。

```
public final long getAndSetLong(Object obj, long offset, long update)
  {
    long l;
    do
    {
     l = getLongvolatile(obj, offset);//(1)
    } while (!compareAndSwapLong(obj, offset, l, update));
    return l;
  }
```

由以上代码可知，首先（1）处的 getLongvolatile 获取当前变量的值，然后使用 CAS 原子操作设置新值。这里使用 while 循环是考虑到，在多个线程同时调用的情况下 CAS 失败时需要重试。

- long getAndAddLong(Object obj, long offset, long addValue) 方法：获取对象 obj 中偏移量为 offset 的变量 volatile 语义的当前值，并设置变量值为原始值 +addValue。

```
public final long getAndAddLong(Object obj, long offset, long addValue)
  {
    long l;
    do
    {
      l = getLongvolatile(obj, offset);
    } while (!compareAndSwapLong(obj, offset, l, l + addValue));
    return l;
  }
```

类似 getAndSetLong 的实现，只是这里进行 CAS 操作时使用了原始值 + 传递的增量参数 addValue 的值。

2.9.2　如何使用 Unsafe 类

看到 Unsafe 这个类如此厉害，你肯定会忍不住试一下下面的代码，期望能够使用 Unsafe 做点事情。

```
public class TestUnSafe {
```

```
//获取Unsafe的实例（2.2.1）
static final Unsafe unsafe = Unsafe.getUnsafe();

//记录变量state在类TestUnSafe中的偏移值（2.2.2）
static final long stateOffset;

//变量(2.2.3)
private volatile long state=0;

static {

    try {
        //获取state变量在类TestUnSafe中的偏移值(2.2.4)
        stateOffset = unsafe.objectFieldOffset(TestUnSafe.class.
         getDeclaredField("state"));

    } catch (Exception ex) {

        System.out.println(ex.getLocalizedMessage());
        throw new Error(ex);
    }

}

public static void main(String[] args) {

    //创建实例，并且设置state值为1(2.2.5)
    TestUnSafe test = new TestUnSafe();
    //(2.2.6)
    Boolean sucess = unsafe.compareAndSwapInt(test, stateOffset, 0, 1);
    System.out.println(sucess);

}
}
```

在如上代码中，代码（2.2.1）获取了 Unsafe 的一个实例，代码（2.2.3）创建了一个变量 state 并初始化为 0。

代码（2.2.4）使用 unsafe.objectFieldOffset 获取 TestUnSafe 类里面的 state 变量，在 TestUnSafe 对象里面的内存偏移量地址并将其保存到 stateOffset 变量中。

代码（2.2.6）调用创建的 unsafe 实例的 compareAndSwapInt 方法，设置 test 对象的

state 变量的值。具体意思是，如果 test 对象中内存偏移量为 stateOffset 的 state 变量的值为 0，则更新该值为 1。

运行上面的代码，我们期望输出 true，然而执行后会输出如下结果。

```
<terminated> TestUnSafe [Java Application] /Library/Java/JavaVirtualMachines/jdk1.8.0_101.jdk/Contents/Home/bin/java
Exception in thread "main" java.lang.ExceptionInInitializerError
Caused by: java.lang.SecurityException: Unsafe
        at sun.misc.Unsafe.getUnsafe(Unsafe.java:90)
        at com.zlx.con.program.example.TestUnSafe.<clinit>(TestUnSafe.java:17)
```

为找出原因，必然要查看 getUnsafe 的代码。

```
private static final Unsafe theUnsafe = new Unsafe();

 public static Unsafe getUnsafe()
{
    // (2.2.7)
    Class localClass = Reflection.getCallerClass();

   // (2.2.8)
    if (!VM.isSystemDomainLoader(localClass.getClassLoader())) {
      throw new SecurityException("Unsafe");
    }
    return theUnsafe;
}

  //判断paramClassLoader是不是BootStrap类加载器(2.2.9)
  public static boolean isSystemDomainLoader(ClassLoader paramClassLoader)
  {
    return paramClassLoader == null;
  }
```

代码（2.2.7）获取调用 getUnsafe 这个方法的对象的 Class 对象，这里是 TestUnSafe. class。

代码（2.2.8）判断是不是 Bootstrap 类加载器加载的 localClass，在这里是看是不是 Bootstrap 加载器加载了 TestUnSafe.class。很明显由于 TestUnSafe.class 是使用 AppClassLoader 加载的，所以这里直接抛出了异常。

思考一下，这里为何要有这个判断？我们知道 Unsafe 类是 rt.jar 包提供的，rt.jar 包里面的类是使用 Bootstrap 类加载器加载的，而我们的启动 main 函数所在的类是使用 AppClassLoader 加载的，所以在 main 函数里面加载 Unsafe 类时，根据委托机制，会委托给 Bootstrap 去加载 Unsafe 类。

如果没有代码（2.2.8）的限制，那么我们的应用程序就可以随意使用 Unsafe 做事情了，而 Unsafe 类可以直接操作内存，这是不安全的，所以 JDK 开发组特意做了这个限制，不让开发人员在正规渠道使用 Unsafe 类，而是在 rt.jar 包里面的核心类中使用 Unsafe 功能。

如果开发人员真的想要实例化 Unsafe 类，那该如何做？

方法有多种，既然从正规渠道访问不了，那么就玩点黑科技，使用万能的反射来获取 Unsafe 实例方法。

```java
public class TestUnSafe {

    static final Unsafe unsafe;

    static final long stateOffset;

    private volatile long state = 0;

    static {

        try {

            //使用反射获取Unsafe的成员变量theUnsafe
            Field field = Unsafe.class.getDeclaredField("theUnsafe");

            // 设置为可存取
            field.setAccessible(true);

            // 获取该变量的值
            unsafe = (Unsafe) field.get(null);

            //获取state在TestUnSafe中的偏移量
            stateOffset = unsafe.objectFieldOffset(TestUnSafe.class.
             getDeclaredField("state"));

        } catch (Exception ex) {

            System.out.println(ex.getLocalizedMessage());
            throw new Error(ex);
        }
```

```
    }

    public static void main(String[] args) {

        TestUnSafe test = new TestUnSafe();
        Boolean sucess = unsafe.compareAndSwapInt(test, stateOffset, 0, 1);
        System.out.println(sucess);

    }
}
```

在如上代码中，通过代码（2.2.10）、代码（2.2.11）和代码（2.2.12）反射获取 unsafe 的实例，运行后输出结果如下。

```
<terminated> TestUnSafe [Java Application] /Library/Java/JavaVirtualMachines/jdk1.8.0_101.jdk/Contents/Home/bin/java
true
```

2.10 Java 指令重排序

Java 内存模型允许编译器和处理器对指令重排序以提高运行性能，并且只会对不存在数据依赖性的指令重排序。在单线程下重排序可以保证最终执行的结果与程序顺序执行的结果一致，但是在多线程下就会存在问题。

下面看一个例子。

```
int a = 1;(1)
int b = 2;(2)
int c= a + b;(3)
```

在如上代码中，变量 c 的值依赖 a 和 b 的值，所以重排序后能够保证（3）的操作在（2）（1）之后，但是（1）（2）谁先执行就不一定了，这在单线程下不会存在问题，因为并不影响最终结果。

下面看一个多线程的例子。

```
public static class ReadThread extends Thread {
    public void run() {

        while(!Thread.currentThread().isInterrupted()){
            if(ready){//(1)
                System.out.println(num+num);//(2)
```

```
            }
            System.out.println("read thread....");
        }

    }
}

public static class Writethread extends Thread {
    public void run() {
        num = 2;//(3)
        ready = true;//(4)
        System.out.println("writeThread set over...");
    }
}

private static int num =0;
private static boolean ready = false;

public static void main(String[] args) throws InterruptedException {

    ReadThread rt = new ReadThread();
    rt.start();

    Writethread  wt = new Writethread();
    wt.start();

    Thread.sleep(10);
    rt.interrupt();
    System.out.println("main exit");
}
```

　　首先这段代码里面的变量没有被声明为 volatile 的，也没有使用任何同步措施，所以在多线程下存在共享变量内存可见性问题。这里先不谈内存可见性问题，因为通过把变量声明为 volatile 的本身就可以避免指令重排序问题。

　　这里先看看指令重排序会造成什么影响，如上代码在不考虑内存可见性问题的情况下一定会输出 4？答案是不一定，由于代码（1）（2）（3）（4）之间不存在依赖关系，所以写线程的代码（3）（4）可能被重排序为先执行（4）再执行（3），那么执行（4）后，读线程可能已经执行了（1）操作，并且在（3）执行前开始执行（2）操作，这时候输出结果为 0 而不是 4。

　　重排序在多线程下会导致非预期的程序执行结果，而使用 volatile 修饰 ready 就可以避免重排序和内存可见性问题。

写 volatile 变量时，可以确保 volatile 写之前的操作不会被编译器重排序到 volatile 写之后。读 volatile 变量时，可以确保 volatile 读之后的操作不会被编译器重排序到 volatile 读之前。

2.11　伪共享

2.11.1　什么是伪共享

为了解决计算机系统中主内存与 CPU 之间运行速度差问题，会在 CPU 与主内存之间添加一级或者多级高速缓冲存储器（Cache）。这个 Cache 一般是被集成到 CPU 内部的，所以也叫 CPU Cache，图 2-6 所示是两级 Cache 结构。

图 2-6

在 Cache 内部是按行存储的，其中每一行称为一个 Cache 行。Cache 行（如图 2-7 所示）是 Cache 与主内存进行数据交换的单位，Cache 行的大小一般为 2 的幂次数字节。

图 2-7

当 CPU 访问某个变量时，首先会去看 CPU Cache 内是否有该变量，如果有则直接从中获取，否则就去主内存里面获取该变量，然后把该变量所在内存区域的一个 Cache 行大小的内存复制到 Cache 中。由于存放到 Cache 行的是内存块而不是单个变量，所以可能会把多个变量存放到一个 Cache 行中。当多个线程同时修改一个缓存行里面的多个变量时，由于同时只能有一个线程操作缓存行，所以相比将每个变量放到一个缓存行，性能会有所下降，这就是伪共享，如图 2-8 所示。

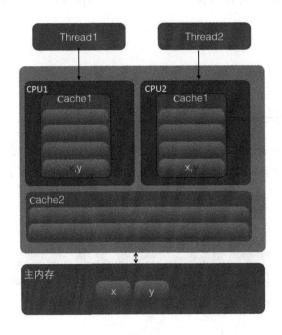

图 2-8

在该图中，变量 x 和 y 同时被放到了 CPU 的一级和二级缓存，当线程 1 使用 CPU1 对变量 x 进行更新时，首先会修改 CPU1 的一级缓存变量 x 所在的缓存行，这时候在缓存一致性协议下，CPU2 中变量 x 对应的缓存行失效。那么线程 2 在写入变量 x 时就只能去二级缓存里查找，这就破坏了一级缓存。而一级缓存比二级缓存更快，这也说明了多个线程不可能同时去修改自己所使用的 CPU 中相同缓存行里面的变量。更坏的情况是，如果 CPU 只有一级缓存，则会导致频繁地访问主内存。

2.11.2　为何会出现伪共享

伪共享的产生是因为多个变量被放入了一个缓存行中，并且多个线程同时去写入缓存行中不同的变量。那么为何多个变量会被放入一个缓存行呢？其实是因为缓存与内存交换数据的单位就是缓存行，当 CPU 要访问的变量没有在缓存中找到时，根据程序运行的局部性原理，会把该变量所在内存中大小为缓存行的内存放入缓存行。

```
long a;
long b;
long c;
long d;
```

如上代码声明了四个 long 变量，假设缓存行的大小为 32 字节，那么当 CPU 访问变量 a 时，发现该变量没有在缓存中，就会去主内存把变量 a 以及内存地址附近的 b、c、d 放入缓存行。也就是地址连续的多个变量才有可能会被放到一个缓存行中。当创建数组时，数组里面的多个元素就会被放入同一个缓存行。那么在单线程下多个变量被放入同一个缓存行对性能有影响吗？其实在正常情况下单线程访问时将数组元素放入一个或者多个缓存行对代码执行是有利的，因为数据都在缓存中，代码执行会更快，请对比下面代码的执行。

代码（1）

```
public class TestForContent {

    static final int LINE_NUM = 1024;
    static final int COLUM_NUM = 1024;
    public static void main(String[] args) {

        long [][] array = new long[LINE_NUM][COLUM_NUM];

        long startTime = System.currentTimeMillis();
        for(int i =0;i<LINE_NUM;++i){
            for(int j=0;j<COLUM_NUM;++j){
                array[i][j] = i*2+j;
            }
        }
        long endTime = System.currentTimeMillis();
        long cacheTime = endTime - startTime;
        System.out.println("cache time:" + cacheTime);

    }
}
```

代码（2）

```
public class TestForContent2 {

    static final int LINE_NUM = 1024;
    static final int COLUM_NUM = 1024;
```

```
public static void main(String[] args) {

    long [][] array = new long[LINE_NUM][COLUM_NUM];

    long startTime = System.currentTimeMillis();
    for(int i =0;i<COLUM_NUM;++i){
        for(int j=0;j<LINE_NUM;++j){
            array[j][i] = i*2+j;
        }
    }
    long endTime = System.currentTimeMillis();

    System.out.println("no cache time:" + (endTime - startTime));

}

}
```

在笔者的 mac 电脑上执行代码（1）多次，耗时均在 10ms 以下，执行代码（2）多次，耗时均在 10ms 以上。显然代码（1）比代码（2）执行得快，这是因为数组内数组元素的内存地址是连续的，当访问数组第一个元素时，会把第一个元素后的若干元素一块放入缓存行，这样顺序访问数组元素时会在缓存中直接命中，因而就不会去主内存读取了，后续访问也是这样。也就是说，当顺序访问数组里面元素时，如果当前元素在缓存没有命中，那么会从主内存一下子读取后续若干个元素到缓存，也就是一次内存访问可以让后面多次访问直接在缓存中命中。而代码（2）是跳跃式访问数组元素的，不是顺序的，这破坏了程序访问的局部性原则，并且缓存是有容量控制的，当缓存满了时会根据一定淘汰算法替换缓存行，这会导致从内存置换过来的缓存行的元素还没等到被读取就被替换掉了。

所以在单个线程下顺序修改一个缓存行中的多个变量，会充分利用程序运行的局部性原则，从而加速了程序的运行。而在多线程下并发修改一个缓存行中的多个变量时就会竞争缓存行，从而降低程序运行性能。

2.11.3　如何避免伪共享

在 JDK 8 之前一般都是通过字节填充的方式来避免该问题，也就是创建一个变量时使用填充字段填充该变量所在的缓存行，这样就避免了将多个变量存放在同一个缓存行中，例如如下代码。

```
public final static class FilledLong {
    public volatile long value = 0L;
    public long p1, p2, p3, p4, p5, p6;
}
```

假如缓存行为 64 字节，那么我们在 FilledLong 类里面填充了 6 个 long 类型的变量，每个 long 类型变量占用 8 字节，加上 value 变量的 8 字节总共 56 字节。另外，这里 FilledLong 是一个类对象，而类对象的字节码的对象头占用 8 字节，所以一个 FilledLong 对象实际会占用 64 字节的内存，这正好可以放入一个缓存行。

JDK 8 提供了一个 sun.misc.Contended 注解，用来解决伪共享问题。将上面代码修改为如下。

```
@sun.misc.Contended
  public final static class FilledLong {
    public volatile long value = 0L;
  }
```

在这里注解用来修饰类，当然也可以修饰变量，比如在 Thread 类中。

```
/** The current seed for a ThreadLocalRandom */
@sun.misc.Contended("tlr")
long threadLocalRandomSeed;

/** Probe hash value; nonzero if threadLocalRandomSeed initialized */
@sun.misc.Contended("tlr")
int threadLocalRandomProbe;

/** Secondary seed isolated from public ThreadLocalRandom sequence */
@sun.misc.Contended("tlr")
int threadLocalRandomSecondarySeed;
```

Thread 类里面这三个变量默认被初始化为 0，这三个变量会在 ThreadLocalRandom 类中使用，后面章节会专门讲解 ThreadLocalRandom 的实现原理。

需要注意的是，在默认情况下，@Contended 注解只用于 Java 核心类，比如 rt 包下的类。如果用户类路径下的类需要使用这个注解，则需要添加 JVM 参数：-XX:-RestrictContended。填充的宽度默认为 128，要自定义宽度则可以设置 -XX:ContendedPaddingWidth 参数。

2.11.4 小结

本节讲述了伪共享是如何产生的，以及如何避免，并证明在多线程下访问同一个缓存行的多个变量时才会出现伪共享，在单线程下访问一个缓存行里面的多个变量反而会对程序运行起到加速作用。本节的这些知识为后面高级篇讲解的 LongAdder 的实现原理奠定了基础。

2.12 锁的概述

2.12.1 乐观锁与悲观锁

乐观锁和悲观锁是在数据库中引入的名词，但是在并发包锁里面也引入了类似的思想，所以这里还是有必要讲解下。

悲观锁指对数据被外界修改持保守态度，认为数据很容易就会被其他线程修改，所以在数据被处理前先对数据进行加锁，并在整个数据处理过程中，使数据处于锁定状态。悲观锁的实现往往依靠数据库提供的锁机制，即在数据库中，在对数据记录操作前给记录加排它锁。如果获取锁失败，则说明数据正在被其他线程修改，当前线程则等待或者抛出异常。如果获取锁成功，则对记录进行操作，然后提交事务后释放排它锁。

下面我们看一个典型的例子，看它如何使用悲观锁来避免多线程同时对一个记录进行修改。

```
public int updateEntry(long id){
    //(1)使用悲观锁获取指定记录
    EntryObject entry = query("select * from table1 where id = #{id} for
update",id);

    //(2)修改记录内容，根据计算修改entry记录的属性
    String name = generatorName(entry);
    entry.setName(name);
    ......

    //(3)update操作
    int count = update("update table1 set name=#{name},age=#{age} where id
 =#{id}",entry);
    return count;
```

}

对于如上代码，假设 updateEntry、query、update 方法都使用了事务切面的方法，并且事务传播性被设置为 required。执行 updateEntry 方法时如果上层调用方法里面没有开启事务，则会即时开启一个事务，然后执行代码（1）。代码（1）调用了 query 方法，其根据指定 id 从数据库里面查询出一个记录。由于事务传播性为 requried，所以执行 query 时没有开启新的事务，而是加入了 updateEntry 开启的事务，也就是在 updateEntry 方法执行完毕提交事务时，query 方法才会被提交，就是说记录的锁定会持续到 updateEntry 执行结束。

代码（2）则对获取的记录进行修改，代码（3）把修改的内容写回数据库，同样代码（3）的 update 方法也没有开启新的事务，而是加入了 updateEntry 的事务。也就是 updateEntry、query、update 方法共用同一个事务。

当多个线程同时调用 updateEntry 方法，并且传递的是同一个 id 时，只有一个线程执行代码（1）会成功，其他线程则会被阻塞，这是因为在同一时间只有一个线程可以获取对应记录的锁，在获取锁的线程释放锁前（updateEntry 执行完毕，提交事务前），其他线程必须等待，也就是在同一时间只有一个线程可以对该记录进行修改。

乐观锁是相对悲观锁来说的，它认为数据在一般情况下不会造成冲突，所以在访问记录前不会加排它锁，而是在进行数据提交更新时，才会正式对数据冲突与否进行检测。具体来说，根据 update 返回的行数让用户决定如何去做。将上面的例子改为使用乐观锁的代码如下。

```
public int updateEntry(long id){
    //(1)使用乐观锁获取指定记录
    EntryObject entry = query("select * from table1 where id = #{id}",id);

    //(2)修改记录内容，version字段不能被修改
    String name = generatorName(entry);
    entry.setName(name);
    ......

    //(3)update操作
    int count = update("update table1 set name=#{name},age=#{age},version=${versi
on}+1 where id =#{id} and version=#{version}",entry);
    return count;
}
```

在如上代码中，当多个线程调用 updateEntry 方法并且传递相同的 id 时，多个线程可

以同时执行代码（1）获取 id 对应的记录并把记录放入线程本地栈里面，然后可以同时执行代码（2）对自己栈上的记录进行修改，多个线程修改后各自的 entry 里面的属性应该都不一样了。然后多个线程可以同时执行代码（3），代码（3）中的 update 语句的 where 条件里面加入了 version=#{version} 条件，并且 set 语句中多了 version=${version}+1 表达式，该表达式的意思是，如果数据库里面 id =#{id} and version=#{version} 的记录存在，则更新 version 的值为原来的值加 1，这有点 CAS 操作的意思。

假设多个线程同时执行 updateEntry 并传递相同的 id，那么它们执行代码（1）时获取的 Entry 是同一个，获取的 Entry 里面的 version 值都是相同的（这里假设 version=0）。当多个线程执行代码（3）时，由于 update 语句本身是原子性的，假如线程 A 执行 update 成功了，那么这时候 id 对应的记录的 version 值由原始 version 值变为了 1。其他线程执行代码（3）更新时发现数据库里面已经没有了 version=0 的语句，所以会返回影响行号 0。在业务上根据返回值为 0 就可以知道当前更新没有成功，那么接下来有两个做法，如果业务发现更新失败了，下面可以什么都不做，也可以选择重试，如果选择重试，则 updateEntry 的代码可以修改为如下。

```
public boolean updateEntry(long id){

    boolean result = false;
    int retryNum = 5;
    while(retryNum>0){

        //(1.1)使用乐观锁获取指定记录
        EntryObject entry = query("select * from table1 where id = #{id}",id);

        //(2.1)修改记录内容,version字段不能被修改
        String name = generatorName(entry);
        entry.setName(name);
        。。。。

        //(3.1)update操作
        int count = update("update table1 set name=#{name},age=#{age},version=${versi
          on}+1 where id =#{id} and version=#{version}",entry);

        if(count == 1){
            result = true;
            break;
        }
```

```
        retryNum--;
    }

    return result;

}
```

如上代码使用 retryNum 设置更新失败后的重试次数，如果代码（3.1）执行后返回 0，则说明代码（1.1）获取的记录已经被修改了，则循环一次，重新通过代码（1.1）获取最新的数据，然后再次执行代码（3.1）尝试更新。这类似 CAS 的自旋操作，只是这里没有使用死循环，而是指定了尝试次数。

乐观锁并不会使用数据库提供的锁机制，一般在表中添加 version 字段或者使用业务状态来实现。乐观锁直到提交时才锁定，所以不会产生任何死锁。

2.12.2 公平锁与非公平锁

根据线程获取锁的抢占机制，锁可以分为公平锁和非公平锁，公平锁表示线程获取锁的顺序是按照线程请求锁的时间早晚来决定的，也就是最早请求锁的线程将最早获取到锁。而非公平锁则在运行时闯入，也就是先来不一定先得。

ReentrantLock 提供了公平和非公平锁的实现。

- 公平锁：ReentrantLock pairLock = new ReentrantLock(true)。
- 非公平锁：ReentrantLock pairLock = new ReentrantLock(false)。如果构造函数不传递参数，则默认是非公平锁。

例如，假设线程 A 已经持有了锁，这时候线程 B 请求该锁其将会被挂起。当线程 A 释放锁后，假如当前有线程 C 也需要获取该锁，如果采用非公平锁方式，则根据线程调度策略，线程 B 和 线程 C 两者之一可能获取锁，这时候不需要任何其他干涉，而如果使用公平锁则需要把 C 挂起，让 B 获取当前锁。

在没有公平性需求的前提下尽量使用非公平锁，因为公平锁会带来性能开销。

2.12.3 独占锁与共享锁

根据锁只能被单个线程持有还是能被多个线程共同持有，锁可以分为独占锁和共享锁。

独占锁保证任何时候都只有一个线程能得到锁，ReentrantLock 就是以独占方式实现的。共享锁则可以同时由多个线程持有，例如 ReadWriteLock 读写锁，它允许一个资源可以被多线程同时进行读操作。

独占锁是一种悲观锁，由于每次访问资源都先加上互斥锁，这限制了并发性，因为读操作并不会影响数据的一致性，而独占锁只允许在同一时间由一个线程读取数据，其他线程必须等待当前线程释放锁才能进行读取。

共享锁则是一种乐观锁，它放宽了加锁的条件，允许多个线程同时进行读操作。

2.12.4　什么是可重入锁

当一个线程要获取一个被其他线程持有的独占锁时，该线程会被阻塞，那么当一个线程再次获取它自己已经获取的锁时是否会被阻塞呢？如果不被阻塞，那么我们说该锁是可重入的，也就是只要该线程获取了该锁，那么可以无限次数（在高级篇中我们将知道，严格来说是有限次数）地进入被该锁锁住的代码。

下面看一个例子，看看在什么情况下会使用可重入锁。

```
public class Hello{
    public synchronized void helloA(){
        System.out.println("hello");
    }

    public synchronized void helloB(){
        System.out.println("hello B");
        helloA();
    }

}
```

在如上代码中，调用 helloB 方法前会先获取内置锁，然后打印输出。之后调用 helloA 方法，在调用前会先去获取内置锁，如果内置锁不是可重入的，那么调用线程将会一直被阻塞。

实际上，synchronized 内部锁是可重入锁。可重入锁的原理是在锁内部维护一个线程标示，用来标示该锁目前被哪个线程占用，然后关联一个计数器。一开始计数器值为 0，说明该锁没有被任何线程占用。当一个线程获取了该锁时，计数器的值会变成 1，这时其他线程再来获取该锁时会发现锁的所有者不是自己而被阻塞挂起。

但是当获取了该锁的线程再次获取锁时发现锁拥有者是自己，就会把计数器值加 +1，当释放锁后计数器值 −1。当计数器值为 0 时，锁里面的线程标示被重置为 null，这时候被阻塞的线程会被唤醒来竞争获取该锁。

2.12.5　自旋锁

由于 Java 中的线程是与操作系统中的线程一一对应的，所以当一个线程在获取锁（比如独占锁）失败后，会被切换到内核状态而被挂起。当该线程获取到锁时又需要将其切换到内核状态而唤醒该线程。而从用户状态切换到内核状态的开销是比较大的，在一定程度上会影响并发性能。自旋锁则是，当前线程在获取锁时，如果发现锁已经被其他线程占有，它不马上阻塞自己，在不放弃 CPU 使用权的情况下，多次尝试获取（默认次数是 10，可以使用 -XX:PreBlockSpinsh 参数设置该值），很有可能在后面几次尝试中其他线程已经释放了锁。如果尝试指定的次数后仍没有获取到锁则当前线程才会被阻塞挂起。由此看来自旋锁是使用 CPU 时间换取线程阻塞与调度的开销，但是很有可能这些 CPU 时间白白浪费了。

2.13　总结

本章主要介绍了并发编程的基础知识，为后面在高级篇讲解并发包源码打下了基础，并结合图示形象地讲述了为什么要使用多线程编程，多线程编程存在的线程安全问题，以及什么是内存可见性问题。然后讲解了 synchronized 和 volatile 关键字，并且强调前者既保证内存的可见性又保证原子性，而后者则主要保证内存可见性，但是二者的内存语义很相似。最后讲解了什么是 CAS 和线程间同步以及各种锁的概念，这些都为后面讲解 JUC 包源码奠定了基础。

第二部分

Java并发编程高级篇

　　在第一部分中我们介绍了并发编程的基础知识，而本部分则主要讲解并发包中一些主要组件的实现原理。

第3章

Java并发包中ThreadLocalRandom类原理剖析

ThreadLocalRandom 类是 JDK 7 在 JUC 包下新增的随机数生成器，它弥补了 Random 类在多线程下的缺陷。本章讲解为何要在 JUC 下新增该类，以及该类的实现原理。

3.1　Random 类及其局限性

在 JDK 7 之前包括现在，java.util.Random 都是使用比较广泛的随机数生成工具类，而且 java.lang.Math 中的随机数生成也使用的是 java.util.Random 的实例。下面先看看 java.util.Random 的使用方法。

```java
public class RandomTest {
    public static void main(String[] args) {

        //(1)创建一个默认种子的随机数生成器
        Random random = new Random();
        //(2)输出10个在0~5（包含0，不包含5）之间的随机数
        for (int i = 0; i < 10; ++i) {
            System.out.println(random.nextInt(5));
        }
    }
}
```

代码（1）创建一个默认随机数生成器，并使用默认的种子。

代码（2）输出 10 个在 0~5（包含 0，不包含 5）之间的随机数。

随机数的生成需要一个默认的种子，这个种子其实是一个 long 类型的数字，你可以在

创建 Random 对象时通过构造函数指定，如果不指定则在默认构造函数内部生成一个默认的值。有了默认的种子后，如何生成随机数呢？

```
public int nextInt(int bound) {
    //(3)参数检查
    if (bound <= 0)
        throw new IllegalArgumentException(BadBound);
    //(4)根据老的种子生成新的种子
    int r = next(31);
    //(5)根据新的种子计算随机数
    ...
    return r;
}
```

由此可见，新的随机数的生成需要两个步骤：

- 首先根据老的种子生成新的种子。
- 然后根据新的种子来计算新的随机数。

其中步骤（4）我们可以抽象为 seed=f(seed)，其中 f 是一个固定的函数，比如 seed=f(seed)=a*seed+b；步骤（5）也可以抽象为 g(seed,bound)，其中 g 是一个固定的函数，比如 g(seed,bound)=(int)((bound* (long)seed) >> 31)。在单线程情况下每次调用 nextInt 都是根据老的种子计算出新的种子，这是可以保证随机数产生的随机性的。但是在多线程下多个线程可能都拿同一个老的种子去执行步骤（4）以计算新的种子，这会导致多个线程产生的新种子是一样的，由于步骤（5）的算法是固定的，所以会导致多个线程产生相同的随机值，这并不是我们想要的。所以步骤（4）要保证原子性，也就是说当多个线程根据同一个老种子计算新种子时，第一个线程的新种子被计算出来后，第二个线程要丢弃自己老的种子，而使用第一个线程的新种子来计算自己的新种子，依此类推，只有保证了这个，才能保证在多线程下产生的随机数是随机的。Random 函数使用一个原子变量达到了这个效果，在创建 Random 对象时初始化的种子就被保存到了种子原子变量里面，下面看 next() 的代码。

```
protected int next(int bits) {
    long oldseed, nextseed;
    AtomicLong seed = this.seed;
    do {
        //(6)
        oldseed = seed.get();
        //(7)
```

```
        nextseed = (oldseed * multiplier + addend) & mask;
        //(8)
    } while (!seed.compareAndSet(oldseed, nextseed));
    //(9)
    return (int)(nextseed >>> (48 - bits));
}
```

代码（6）获取当前原子变量种子的值。

代码（7）根据当前种子值计算新的种子。

代码（8）使用 CAS 操作，它使用新的种子去更新老的种子，在多线程下可能多个线程都同时执行到了代码（6），那么可能多个线程拿到的当前种子的值是同一个，然后执行步骤（7）计算的新种子也都是一样的，但是步骤（8）的 CAS 操作会保证只有一个线程可以更新老的种子为新的，失败的线程会通过循环重新获取更新后的种子作为当前种子去计算老的种子，这就解决了上面提到的问题，保证了随机数的随机性。

代码（9）使用固定算法根据新的种子计算随机数。

总结：每个 Random 实例里面都有一个原子性的种子变量用来记录当前的种子值，当要生成新的随机数时需要根据当前种子计算新的种子并更新回原子变量。在多线程下使用单个 Random 实例生成随机数时，当多个线程同时计算随机数来计算新的种子时，多个线程会竞争同一个原子变量的更新操作，由于原子变量的更新是 CAS 操作，同时只有一个线程会成功，所以会造成大量线程进行自旋重试，这会降低并发性能，所以 ThreadLocalRandom 应运而生。

3.2　ThreadLocalRandom

为了弥补多线程高并发情况下 Random 的缺陷，在 JUC 包下新增了 ThreadLocalRandom 类。下面首先看下如何使用它。

```
public class RandomTest {

    public static void main(String[] args) {
        //(10)获取一个随机数生成器
        ThreadLocalRandom random =  ThreadLocalRandom.current();

        //(11)输出10个在0~5（包含0，不包含5）之间的随机数
        for (int i = 0; i < 10; ++i) {
```

```
        System.out.println(random.nextInt(5));
    }
  }
}
```

其中，代码（10）调用 ThreadLocalRandom.current() 来获取当前线程的随机数生成器。下面来分析下 ThreadLocalRandom 的实现原理。从名字上看它会让我们联想到在基础篇中讲解的 ThreadLocal：ThreadLocal 通过让每一个线程复制一份变量，使得在每个线程对变量进行操作时实际是操作自己本地内存里面的副本，从而避免了对共享变量进行同步。实际上 ThreadLocalRandom 的实现也是这个原理，Random 的缺点是多个线程会使用同一个原子性种子变量，从而导致对原子变量更新的竞争，如图 3-1 所示。

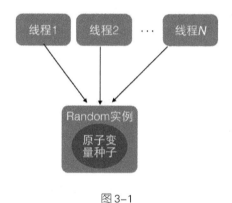

图 3-1

那么，如果每个线程都维护一个种子变量，则每个线程生成随机数时都根据自己老的种子计算新的种子，并使用新种子更新老的种子，再根据新种子计算随机数，就不会存在竞争问题了，这会大大提高并发性能。ThreadLocalRandom 原理如图 3-2 所示。

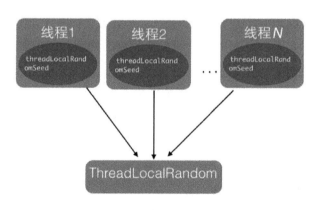

图 3-2

3.3 源码分析

首先看下 ThreadLocalRandom 的类图结构，如图 3-3 所示。

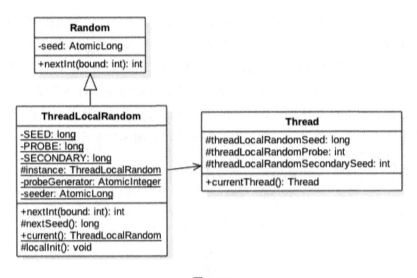

图 3-3

从图中可以看出 ThreadLocalRandom 类继承了 Random 类并重写了 nextInt 方法，在 ThreadLocalRandom 类中并没有使用继承自 Random 类的原子性种子变量。在 ThreadLocalRandom 中并没有存放具体的种子，具体的种子存放在具体的调用线程的 threadLocalRandomSeed 变量里面。ThreadLocalRandom 类似于 ThreadLocal 类，就是个工具类。当线程调用 ThreadLocalRandom 的 current 方法时，ThreadLocalRandom 负责初始化调用线程的 threadLocalRandomSeed 变量，也就是初始化种子。

当调用 ThreadLocalRandom 的 nextInt 方法时，实际上是获取当前线程的 threadLocalRandomSeed 变量作为当前种子来计算新的种子，然后更新新的种子到当前线程的 threadLocalRandomSeed 变量，而后再根据新种子并使用具体算法计算随机数。这里需要注意的是，threadLocalRandomSeed 变量就是 Thread 类里面的一个普通 long 变量，它并不是原子性变量。其实道理很简单，因为这个变量是线程级别的，所以根本不需要使用原子性变量，如果你还是不理解可以思考下 ThreadLocal 的原理。

其中 seeder 和 probeGenerator 是两个原子性变量，在初始化调用线程的种子和探针变量时会用到它们，每个线程只会使用一次。

另外，变量 instance 是 ThreadLocalRandom 的一个实例，该变量是 static 的。当多线程通过 ThreadLocalRandom 的 current 方法获取 ThreadLocalRandom 的实例时，其实获取的是同一个实例。但是由于具体的种子是存放在线程里面的，所以在 ThreadLocalRandom 的实例里面只包含与线程无关的通用算法，所以它是线程安全的。

下面看看 ThreadLocalRandom 的主要代码的实现逻辑。

1. Unsafe 机制

```
private static final sun.misc.Unsafe UNSAFE;
private static final long SEED;
private static final long PROBE;
private static final long SECONDARY;
static {
    try {
        //获取unsafe实例
        UNSAFE = sun.misc.Unsafe.getUnsafe();
        Class<?> tk = Thread.class;
        //获取Thread类里面threadLocalRandomSeed变量在Thread实例里面的偏移量
        SEED = UNSAFE.objectFieldOffset
            (tk.getDeclaredField("threadLocalRandomSeed"));
        //获取Thread类里面threadLocalRandomProbe变量在Thread实例里面的偏移量
        PROBE = UNSAFE.objectFieldOffset
            (tk.getDeclaredField("threadLocalRandomProbe"));
        //获取Thread类里面threadLocalRandomSecondarySeed变量在Thread实例里面的偏移
          量，这个值在后面讲解LongAdder时会用到
        SECONDARY = UNSAFE.objectFieldOffset
            (tk.getDeclaredField("threadLocalRandomSecondarySeed"));
    } catch (Exception e) {
        throw new Error(e);
    }
}
```

2. ThreadLocalRandom current() 方法

该方法获取 ThreadLocalRandom 实例，并初始化调用线程中的 threadLocalRandomSeed 和 threadLocalRandomProbe 变量。

```
static final ThreadLocalRandom instance = new ThreadLocalRandom();
public static ThreadLocalRandom current() {
    //(12)
```

```
        if (UNSAFE.getInt(Thread.currentThread(), PROBE) == 0)
            //(13)
            localInit();
        //(14)
        return instance;
    }
    static final void localInit() {
        int p = probeGenerator.addAndGet(PROBE_INCREMENT);
        int probe = (p == 0) ? 1 : p; // skip 0
        long seed = mix64(seeder.getAndAdd(SEEDER_INCREMENT));
        Thread t = Thread.currentThread();
        UNSAFE.putLong(t, SEED, seed);
        UNSAFE.putInt(t, PROBE, probe);
    }
```

在如上代码（12）中，如果当前线程中 threadLocalRandomProbe 的变量值为 0（默认情况下线程的这个变量值为 0），则说明当前线程是第一次调用 ThreadLocalRandom 的 current 方法，那么就需要调用 localInit 方法计算当前线程的初始化种子变量。这里为了延迟初始化，在不需要使用随机数功能时就不初始化 Thread 类中的种子变量，这是一种优化。

代码（13）首先根据 probeGenerator 计算当前线程中 threadLocalRandomProbe 的初始化值，然后根据 seeder 计算当前线程的初始化种子，而后把这两个变量设置到当前线程。代码（14）返回 ThreadLocalRandom 的实例。需要注意的是，这个方法是静态方法，多个线程返回的是同一个 ThreadLocalRandom 实例。

3. int nextInt(int bound) 方法

计算当前线程的下一个随机数。

```
public int nextInt(int bound) {
    //(15)参数校验
    if (bound <= 0)
        throw new IllegalArgumentException(BadBound);
    //(16) 根据当前线程中的种子计算新种子
    int r = mix32(nextSeed());
    //(17)根据新种子和bound计算随机数
    int m = bound - 1;
    if ((bound & m) == 0) // power of two
        r &= m;
    else { // reject over-represented candidates
        for (int u = r >>> 1;
```

```
            u + m - (r = u % bound) < 0;
            u = mix32(nextSeed()) >>> 1)
          ;
    }
    return r;
}
```

如上代码的逻辑步骤与 Random 相似，我们重点看下 nextSeed() 方法。

```
final long nextSeed() {
    Thread t; long r; //
    UNSAFE.putLong(t = Thread.currentThread(), SEED,
                   r = UNSAFE.getLong(t, SEED) + GAMMA);
    return r;
}
```

在 如 上 代 码 中， 首 先 使 用 r = UNSAFE.getLong(t, SEED) 获 取 当 前 线 程 中 threadLocalRandomSeed 变量的值，然后在种子的基础上累加 GAMMA 值作为新种子，而 后使用 UNSAFE 的 putLong 方法把新种子放入当前线程的 threadLocalRandomSeed 变量中。

3.4 总结

本章首先讲解了 Random 的实现原理以及 Random 在多线程下需要竞争种子原子变量 更新操作的缺点，从而引出 ThreadLocalRandom 类。ThreadLocalRandom 使用 ThreadLocal 的原理，让每个线程都持有一个本地的种子变量，该种子变量只有在使用随机数时才会被 初始化。在多线程下计算新种子时是根据自己线程内维护的种子变量进行更新，从而避免 了竞争。

第4章

Java并发包中原子操作类原理剖析

JUC 包提供了一系列的原子性操作类，这些类都是使用非阻塞算法 CAS 实现的，相比使用锁实现原子性操作这在性能上有很大提高。由于原子性操作类的原理都大致相同，所以本章只讲解最简单的 AtomicLong 类的实现原理以及 JDK 8 中新增的 LongAdder 和 LongAccumulator 类的原理。有了这些基础，再去理解其他原子性操作类的实现就不会感到困难了。

4.1 原子变量操作类

JUC 并发包中包含有 AtomicInteger、AtomicLong 和 AtomicBoolean 等原子性操作类，它们的原理类似，本章讲解 AtomicLong 类。AtomicLong 是原子性递增或者递减类，其内部使用 Unsafe 来实现，我们看下面的代码。

```java
public class AtomicLong extends Number implements java.io.Serializable {
    private static final long serialVersionUID = 1927816293512124184L;

    // （1）获取Unsafe实例
    private static final Unsafe unsafe = Unsafe.getUnsafe();

    //（2）存放变量value的偏移量
    private static final long valueOffset;

    //（3）判断JVM是否支持Long类型无锁CAS
    static final boolean VM_SUPPORTS_LONG_CAS = VMSupportsCS8();
    private static native boolean VMSupportsCS8();

    static {
```

```
    try {
        //（4）获取value在AtomicLong中的偏移量
        valueOffset = unsafe.objectFieldOffset
            (AtomicLong.class.getDeclaredField("value"));
    } catch (Exception ex) { throw new Error(ex); }
}

//（5）实际变量值
private volatile long value;

public AtomicLong(long initialValue) {
    value = initialValue;
}
....
}
```

代码（1）通过 Unsafe.getUnsafe（）方法获取到 Unsafe 类的实例，这里你可能会有疑问，为何能通过 Unsafe.getUnsafe（）方法获取到 Unsafe 类的实例？其实这是因为 AtomicLong 类也是在 rt.jar 包下面的，AtomicLong 类就是通过 BootStarp 类加载器进行加载的。

代码（5）中的 value 被声明为 volatile 的，这是为了在多线程下保证内存可见性，value 是具体存放计数的变量。

代码（2）（4）获取 value 变量在 AtomicLong 类中的偏移量。

下面重点看下 AtomicLong 中的主要函数。

1. 递增和递减操作代码

```
//（6）调用unsafe方法，原子性设置value值为原始值+1，返回值为递增后的值
public final long incrementAndGet() {
    return unsafe.getAndAddLong(this, valueOffset, 1L) + 1L;
}

//（7）调用unsafe方法，原子性设置value值为原始值-1，返回值为递减之后的值
public final long decrementAndGet() {
    return unsafe.getAndAddLong(this, valueOffset, -1L) - 1L;
}

//（8）调用unsafe方法，原子性设置value值为原始值+1，返回值为原始值
public final long getAndIncrement() {
    return unsafe.getAndAddLong(this, valueOffset, 1L);
}
```

```
//(9)调用unsafe方法，原子性设置value值为原始值-1，返回值为原始值
public final long getAndDecrement() {
    return unsafe.getAndAddLong(this, valueOffset, -1L);
}
```

在如上代码内部都是通过调用 Unsafe 的 getAndAddLong 方法来实现操作，这个函数是个原子性操作，这里第一个参数是 AtomicLong 实例的引用，第二个参数是 value 变量在 AtomicLong 中的偏移值，第三个参数是要设置的第二个变量的值。

其中，getAndIncrement 方法在 JDK 7 中的实现逻辑为

```
public final long getAndIncrement() {
        while (true) {
            long current = get();
            long next = current + 1;
            if (compareAndSet(current, next))
                return current;
        }
    }
```

在如上代码中，每个线程是先拿到变量的当前值（由于 value 是 volatile 变量，所以这里拿到的是最新的值），然后在工作内存中对其进行增 1 操作,而后使用 CAS 修改变量的值。如果设置失败，则循环继续尝试，直到设置成功。

而 JDK 8 中的逻辑为

```
public final long getAndIncrement() {
    return unsafe.getAndAddLong(this, valueOffset, 1L);
}
```

其中 JDK 8 中 unsafe.getAndAddLong 的代码为

```
public final long getAndAddLong(Object paramObject, long paramLong1, long
paramLong2)
  {
    long l;
    do
    {
      l = getLongvolatile(paramObject, paramLong1);
    } while (!compareAndSwapLong(paramObject, paramLong1, l, l + paramLong2));
    return l;
  }
```

可以看到，JDK 7 的 AtomicLong 中的循环逻辑已经被 JDK 8 中的原子操作类 UNsafe 内置了，之所以内置应该是考虑到这个函数在其他地方也会用到，而内置可以提高复用性。

2. boolean compareAndSet(long expect, long update) 方法

```
public final boolean compareAndSet(long expect, long update) {
    return unsafe.compareAndSwapLong(this, valueOffset, expect, update);
}
```

由如上代码可知，在内部还是调用了 unsafe.compareAndSwapLong 方法。如果原子变量中的 value 值等于 expect，则使用 update 值更新该值并返回 true, 否则返回 false。

下面通过一个多线程使用 AtomicLong 统计 0 的个数的例子来加深对 AtomicLong 的理解。

```
/**
  统计0的个数
 */
public class Atomic
{
    //(10)创建Long型原子计数器
    private static  AtomicLong atomicLong = new AtomicLong();
    //(11)创建数据源
    private static Integer[] arrayOne = new Integer[]{0,1,2,3,0,5,6,0,56,0};
    private static Integer[] arrayTwo = new Integer[]{10,1,2,3,0,5,6,0,56,0};

     public static void main( String[] args ) throws InterruptedException
     {
      //（12）线程one统计数组arrayOne中0的个数
        Thread threadOne = new Thread(new Runnable() {

            @Override
            public void run() {

              int size = arrayOne.length;
              for(int i=0;i<size;++i){
                  if(arrayOne[i].intValue() == 0){

                      atomicLong.incrementAndGet();
                  }
              }
```

```
        }
});
//（13）线程two统计数组arrayTwo中0的个数
Thread threadTwo = new Thread(new Runnable() {

    @Override
    public void run() {

        int size = arrayTwo.length;
        for(int i=0;i<size;++i){
            if(arrayTwo[i].intValue() == 0){

                atomicLong.incrementAndGet();
            }
        }

    }
});

//(14)启动子线程
threadOne.start();
threadTwo.start();

//(15)等待线程执行完毕
threadOne.join();
threadTwo.join();

System.out.println("count 0:" + atomicLong.get());

    }
}
```

输出结果为

```
count 0:7
```

如上代码中的两个线程各自统计自己所持数据中 0 的个数，每当找到一个 0 就会调用 AtomicLong 的原子性递增方法。

在没有原子类的情况下，实现计数器需要使用一定的同步措施，比如使用 synchronized 关键字等，但是这些都是阻塞算法，对性能有一定损耗，而本章介绍的这些原子操作类都使用 CAS 非阻塞算法，性能更好。但是在高并发情况下 AtomicLong 还会存在性能问题。JDK 8 提供了一个在高并发下性能更好的 LongAdder 类，下面我们来讲解这个类。

4.2　JDK 8 新增的原子操作类 LongAdder

4.2.1　LongAdder 简单介绍

前面讲过，AtomicLong 通过 CAS 提供了非阻塞的原子性操作，相比使用阻塞算法的同步器来说它的性能已经很好了，但是 JDK 开发组并不满足于此。使用 AtomicLong 时，在高并发下大量线程会同时去竞争更新同一个原子变量，但是由于同时只有一个线程的 CAS 操作会成功，这就造成了大量线程竞争失败后，会通过无限循环不断进行自旋尝试 CAS 的操作，而这会白白浪费 CPU 资源。

因此 JDK 8 新增了一个原子性递增或者递减类 LongAdder 用来克服在高并发下使用 AtomicLong 的缺点。既然 AtomicLong 的性能瓶颈是由于过多线程同时去竞争一个变量的更新而产生的，那么如果把一个变量分解为多个变量，让同样多的线程去竞争多个资源，是不是就解决了性能问题？是的，LongAdder 就是这个思路。下面通过图来理解两者设计的不同之处，如图 4-1 所示。

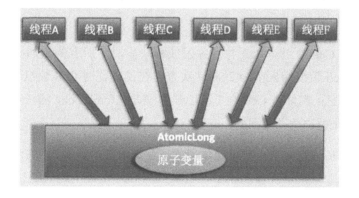

图 4-1

如图 4-1 所示，使用 AtomicLong 时，是多个线程同时竞争同一个原子变量。

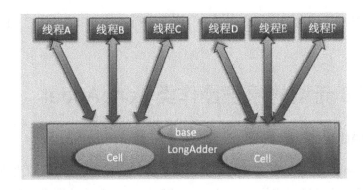

图 4-2

如图 4-2 所示，使用 LongAdder 时，则是在内部维护多个 Cell 变量，每个 Cell 里面有一个初始值为 0 的 long 型变量，这样，在同等并发量的情况下，争夺单个变量更新操作的线程量会减少，这变相地减少了争夺共享资源的并发量。另外，多个线程在争夺同一个 Cell 原子变量时如果失败了，它并不是在当前 Cell 变量上一直自旋 CAS 重试，而是尝试在其他 Cell 的变量上进行 CAS 尝试，这个改变增加了当前线程重试 CAS 成功的可能性。最后，在获取 LongAdder 当前值时，是把所有 Cell 变量的 value 值累加后再加上 base 返回的。

LongAdder 维护了一个延迟初始化的原子性更新数组（默认情况下 Cell 数组是 null）和一个基值变量 base。由于 Cells 占用的内存是相对比较大的，所以一开始并不创建它，而是在需要时创建，也就是惰性加载。

当一开始判断 Cell 数组是 null 并且并发线程较少时，所有的累加操作都是对 base 变量进行的。保持 Cell 数组的大小为 2 的 N 次方，在初始化时 Cell 数组中的 Cell 元素个数为 2，数组里面的变量实体是 Cell 类型。Cell 类型是 AtomicLong 的一个改进，用来减少缓存的争用，也就是解决伪共享问题。

对于大多数孤立的多个原子操作进行字节填充是浪费的，因为原子性操作都是无规律地分散在内存中的（也就是说多个原子性变量的内存地址是不连续的），多个原子变量被放入同一个缓存行的可能性很小。但是原子性数组元素的内存地址是连续的，所以数组内的多个元素能经常共享缓存行，因此这里使用 @sun.misc.Contended 注解对 Cell 类进行字节填充，这防止了数组中多个元素共享一个缓存行，在性能上是一个提升。

4.2.2　LongAdder 代码分析

为了解决高并发下多线程对一个变量 CAS 争夺失败后进行自旋而造成的降低并发性能问题，LongAdder 在内部维护多个 Cell 元素（一个动态的 Cell 数组）来分担对单个变量进行争夺的开销。下面围绕以下话题从源码角度来分析 LongAdder 的实现：（1）LongAdder 的结构是怎样的？（2）当前线程应该访问 Cell 数组里面的哪一个 Cell 元素？（3）如何初始化 Cell 数组？（4）Cell 数组如何扩容？（5）线程访问分配的 Cell 元素有冲突后如何处理？（6）如何保证线程操作被分配的 Cell 元素的原子性？

首先看下 LongAdder 的类图结构，如图 4-3 所示。

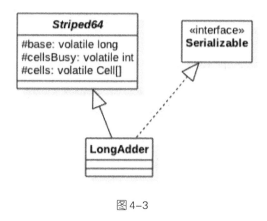

图 4-3

由该图可知，LongAdder 类继承自 Striped64 类，在 Striped64 内部维护着三个变量。LongAdder 的真实值其实是 base 的值与 Cell 数组里面所有 Cell 元素中的 value 值的累加，base 是个基础值，默认为 0。cellsBusy 用来实现自旋锁，状态值只有 0 和 1，当创建 Cell 元素，扩容 Cell 数组或者初始化 Cell 数组时，使用 CAS 操作该变量来保证同时只有一个线程可以进行其中之一的操作。

下面看 Cell 的构造。

```
@sun.misc.Contended static final class Cell {
    volatile long value;
    Cell(long x) { value = x; }
    final boolean cas(long cmp, long val) {
        return UNSAFE.compareAndSwapLong(this, valueOffset, cmp, val);
    }
```

```
// Unsafe mechanics
private static final sun.misc.Unsafe UNSAFE;
private static final long valueOffset;
static {
    try {
        UNSAFE = sun.misc.Unsafe.getUnsafe();
        Class<?> ak = Cell.class;
        valueOffset = UNSAFE.objectFieldOffset
            (ak.getDeclaredField("value"));
    } catch (Exception e) {
        throw new Error(e);
    }
}
}
```

可以看到，Cell 的构造很简单，其内部维护一个被声明为 volatile 的变量，这里声明为 volatile 是因为线程操作 value 变量时没有使用锁，为了保证变量的内存可见性这里将其声明为 volatile 的。另外 cas 函数通过 CAS 操作，保证了当前线程更新时被分配的 Cell 元素中 value 值的原子性。另外，Cell 类使用 @sun.misc.Contended 修饰是为了避免伪共享。到这里我们回答了问题 1 和问题 6。

- long sum() 返回当前的值，内部操作是累加所有 Cell 内部的 value 值后再累加 base。例如下面的代码，由于计算总和时没有对 Cell 数组进行加锁，所以在累加过程中可能有其他线程对 Cell 中的值进行了修改，也有可能对数组进行了扩容，所以 sum 返回的值并不是非常精确的，其返回值并不是一个调用 sum 方法时的原子快照值。

```
public long sum() {
        Cell[] as = cells; Cell a;
        long sum = base;
        if (as != null) {
        for (int i = 0; i < as.length; ++i) {
        if ((a = as[i]) != null)
            sum += a.value;
        }
    }
    return sum;
}
```

- void reset() 为重置操作，如下代码把 base 置为 0，如果 Cell 数组有元素，则元素值被重置为 0。

```
public void reset() {
        Cell[] as = cells; Cell a;
        base = 0L;
        if (as != null) {
           for (int i = 0; i < as.length; ++i) {
                if ((a = as[i]) != null)
                    a.value = 0L;
           }
        }
}
```

- long sumThenReset() 是 sum 的改造版本，如下代码在使用 sum 累加对应的 Cell 值后，把当前 Cell 的值重置为 0，base 重置为 0。这样，当多线程调用该方法时会有问题，比如考虑第一个调用线程清空 Cell 的值，则后一个线程调用时累加的都是 0 值。

```
public long sumThenReset() {
        Cell[] as = cells; Cell a;
        long sum = base;
        base = 0L;
        if (as != null) {
           for (int i = 0; i < as.length; ++i) {
                if ((a = as[i]) != null) {
                    sum += a.value;
                    a.value = 0L;
                }
           }
        }
        return sum;
}
```

- long longValue() 等价于 sum()。

下面主要看下 add 方法的实现，从这个方法里面就可以找到其他问题的答案。

```
public void add(long x) {
    Cell[] as; long b, v; int m; Cell a;
    if ((as = cells) != null || !casBase(b = base, b + x)) {//(1)
        boolean uncontended = true;
        if (as == null || (m = as.length - 1) < 0 ||//(2)
            (a = as[getProbe() & m]) == null ||//(3)
            !(uncontended = a.cas(v = a.value, v + x)))//(4)
            longAccumulate(x, null, uncontended);//(5)
    }
}
```

```
final boolean casBase(long cmp, long val) {
    return UNSAFE.compareAndSwapLong(this, BASE, cmp, val);
}
```

代码（1）首先看 cells 是否为 null，如果为 null 则当前在基础变量 base 上进行累加，这时候就类似 AtomicLong 的操作。

如果 cells 不为 null 或者线程执行代码（1）的 CAS 操作失败了，则会去执行代码（2）。代码（2）（3）决定当前线程应该访问 cells 数组里面的哪一个 Cell 元素，如果当前线程映射的元素存在则执行代码（4），使用 CAS 操作去更新分配的 Cell 元素的 value 值，如果当前线程映射的元素不存在或者存在但是 CAS 操作失败则执行代码（5）。其实将代码（2）（3）（4）合起来看就是获取当前线程应该访问的 cells 数组的 Cell 元素，然后进行 CAS 更新操作，只是在获取期间如果有些条件不满足则会跳转到代码（5）执行。另外当前线程应该访问 cells 数组的哪一个 Cell 元素是通过 getProbe() & m 进行计算的，其中 m 是当前 cells 数组元素个数 −1，getProbe() 则用于获取当前线程中变量 threadLocalRandomProbe 的值，这个值一开始为 0，在代码（5）里面会对其进行初始化。并且当前线程通过分配的 Cell 元素的 cas 函数来保证对 Cell 元素 value 值更新的原子性，到这里我们回答了问题 2 和问题 6。

下面重点研究 longAccumulate 的代码逻辑，这是 cells 数组被初始化和扩容的地方。

```
final void longAccumulate(long x, LongBinaryOperator fn,
                          boolean wasUncontended) {
    //(6) 初始化当前线程的变量threadLocalRandomProbe的值
    int h;
    if ((h = getProbe()) == 0) {
        ThreadLocalRandom.current(); //
        h = getProbe();
        wasUncontended = true;
    }
    boolean collide = false;
    for (;;) {
        Cell[] as; Cell a; int n; long v;
        if ((as = cells) != null && (n = as.length) > 0) {//(7)
            if ((a = as[(n - 1) & h]) == null) {//(8)
                if (cellsBusy == 0) {        // Try to attach new Cell
                    Cell r = new Cell(x);    // Optimistically create
                    if (cellsBusy == 0 && casCellsBusy()) {
                        boolean created = false;
```

```
        try {                   // Recheck under lock
            Cell[] rs; int m, j;
            if ((rs = cells) != null &&
                (m = rs.length) > 0 &&
                rs[j = (m - 1) & h] == null) {
                rs[j] = r;
                created = true;
            }
        } finally {
            cellsBusy = 0;
        }
        if (created)
            break;
        continue;           // Slot is now non-empty
    }
}
collide = false;
}
else if (!wasUncontended)       // CAS already known to fail
    wasUncontended = true;
//当前Cell存在，则执行CAS设置（9）
else if (a.cas(v = a.value, ((fn == null) ? v + x :
                            fn.applyAsLong(v, x))))
    break;
//当前Cell数组元素个数大于CPU个数（10）
else if (n >= NCPU || cells != as)
    collide = false;                // At max size or stale
//是否有冲突（11）
else if (!collide)
    collide = true;
//如果当前元素个数没有达到CPU个数并且有冲突则扩容（12）
else if (cellsBusy == 0 && casCellsBusy()) {
    try {
        if (cells == as) {      // Expand table unless stale
            //12.1
            Cell[] rs = new Cell[n << 1];
            for (int i = 0; i < n; ++i)
                rs[i] = as[i];
            cells = rs;
        }
    } finally {
        //12.2
        cellsBusy = 0;
```

```
            }
            //12.3
            collide = false;
            continue;                          // Retry with expanded table
        }

        //（13）为了能够找到一个空闲的Cell，重新计算hash值,xorshift算法生成随机数
        h = advanceProbe(h);
    }
//初始化Cell数组（14）
else if (cellsBusy == 0 && cells == as && casCellsBusy()) {
    boolean init = false;
    try {
        if (cells == as) {
            //14.1
            Cell[] rs = new Cell[2];
            //14.2
            rs[h & 1] = new Cell(x);
            cells = rs;
            init = true;
        }
    } finally {
        //14.3
        cellsBusy = 0;
    }
    if (init)
        break;
}
else if (casBase(v = base, ((fn == null) ? v + x :
                            fn.applyAsLong(v, x))))
    break;                                    // Fall back on using base
    }
}
```

上面代码比较复杂，这里我们主要关注问题 3、问题 4 和问题 5。

当 每 个 线 程 第 一 次 执 行 到 代 码（6）时，会 初 始 化 当 前 线 程 变 量 threadLocalRandomProbe 的值，上面也说了，这个变量在计算当前线程应该被分配到 cells 数组的哪一个 Cell 元素时会用到。

cells 数组的初始化是在代码（14）中进行的，其中 cellsBusy 是一个标示，为 0 说明当前 cells 数组没有在被初始化或者扩容，也没有在新建 Cell 元素，为 1 则说明 cells 数组

在被初始化或者扩容，或者当前在创建新的 Cell 元素、通过 CAS 操作来进行 0 或 1 状态的切换，这里使用 casCellsBusy 函数。假设当前线程通过 CAS 设置 cellsBusy 为 1，则当前线程开始初始化操作，那么这时候其他线程就不能进行扩容了。如代码（14.1）初始化 cells 数组元素个数为 2，然后使用 h&1 计算当前线程应该访问 cell1 数组的哪个位置，也就是使用当前线程的 threadLocalRandomProbe 变量值 &（cells 数组元素个数 −1），然后标示 cells 数组已经被初始化，最后代码（14.3）重置了 cellsBusy 标记。显然这里没有使用 CAS 操作，却是线程安全的，原因是 cellsBusy 是 volatile 类型的，这保证了变量的内存可见性，另外此时其他地方的代码没有机会修改 cellsBusy 的值。在这里初始化的 cells 数组里面的两个元素的值目前还是 null。这里回答了问题 3，知道了 cells 数组如何被初始化。

cells 数组的扩容是在代码（12）中进行的，对 cells 扩容是有条件的，也就是代码（10）（11）的条件都不满足的时候。具体就是当前 cells 的元素个数小于当前机器 CPU 个数并且当前多个线程访问了 cells 中同一个元素，从而导致冲突使其中一个线程 CAS 失败时才会进行扩容操作。这里为何要涉及 CPU 个数呢？其实在基础篇中已经讲过，只有当每个 CPU 都运行一个线程时才会使多线程的效果最佳，也就是当 cells 数组元素个数与 CPU 个数一致时，每个 Cell 都使用一个 CPU 进行处理，这时性能才是最佳的。代码（12）中的扩容操作也是先通过 CAS 设置 cellsBusy 为 1，然后才能进行扩容。假设 CAS 成功则执行代码（12.1）将容量扩充为之前的 2 倍，并复制 Cell 元素到扩容后数组。另外，扩容后 cells 数组里面除了包含复制过来的元素外，还包含其他新元素，这些元素的值目前还是 null。这里回答了问题 4。

在代码（7）(8) 中，当前线程调用 add 方法并根据当前线程的随机数 threadLocalRandomProbe 和 cells 元素个数计算要访问的 Cell 元素下标，然后如果发现对应下标元素的值为 null，则新增一个 Cell 元素到 cells 数组，并且在将其添加到 cells 数组之前要竞争设置 cellsBusy 为 1。

代码（13）对 CAS 失败的线程重新计算当前线程的随机值 threadLocalRandomProbe，以减少下次访问 cells 元素时的冲突机会。这里回答了问题 5。

4.2.3 小结

本节介绍了 JDK 8 中新增的 LongAdder 原子性操作类，该类通过内部 cells 数组分担了高并发下多线程同时对一个原子变量进行更新时的竞争量，让多个线程可以同时对 cells 数组里面的元素进行并行的更新操作。另外，数组元素 Cell 使用 @sun.misc.Contended 注解进行修饰，这避免了 cells 数组内多个原子变量被放入同一个缓存行，也就是避免了伪共享，这对性能也是一个提升。

4.3　LongAccumulator 类原理探究

LongAdder 类是 LongAccumulator 的一个特例，LongAccumulator 比 LongAdder 的功能更强大。例如下面的构造函数，其中 accumulatorFunction 是一个双目运算器接口，其根据输入的两个参数返回一个计算值，identity 则是 LongAccumulator 累加器的初始值。

```
    public LongAccumulator(LongBinaryOperator accumulatorFunction,
                           long identity) {
        this.function = accumulatorFunction;
        base = this.identity = identity;
    }
public interface LongBinaryOperator {

        //根据两个参数计算并返回一个值
        long applyAsLong(long left, long right);
}
```

上面提到，LongAdder 其实是 LongAccumulator 的一个特例，调用 LongAdder 就相当于使用下面的方式调用 LongAccumulator：

```
LongAdder adder = new LongAdder();

    LongAccumulator accumulator = new LongAccumulator(new LongBinaryOperator() {

        @Override
        public long applyAsLong(long left, long right) {
            return left + right;
        }
    }, 0);
```

LongAccumulator 相比于 LongAdder，可以为累加器提供非 0 的初始值，后者只能提供默认的 0 值。另外，前者还可以指定累加规则，比如不进行累加而进行相乘，只需要在构造 LongAccumulator 时传入自定义的双目运算器即可，后者则内置累加的规则。

从下面代码我们可以知道，LongAccumulator 相比于 LongAdder 的不同在于，在调用

casBase 时后者传递的是 b+x, 前者则使用了 r = function.applyAsLong(b = base, x) 来计算。

```
//LongAdder的add
public void add(long x) {
        Cell[] as; long b, v; int m; Cell a;
        if ((as = cells) != null || !casBase(b = base, b + x)) {
            boolean uncontended = true;
            if (as == null || (m = as.length - 1) < 0 ||
                (a = as[getProbe() & m]) == null ||
                !(uncontended = a.cas(v = a.value, v + x)))
                longAccumulate(x, null, uncontended);
        }
    }
//LongAccumulator的accumulate
    public void accumulate(long x) {
        Cell[] as; long b, v, r; int m; Cell a;
        if ((as = cells) != null ||
            (r = function.applyAsLong(b = base, x)) != b && !casBase(b, r)) {
            boolean uncontended = true;
            if (as == null || (m = as.length - 1) < 0 ||
                (a = as[getProbe() & m]) == null ||
                !(uncontended =
                  (r = function.applyAsLong(v = a.value, x)) == v ||
                  a.cas(v, r)))
                longAccumulate(x, function, uncontended);
        }
    }
```

另外，前者在调用 longAccumulate 时传递的是 function, 而后者是 null。从下面的代码可知，当 fn 为 null 时就使用 v+x 加法运算，这时候就等价于 LongAdder，当 fn 不为 null 时则使用传递的 fn 函数计算。

```
else if (casBase(v = base, ((fn == null) ? v + x :
                                    fn.applyAsLong(v, x))))
            break;                              // Fall back on using base
```

总结：本节简单介绍了 LongAccumulator 的原理。LongAdder 类是 LongAccumulator 的一个特例，只是后者提供了更加强大的功能，可以让用户自定义累加规则。

4.4 总结

本章介绍了并发包中的原子性操作类，这些类都是使用非阻塞算法 CAS 实现的，这相比使用锁实现原子性操作在性能上有很大提高。首先讲解了最简单的 AtomicLong 类的实现原理，然后讲解了 JDK 8 中新增的 LongAdder 类和 LongAccumulator 类的原理。学习完本章后，希望读者在实际项目环境中能因地制宜地使用原子性操作类来提升系统性能。

第5章

Java并发包中并发List源码剖析

5.1 介绍

并发包中的并发 List 只有 CopyOnWriteArrayList。CopyOnWriteArrayList 是一个线程安全的 ArrayList，对其进行的修改操作都是在底层的一个复制的数组（快照）上进行的，也就是使用了写时复制策略。Copy On WriteArraylist 的类图结构如图 5-1 所示。

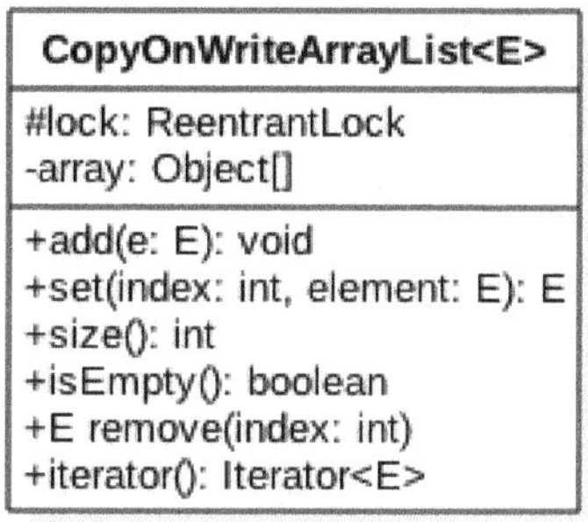

CopyOnWriteArrayList\<E\>

#lock: ReentrantLock
-array: Object[]

+add(e: E): void
+set(index: int, element: E): E
+size(): int
+isEmpty(): boolean
+E remove(index: int)
+iterator(): Iterator\<E\>

图 5-1

在 CopyOnWriteArrayList 的类图中，每个 CopyOnWriteArrayList 对象里面有一个 array 数组对象用来存放具体元素，ReentrantLock 独占锁对象用来保证同时只有一个线程对 array 进行修改。这里只要记得 ReentrantLock 是独占锁，同时只有一个线程可以获取就可以了，后面会专门对 JUC 中的锁进行介绍。

如果让我们自己做一个写时复制的线程安全的 list 我们会怎么做,有哪些点需要考虑?

- 何时初始化 list，初始化的 list 元素个数为多少，list 是有限大小吗？

- 如何保证线程安全，比如多个线程进行读写时如何保证是线程安全的？
- 如何保证使用迭代器遍历 list 时的数据一致性？

下面我们看看 CopyOnWriteArrayList 的作者 Doug Lea 是如何设计的。

5.2　主要方法源码解析

5.2.1　初始化

首先看下无参构造函数，如下代码在内部创建了一个大小为 0 的 Object 数组作为 array 的初始值。

```
public CopyOnWriteArrayList() {
    setArray(new Object[0]);
}
```

然后看下有参构造函数。

```
//创建一个list，其内部元素是入参toCopyIn的副本
public CopyOnWriteArrayList(E[] toCopyIn) {
    setArray(Arrays.copyOf(toCopyIn, toCopyIn.length, Object[].class));
}
```

```
//入参为集合，将集合里面的元素复制到本list
public CopyOnWriteArrayList(Collection<? extends E> c) {
    Object[] elements;
    if (c.getClass() == CopyOnWriteArrayList.class)
        elements = ((CopyOnWriteArrayList<?>)c).getArray();
    else {
        elements = c.toArray();
        // c.toArray might (incorrectly) not return Object[] (see 6260652)
        if (elements.getClass() != Object[].class)
            elements = Arrays.copyOf(elements, elements.length, Object[].class);
    }
    setArray(elements);
}
```

5.2.2　添加元素

CopyOnWriteArrayList 中用来添加元素的函数有 add(E e)、add(int index, E element)、 addIfAbsent(E e) 和 addAllAbsent(Collection<? extends E> c) 等，它们的原理类似，所以本节以 add(E e) 为例来讲解。

```
public boolean add(E e) {

        //获取独占锁（1）
        final ReentrantLock lock = this.lock;
        lock.lock();
        try {
            //(2)获取array
            Object[] elements = getArray();

            //(3)复制array到新数组，添加元素到新数组
            int len = elements.length;
            Object[] newElements = Arrays.copyOf(elements, len + 1);
            newElements[len] = e;

            //(4)使用新数组替换添加前的数组
            setArray(newElements);
            return true;
        } finally {
            //(5)释放独占锁
            lock.unlock();
        }
 }
```

在如上代码中，调用 add 方法的线程会首先执行代码（1）去获取独占锁，如果多个线程都调用 add 方法则只有一个线程会获取到该锁，其他线程会被阻塞挂起直到锁被释放。

所以一个线程获取到锁后，就保证了在该线程添加元素的过程中其他线程不会对 array 进行修改。

线程获取锁后执行代码（2）获取 array，然后执行代码（3）复制 array 到一个新数组（从这里可以知道新数组的大小是原来数组大小增加 1，所以 CopyOnWriteArrayList 是无界 list），并把新增的元素添加到新数组。

然后执行代码（4）使用新数组替换原数组，并在返回前释放锁。由于加了锁，所以整个 add 过程是个原子性操作。需要注意的是，在添加元素时，首先复制了一个快照，然后在快照上进行添加，而不是直接在原来数组上进行。

5.2.3 获取指定位置元素

使用 E get(int index) 获 取 下 标 为 index 的 元 素，如 果 元 素 不 存 在 则 抛 出 IndexOutOfBoundsException 异常。

```
public E get(int index) {
    return get(getArray(), index);
}

final Object[] getArray() {
    return array;
}

private E get(Object[] a, int index) {
    return (E) a[index];
}
```

在如上代码中，当线程 x 调用 get 方法获取指定位置的元素时，分两步走，首先获取 array 数组（这里命名为步骤 A），然后通过下标访问指定位置的元素（这里命名为步骤 B），这是两步操作，但是在整个过程中并没有进行加锁同步。假设这时候 List 内容如图 5-2 所示，里面有 1、2、3 三个元素。

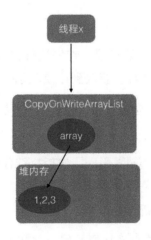

图 5-2

由于执行步骤 A 和步骤 B 没有加锁，这就可能导致在线程 x 执行完步骤 A 后执行步骤 B 前，另外一个线程 y 进行了 remove 操作，假设要删除元素 1。remove 操作首先会获取独占锁，然后进行写时复制操作，也就是复制一份当前 array 数组，然后在复制的数组里面删除线程 x 通过 get 方法要访问的元素 1，之后让 array 指向复制的数组。而这时候 array 之前指向的数组的引用计数为 1 而不是 0，因为线程 x 还在使用它，这时线程 x 开始执行步骤 B，步骤 B 操作的数组是线程 y 删除元素之前的数组，如图 5-3 所示。

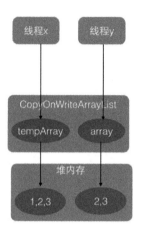

图 5-3

所以，虽然线程 y 已经删除了 index 处的元素，但是线程 x 的步骤 B 还是会返回 index 处的元素，这其实就是写时复制策略产生的弱一致性问题。

5.2.4　修改指定元素

使用 E set（int index,E element）修改 list 中指定元素的值，如果指定位置的元素不存在则抛出 IndexOutOfBoundsException 异常，代码如下。

```
public E set(int index, E element) {
    final ReentrantLock lock = this.lock;
    lock.lock();
    try {
        Object[] elements = getArray();
        E oldValue = get(elements, index);

        if (oldValue != element) {
            int len = elements.length;
            Object[] newElements = Arrays.copyOf(elements, len);
            newElements[index] = element;
            setArray(newElements);
        } else {
```

```
        // Not quite a no-op; ensures volatile write semantics
        setArray(elements);
    }
    return oldValue;
} finally {
    lock.unlock();
}
}
```

如上代码首先获取了独占锁，从而阻止其他线程对 array 数组进行修改，然后获取当前数组，并调用 get 方法获取指定位置的元素，如果指定位置的元素值与新值不一致则创建新数组并复制元素，然后在新数组上修改指定位置的元素值并设置新数组到 array。如果指定位置的元素值与新值一样，则为了保证 volatile 语义，还是需要重新设置 array，虽然 array 的内容并没有改变。

5.2.5 删除元素

删除 list 里面指定的元素，可以使用 E remove(int index)、boolean remove(Object o) 和 boolean remove(Object o, Object[] snapshot, int index) 等方法，它们的原理一样。下面讲解下 remove(int index) 方法。

```
public E remove(int index) {

    //获取独占锁
    final ReentrantLock lock = this.lock;
    lock.lock();
    try {

        //获取数组
        Object[] elements = getArray();
        int len = elements.length;

        //获取指定元素
        E oldValue = get(elements, index);
        int numMoved = len - index - 1;

        //如果要删除的是最后一个元素
        if (numMoved == 0)
            setArray(Arrays.copyOf(elements, len - 1));
        else {
            //分两次复制删除后剩余的元素到新数组
```

```
        Object[] newElements = new Object[len - 1];
        System.arraycopy(elements, 0, newElements, 0, index);
        System.arraycopy(elements, index + 1, newElements, index,
                         numMoved);
        //使用新数组代替老数组
        setArray(newElements);
    }
    return oldValue;
} finally {
    //释放锁
    lock.unlock();
}
}
```

如上代码其实和新增元素的代码类似，首先获取独占锁以保证删除数据期间其他线程不能对 array 进行修改，然后获取数组中要被删除的元素，并把剩余的元素复制到新数组，之后使用新数组替换原来的数组，最后在返回前释放锁。

5.2.6　弱一致性的迭代器

遍历列表元素可以使用迭代器。在讲解什么是迭代器的弱一致性前，先举一个例子来说明如何使用迭代器。

```
public static void main( String[] args )
    {
        CopyOnWriteArrayList<String> arrayList = new CopyOnWriteArrayList<>();
        arrayList.add("hello");
        arrayList.add("alibaba");

        Iterator<String> itr = arrayList.iterator();
        while(itr.hasNext()){
            System.out.println(itr.next());
        }
    }
}
```

输出如下。

```
<terminated> copylist [Java Application] /Library/Java/JavaVirtualMachines/jdk1.8.0_101.jdk/Contents/Home/bin/java
hello
alibaba
```

迭代器的 hasNext 方法用于判断列表中是否还有元素，next 方法则具体返回元素。好了，下面来看 CopyOnWriteArrayList 中迭代器的弱一致性是怎么回事，所谓弱一致性是指返回迭代器后，其他线程对 list 的增删改对迭代器是不可见的，下面看看这是如何做到的。

```java
public Iterator<E> iterator() {
    return new COWIterator<E>(getArray(), 0);
}

static final class COWIterator<E> implements ListIterator<E> {
    //array的快照版本
    private final Object[] snapshot;

    //数组下标
    private int cursor;

    //构造函数
    private COWIterator(Object[] elements, int initialCursor) {
        cursor = initialCursor;
        snapshot = elements;
    }

    //是否遍历结束
    public boolean hasNext() {
        return cursor < snapshot.length;
    }

    //获取元素
    public E next() {
        if (! hasNext())
            throw new NoSuchElementException();
        return (E) snapshot[cursor++];
    }
}
```

在如上代码中，当调用 iterator() 方法获取迭代器时实际上会返回一个 COWIterator 对象，COWIterator 对象的 snapshot 变量保存了当前 list 的内容，cursor 是遍历 list 时数据的下标。

为什么说 snapshot 是 list 的快照呢？明明是指针传递的引用啊，而不是副本。如果在该线程使用返回的迭代器遍历元素的过程中，其他线程没有对 list 进行增删改，那么 snapshot 本身就是 list 的 array，因为它们是引用关系。但是如果在遍历期间其他线程对该 list 进行了增删改，那么 snapshot 就是快照了，因为增删改后 list 里面的数组被新数组替换了，这时候老数组被 snapshot 引用。这也说明获取迭代器后，使用该迭代器元素时，其他线程对该 list 进行的增删改不可见，因为它们操作的是两个不同的数组，这就是弱一致性。

下面通过一个例子来演示多线程下迭代器的弱一致性的效果。

```java
public class copylist
{
    private static volatile CopyOnWriteArrayList<String> arrayList = new
CopyOnWriteArrayList<>();

    public static void main( String[] args ) throws InterruptedException
    {
        arrayList.add("hello");
        arrayList.add("alibaba");
        arrayList.add("welcome");
        arrayList.add("to");
        arrayList.add("hangzhou");

        Thread threadOne = new Thread(new Runnable() {

            @Override
            public void run() {

                //修改list中下标为1的元素为baba
                arrayList.set(1, "baba");
                //删除元素
                arrayList.remove(2);
                arrayList.remove(3);

            }
        });

        //保证在修改线程启动前获取迭代器
        Iterator<String> itr = arrayList.iterator();

        //启动线程
        threadOne.start();

        //等待子线程执行完毕
        threadOne.join();

        //迭代元素
        while(itr.hasNext()){
            System.out.println(itr.next());
        }
```

```
    }
}
```

输出结果如下。

```
<terminated> copylist [Java Application] /Library/Java/JavaVirtualMachines/jdk1.8.0_101.jdk/Contents/Home/bin/java
hello
alibaba
welcome
to
hangzhou
```

在如上代码中，main 函数首先初始化了 arrayList，然后在启动线程前获取到了 arrayList 迭代器。子线程 threadOne 启动后首先修改了 arrayList 的第一个元素的值，然后删除了 arrayList 中下标为 2 和 3 的元素。

主线程在子线程执行完毕后使用获取的迭代器遍历数组元素，从输出结果我们知道，在子线程里面进行的操作一个都没有生效，这就是迭代器弱一致性的体现。需要注意的是，获取迭代器的操作必须在子线程操作之前进行。

5.3 总结

CopyOnWriteArrayList 使用写时复制的策略来保证 list 的一致性，而获取—修改—写入三步操作并不是原子性的，所以在增删改的过程中都使用了独占锁，来保证在某个时间只有一个线程能对 list 数组进行修改。另外 CopyOnWriteArrayList 提供了弱一致性的迭代器，从而保证在获取迭代器后，其他线程对 list 的修改是不可见的，迭代器遍历的数组是一个快照。另外，CopyOnWriteArraySet 的底层就是使用它实现的，感兴趣的读者可以查阅相关源码。

第6章

Java并发包中锁原理剖析

6.1 LockSupport 工具类

JDK 中的 rt.jar 包里面的 LockSupport 是个工具类，它的主要作用是挂起和唤醒线程，该工具类是创建锁和其他同步类的基础。

LockSupport 类与每个使用它的线程都会关联一个许可证，在默认情况下调用 LockSupport 类的方法的线程是不持有许可证的。LockSupport 是使用 Unsafe 类实现的，下面介绍 LockSupport 中的几个主要函数。

1. void park() 方法

如果调用 park 方法的线程已经拿到了与 LockSupport 关联的许可证，则调用 LockSupport.park() 时会马上返回，否则调用线程会被禁止参与线程的调度，也就是会被阻塞挂起。

如下代码直接在 main 函数里面调用 park 方法，最终只会输出 begin park!，然后当前线程被挂起，这是因为在默认情况下调用线程是不持有许可证的。

```
public static void main( String[] args )
{
    System.out.println( "begin park!" );

    LockSupport.park();

    System.out.println( "end park!" );
```

```
    }
```

在其他线程调用 unpark(Thread thread) 方法并且将当前线程作为参数时，调用 park 方法而被阻塞的线程会返回。另外，如果其他线程调用了阻塞线程的 interrupt() 方法，设置了中断标志或者线程被虚假唤醒，则阻塞线程也会返回。所以在调用 park 方法时最好也使用循环条件判断方式。

需要注意的是，因调用 park() 方法而被阻塞的线程被其他线程中断而返回时并不会抛出 InterruptedException 异常。

2. void unpark(Thread thread) 方法

当一个线程调用 unpark 时，如果参数 thread 线程没有持有 thread 与 LockSupport 类关联的许可证，则让 thread 线程持有。如果 thread 之前因调用 park() 而被挂起，则调用 unpark 后，该线程会被唤醒。如果 thread 之前没有调用 park，则调用 unpark 方法后，再调用 park 方法，其会立刻返回。修改代码如下。

```
public static void main( String[] args )
    {
        System.out.println( "begin park!" );

        //使当前线程获取到许可证
        LockSupport.unpark(Thread.currentThread());

        //再次调用park方法
        LockSupport.park();

        System.out.println( "end park!" );

    }
```

该代码会输出

```
begin park!
end park!
```

下面再来看一个例子以加深对 park 和 unpark 的理解。

```
public static void main(String[] args) throws InterruptedException {
        Thread thread = new Thread(new Runnable() {

            @Override
```

```
        public void run() {

            System.out.println("child thread begin park!");

            // 调用park方法，挂起自己
            LockSupport.park();

            System.out.println("child thread unpark!");

        }
    });

    //启动子线程
    thread.start();

    //主线程休眠1s
    Thread.sleep(1000);

    System.out.println("main thread begin unpark!");

    //调用unpark方法让thread线程持有许可证，然后park方法返回
    LockSupport.unpark(thread);

}
```

输出结果为

```
child thread begin park!
main thread begin unpark!
child thread unpark!
```

上面代码首先创建了一个子线程 thread，子线程启动后调用 park 方法，由于在默认情况下子线程没有持有许可证，因而它会把自己挂起。

主线程休眠 1s 是为了让主线程调用 unpark 方法前让子线程输出 child thread begin park! 并阻塞。

主线程然后执行 unpark 方法，参数为子线程，这样做的目的是让子线程持有许可证，然后子线程调用的 park 方法就返回了。

park 方法返回时不会告诉你因何种原因返回，所以调用者需要根据之前调用 park 方法的原因，再次检查条件是否满足，如果不满足则还需要再次调用 park 方法。

例如，根据调用前后中断状态的对比就可以判断是不是因为被中断才返回的。

为了说明调用 park 方法后的线程被中断后会返回，我们修改上面的例子代码，删除 LockSupport.unpark(thread);，然后添加 thread.interrupt();，具体代码如下。

```java
public static void main(String[] args) throws InterruptedException {
    Thread thread = new Thread(new Runnable() {

        @Override
        public void run() {

            System.out.println("child thread begin park!");

            // 调用park方法，挂起自己,只有被中断才会退出循环
            while (!Thread.currentThread().isInterrupted()) {
                LockSupport.park();

            }

            System.out.println("child thread unpark!");

        }
    });

    // 启动子线程
    thread.start();

    // 主线程休眠1s
    Thread.sleep(1000);

    System.out.println("main thread begin unpark!");

    // 中断子线程
    thread.interrupt();

}
```

输出结果为

```
child thread begin park!
main thread begin unpark!
child thread unpark!
```

在如上代码中，只有中断子线程，子线程才会运行结束，如果子线程不被中断，即使

你调用 unpark(thread) 方法子线程也不会结束。

3. void parkNanos(long nanos) 方法

和 park 方法类似，如果调用 park 方法的线程已经拿到了与 LockSupport 关联的许可证，则调用 LockSupport.parkNanos(long nanos) 方法后会马上返回。该方法的不同在于，如果没有拿到许可证，则调用线程会被挂起 nanos 时间后修改为自动返回。

另外 park 方法还支持带有 blocker 参数的方法 void park(Object blocker) 方法，当线程在没有持有许可证的情况下调用 park 方法而被阻塞挂起时，这个 blocker 对象会被记录到该线程内部。

使用诊断工具可以观察线程被阻塞的原因，诊断工具是通过调用 getBlocker(Thread) 方法来获取 blocker 对象的，所以 JDK 推荐我们使用带有 blocker 参数的 park 方法，并且 blocker 被设置为 this，这样当在打印线程堆栈排查问题时就能知道是哪个类被阻塞了。

例如下面的代码。

```java
public class TestPark {

    public  void testPark(){
        LockSupport.park();//(1)

    }
    public static void main(String[] args) {

        TestPark testPark = new TestPark();
        testPark.testPark();

    }

}
```

运行代码后，使用 jstack pid 命令查看线程堆栈时可以看到如下输出结果。

```
"main" prio=5 tid=0x00007feba2802800 nid=0xd03 waiting on condition [0x000000010946a000]
   java.lang.Thread.State: WAITING (parking)
        at sun.misc.Unsafe.park(Native Method)
        at java.util.concurrent.locks.LockSupport.park(LockSupport.java:315)
```

修改代码（1）为 LockSupport.park(this) 后运行代码，则 jstack pid 的输出结果为

```
"main" prio=5 tid=0x00007fe844001800 nid=0xd03 waiting on condition [0x000000010b942000]
   java.lang.Thread.State: WAITING (parking)
      at sun.misc.Unsafe.park(Native Method)
      - parking to wait for  <0x00000007d5666d90> (a com.zlx.park.TestPark)
      at java.util.concurrent.locks.LockSupport.park(LockSupport.java:186)
```

使用带 blocker 参数的 park 方法，线程堆栈可以提供更多有关阻塞对象的信息。

4. park(Object blocker) 方法

```
public static void park(Object blocker) {
    //获取调用线程
    Thread t = Thread.currentThread();

    //设置该线程的blocker变量
    setBlocker(t, blocker);

    //挂起线程
    UNSAFE.park(false, 0L);

    //线程被激活后清除blocker变量，因为一般都是在线程阻塞时才分析原因
    setBlocker(t, null);
}
```

Thread 类里面有个变量 volatile Object parkBlocker，用来存放 park 方法传递的 blocker 对象，也就是把 blocker 变量存放到了调用 park 方法的线程的成员变量里面。

5. void parkNanos(Object blocker, long nanos) 方法

相比 park(Object blocker) 方法多了个超时时间。

6. void parkUntil(Object blocker, long deadline) 方法

它的代码如下：

```
public static void parkUntil(Object blocker, long deadline) {
    Thread t = Thread.currentThread();
    setBlocker(t, blocker);
    //isAbsolute=true,time=deadline;表示到deadline时间后返回
    UNSAFE.park(true, deadline);
    setBlocker(t, null);
}
```

其中参数 deadline 的时间单位为 ms，该时间是从 1970 年到现在某一个时间点的毫秒值。这个方法和 parkNanos(Object blocker, long nanos) 方法的区别是，后者是从当前算等

待 nanos 秒时间，而前者是指定一个时间点，比如需要等到 2017.12.11 日 12：00：00，则把这个时间点转换为从 1970 年到这个时间点的总毫秒数。

最后再看一个例子。

```java
class FIFOMutex {
    private final AtomicBoolean locked = new AtomicBoolean(false);
    private final Queue<Thread> waiters = new ConcurrentLinkedQueue<Thread>();

    public void lock() {
        boolean wasInterrupted = false;
        Thread current = Thread.currentThread();
        waiters.add(current);

        // 只有队首的线程可以获取锁（1）
        while (waiters.peek() != current || !locked.compareAndSet(false, true)) {
            LockSupport.park(this);
            if (Thread.interrupted()) // （2）
                wasInterrupted = true;
        }

        waiters.remove();
        if (wasInterrupted) // （3）
            current.interrupt();
    }

    public void unlock() {
        locked.set(false);
        LockSupport.unpark(waiters.peek());
    }
}
```

这是一个先进先出的锁，也就是只有队列的首元素可以获取锁。在代码（1）处，如果当前线程不是队首或者当前锁已经被其他线程获取，则调用 park 方法挂起自己。

然后在代码（2）处判断，如果 park 方法是因为被中断而返回，则忽略中断，并且重置中断标志，做个标记，然后再次判断当前线程是不是队首元素或者当前锁是否已经被其他线程获取，如果是则继续调用 park 方法挂起自己。

然后在代码（3）中，判断标记，如果标记为 true 则中断该线程，这个怎么理解呢？其实就是其他线程中断了该线程，虽然我对中断信号不感兴趣，忽略它，但是不代表其他线程对该标志不感兴趣，所以要恢复下。

6.2 抽象同步队列 AQS 概述

6.2.1 AQS——锁的底层支持

AbstractQueuedSynchronizer 抽象同步队列简称 AQS，它是实现同步器的基础组件，并发包中锁的底层就是使用 AQS 实现的。另外，大多数开发者可能永远不会直接使用 AQS，但是知道其原理对于架构设计还是很有帮助的。下面看下 AQS 的类图结构，如图 6-1 所示。

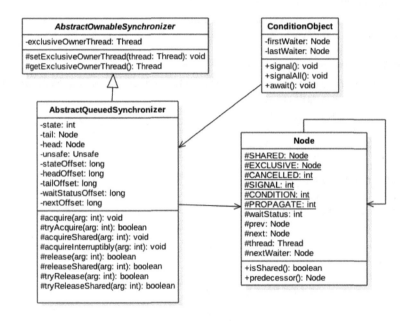

图 6-1

由该图可以看到，AQS 是一个 FIFO 的双向队列，其内部通过节点 head 和 tail 记录队首和队尾元素，队列元素的类型为 Node。其中 Node 中的 thread 变量用来存放进入 AQS 队列里面的线程；Node 节点内部的 SHARED 用来标记该线程是获取共享资源时被阻塞挂起后放入 AQS 队列的，EXCLUSIVE 用来标记线程是获取独占资源时被挂起后放入 AQS 队列的；waitStatus 记录当前线程等待状态，可以为 CANCELLED（线程被取消了）、SIGNAL（线程需要被唤醒）、CONDITION（线程在条件队列里面等待）、PROPAGATE（释放共享资源时需要通知其他节点）；prev 记录当前节点的前驱节点，next 记录当前节点的后继节点。

在 AQS 中维持了一个单一的状态信息 state,可以通过 getState、setState、compareAndSetState 函数修改其值。对于 ReentrantLock 的实现来说，state 可以用来表示当前线程获取锁的可重入次数；对于读写锁 ReentrantReadWriteLock 来说，state 的高 16 位表示读状态，也就是获取该读锁的次数，低 16 位表示获取到写锁的线程的可重入次数；对于 semaphore 来说，state 用来表示当前可用信号的个数；对于 CountDownlatch 来说，state 用来表示计数器当前的值。

AQS 有个内部类 ConditionObject，用来结合锁实现线程同步。ConditionObject 可以直接访问 AQS 对象内部的变量，比如 state 状态值和 AQS 队列。ConditionObject 是条件变量，每个条件变量对应一个条件队列（单向链表队列），其用来存放调用条件变量的 await 方法后被阻塞的线程，如类图所示，这个条件队列的头、尾元素分别为 firstWaiter 和 lastWaiter。

对于 AQS 来说，线程同步的关键是对状态值 state 进行操作。根据 state 是否属于一个线程，操作 state 的方式分为独占方式和共享方式。在独占方式下获取和释放资源使用的方法为：void acquire(int arg) void acquireInterruptibly(int arg) boolean release(int arg)。

在共享方式下获取和释放资源的方法为：void acquireShared(int arg) void acquireSharedInterruptibly(int arg) boolean releaseShared(int arg)。

使用独占方式获取的资源是与具体线程绑定的，就是说如果一个线程获取到了资源，就会标记是这个线程获取到了，其他线程再尝试操作 state 获取资源时会发现当前该资源不是自己持有的，就会在获取失败后被阻塞。比如独占锁 ReentrantLock 的实现，当一个线程获取了 ReentrantLock 的锁后，在 AQS 内部会首先使用 CAS 操作把 state 状态值从 0 变为 1，然后设置当前锁的持有者为当前线程，当该线程再次获取锁时发现它就是锁的持有者，则会把状态值从 1 变为 2，也就是设置可重入次数，而当另外一个线程获取锁时发现自己并不是该锁的持有者就会被放入 AQS 阻塞队列后挂起。

对应共享方式的资源与具体线程是不相关的，当多个线程去请求资源时通过 CAS 方式竞争获取资源，当一个线程获取到了资源后，另外一个线程再次去获取时如果当前资源还能满足它的需要，则当前线程只需要使用 CAS 方式进行获取即可。比如 Semaphore 信号量，当一个线程通过 acquire() 方法获取信号量时，会首先看当前信号量个数是否满足需要，不满足则把当前线程放入阻塞队列，如果满足则通过自旋 CAS 获取信号量。

在独占方式下，获取与释放资源的流程如下：

（1）当一个线程调用 acquire(int arg) 方法获取独占资源时，会首先使用 tryAcquire 方法尝试获取资源，具体是设置状态变量 state 的值，成功则直接返回，失败则将当前线程封装为类型为 Node.EXCLUSIVE 的 Node 节点后插入到 AQS 阻塞队列的尾部，并调用 LockSupport.park(this) 方法挂起自己。

```
public final void acquire(int arg) {
    if (!tryAcquire(arg) &&
        acquireQueued(addWaiter(Node.EXCLUSIVE), arg))
        selfInterrupt();
}
```

（2）当一个线程调用 release(int arg) 方法时会尝试使用 tryRelease 操作释放资源，这里是设置状态变量 state 的值，然后调用 LockSupport.unpark(thread) 方法激活 AQS 队列里面被阻塞的一个线程 (thread)。被激活的线程则使用 tryAcquire 尝试，看当前状态变量 state 的值是否能满足自己的需要，满足则该线程被激活，然后继续向下运行，否则还是会被放入 AQS 队列并被挂起。

```
public final boolean release(int arg) {
    if (tryRelease(arg)) {
        Node h = head;
        if (h != null && h.waitStatus != 0)
            unparkSuccessor(h);
        return true;
    }
    return false;
}
```

需要注意的是，AQS 类并没有提供可用的 tryAcquire 和 tryRelease 方法，正如 AQS 是锁阻塞和同步器的基础框架一样，tryAcquire 和 tryRelease 需要由具体的子类来实现。子类在实现 tryAcquire 和 tryRelease 时要根据具体场景使用 CAS 算法尝试修改 state 状态值，成功则返回 true, 否则返回 false。子类还需要定义，在调用 acquire 和 release 方法时 state 状态值的增减代表什么含义。

比如继承自 AQS 实现的独占锁 ReentrantLock，定义当 status 为 0 时表示锁空闲，为 1 时表示锁已经被占用。在重写 tryAcquire 时，在内部需要使用 CAS 算法查看当前 state 是否为 0，如果为 0 则使用 CAS 设置为 1，并设置当前锁的持有者为当前线程，而后返回

true，如果 CAS 失败则返回 false。

比如继承自 AQS 实现的独占锁在实现 tryRelease 时，在内部需要使用 CAS 算法把当前 state 的值从 1 修改为 0，并设置当前锁的持有者为 null，然后返回 true，如果 CAS 失败则返回 false。

在共享方式下，获取与释放资源的流程如下：

（1）当线程调用 acquireShared(int arg) 获取共享资源时，会首先使用 tryAcquireShared 尝试获取资源，具体是设置状态变量 state 的值，成功则直接返回，失败则将当前线程封装为类型为 Node.SHARED 的 Node 节点后插入到 AQS 阻塞队列的尾部，并使用 LockSupport.park(this) 方法挂起自己。

```
public final void acquireShared(int arg) {
    if (tryAcquireShared(arg) < 0)
        doAcquireShared(arg);
}
```

（2）当一个线程调用 releaseShared(int arg) 时会尝试使用 tryReleaseShared 操作释放资源，这里是设置状态变量 state 的值，然后使用 LockSupport.unpark（thread）激活 AQS 队列里面被阻塞的一个线程 (thread)。被激活的线程则使用 tryReleaseShared 查看当前状态变量 state 的值是否能满足自己的需要，满足则该线程被激活，然后继续向下运行，否则还是会被放入 AQS 队列并被挂起。

```
public final boolean releaseShared(int arg) {
    if (tryReleaseShared(arg)) {
        doReleaseShared();
        return true;
    }
    return false;
}
```

同样需要注意的是，AQS 类并没有提供可用的 tryAcquireShared 和 tryReleaseShared 方法，正如 AQS 是锁阻塞和同步器的基础框架一样，tryAcquireShared 和 tryReleaseShared 需要由具体的子类来实现。子类在实现 tryAcquireShared 和 tryReleaseShared 时要根据具体场景使用 CAS 算法尝试修改 state 状态值，成功则返回 true，否则返回 false。

比如继承自 AQS 实现的读写锁 ReentrantReadWriteLock 里面的读锁在重写 tryAcquireShared 时，首先查看写锁是否被其他线程持有，如果是则直接返回 false，否则使用 CAS 递增 state 的高 16 位 (在 ReentrantReadWriteLock 中，state 的高 16 位为获取读锁的次数)。

比如继承自 AQS 实现的读写锁 ReentrantReadWriteLock 里面的读锁在重写 tryReleaseShared 时，在内部需要使用 CAS 算法把当前 state 值的高 16 位减 1，然后返回 true，如果 CAS 失败则返回 false。

基于 AQS 实现的锁除了需要重写上面介绍的方法外，还需要重写 isHeldExclusively 方法，来判断锁是被当前线程独占还是被共享。

另外，也许你会好奇，独占方式下的 void acquire(int arg) 和 void acquireInterruptibly(int arg)，与共享方式下的 void acquireShared(int arg) 和 void acquireSharedInterruptibly(int arg)，这两套函数中都有一个带有 Interruptibly 关键字的函数，那么带这个关键字和不带有什么区别呢？我们来讲讲。

其实不带 Interruptibly 关键字的方法的意思是不对中断进行响应，也就是线程在调用不带 Interruptibly 关键字的方法获取资源时或者获取资源失败被挂起时，其他线程中断了该线程，那么该线程不会因为被中断而抛出异常，它还是继续获取资源或者被挂起，也就是说不对中断进行响应，忽略中断。

而带 Interruptibly 关键字的方法要对中断进行响应，也就是线程在调用带 Interruptibly 关键字的方法获取资源时或者获取资源失败被挂起时，其他线程中断了该线程，那么该线程会抛出 InterruptedException 异常而返回。

最后，我们来看看如何维护 AQS 提供的队列，主要看入队操作。

- 入队操作：当一个线程获取锁失败后该线程会被转换为 Node 节点，然后就会使用 enq(final Node node) 方法将该节点插入到 AQS 的阻塞队列。

```java
private Node enq(final Node node) {
    for (;;) {
        Node t = tail;//(1)
        if (t == null) { // Must initialize
            if (compareAndSetHead(new Node()))//(2)
                tail = head;
        } else {
            node.prev = t;//(3)
            if (compareAndSetTail(t, node)) {//(4)
                t.next = node;
```

```
                return t;
            }
        }
    }
}
```

下面结合代码和节点图（见图 6-2）来讲解入队的过程。如上代码在第一次循环中，当要在 AQS 队列尾部插入元素时，AQS 队列状态如图 6-2 中（default）所示。也就是队列头、尾节点都指向 null；当执行代码（1）后节点 t 指向了尾部节点，这时候队列状态如图 6-2 中（I）所示。

这时候 t 为 null，故执行代码（2），使用 CAS 算法设置一个哨兵节点为头节点，如果 CAS 设置成功，则让尾部节点也指向哨兵节点，这时候队列状态如图 6-2 中（II）所示。

到现在为止只插入了一个哨兵节点，还需要插入 node 节点，所以在第二次循环后执行到代码（1），这时候队列状态如图 6-2（III）所示；然后执行代码（3）设置 node 的前驱节点为尾部节点，这时候队列状态如图 6-2 中（IV）所示；然后通过 CAS 算法设置 node 节点为尾部节点，CAS 成功后队列状态如图 6-2 中（V）所示；CAS 成功后再设置原来的尾部节点的后驱节点为 node，这时候就完成了双向链表的插入，此时队列状态如图 6-2 中（VI）所示。

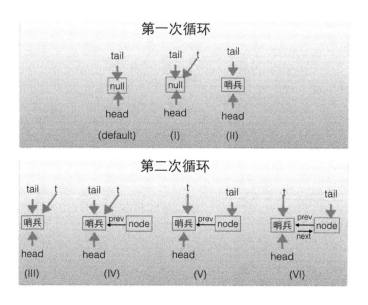

图 6-2

6.2.2 AQS——条件变量的支持

正如在基础篇中讲解的，notify 和 wait，是配合 synchronized 内置锁实现线程间同步的基础设施一样，条件变量的 signal 和 await 方法也是用来配合锁（使用 AQS 实现的锁）实现线程间同步的基础设施。

它们的不同在于，synchronized 同时只能与一个共享变量的 notify 或 wait 方法实现同步，而 AQS 的一个锁可以对应多个条件变量。

在基础篇中讲解了，在调用共享变量的 notify 和 wait 方法前必须先获取该共享变量的内置锁，同理，在调用条件变量的 signal 和 await 方法前也必须先获取条件变量对应的锁。

那么，到底什么是条件变量呢？如何使用呢？不急，下面看一个例子。

```
ReentrantLock lock = new ReentrantLock();//(1)
Condition condition = lock.newCondition();//(2)

lock.lock();//(3)
try {
    System.out.println("begin wait");
    condition.await();//(4)
    System.out.println("end wait");

} catch (Exception e) {
    e.printStackTrace();

} finally {
    lock.unlock();//(5)
}
lock.lock();//(6)
try {
    System.out.println("begin signal");
    condition.signal();//(7)
    System.out.println("end signal");
} catch (Exception e) {
    e.printStackTrace();

} finally {
    lock.unlock();//(8)
}
```

代码（1）创建了一个独占锁 ReentrantLock 对象，ReentrantLock 是基于 AQS 实现的锁。

代码（2）使用创建的 Lock 对象的 newCondition（）方法创建了一个 ConditionObject 变量，这个变量就是 Lock 锁对应的一个条件变量。需要注意的是，一个 Lock 对象可以创建多个条件变量。

代码（3）首先获取了独占锁，代码（4) 则调用了条件变量的 await（）方法阻塞挂起了当前线程。当其他线程调用条件变量的 signal 方法时，被阻塞的线程才会从 await 处返回。需要注意的是，和调用 Object 的 wait 方法一样，如果在没有获取到锁前调用了条件变量的 await 方法则会抛出 java.lang.IllegalMonitorStateException 异常。

代码（5）则释放了获取的锁。

其实这里的 Lock 对象等价于 synchronized 加上共享变量，调用 lock.lock（）方法就相当于进入了 synchronized 块（获取了共享变量的内置锁），调用 lock.unLock() 方法就相当于退出 synchronized 块。调用条件变量的 await() 方法就相当于调用共享变量的 wait() 方法，调用条件变量的 signal 方法就相当于调用共享变量的 notify() 方法。调用条件变量的 signalAll（）方法就相当于调用共享变量的 notifyAll() 方法。

经过上面解释，相信大家已经知道条件变量是什么，它是用来做什么的了。

在上面代码中，lock.newCondition() 的作用其实是 new 了一个在 AQS 内部声明的 ConditionObject 对象，ConditionObject 是 AQS 的内部类，可以访问 AQS 内部的变量（例如状态变量 state）和方法。在每个条件变量内部都维护了一个条件队列，用来存放调用条件变量的 await() 方法时被阻塞的线程。注意这个条件队列和 AQS 队列不是一回事。

在如下代码中，当线程调用条件变量的 await() 方法时（必须先调用锁的 lock() 方法获取锁），在内部会构造一个类型为 Node.CONDITION 的 node 节点，然后将该节点插入条件队列末尾，之后当前线程会释放获取的锁（也就是会操作锁对应的 state 变量的值），并被阻塞挂起。这时候如果有其他线程调用 lock.lock() 尝试获取锁，就会有一个线程获取到锁，如果获取到锁的线程调用了条件变量的 await（）方法，则该线程也会被放入条件变量的阻塞队列，然后释放获取到的锁，在 await() 方法处阻塞。

```
public final void await() throws InterruptedException {
        if (Thread.interrupted())
            throw new InterruptedException();
        //创建新的node节点,并插入到条件队列末尾(9)
        Node node = addConditionWaiter();
```

```
                    //释放当前线程获取的锁(10)
                    int savedState = fullyRelease(node);
                    int interruptMode = 0;
                    //调用park方法阻塞挂起当前线程(11)
                    while (!isOnSyncQueue(node)) {
                        LockSupport.park(this);
                        if ((interruptMode = checkInterruptWhileWaiting(node)) != 0)
                            break;
                    }
                    ...
                }
```

在如下代码中，当另外一个线程调用条件变量的 signal 方法时（必须先调用锁的 lock() 方法获取锁），在内部会把条件队列里面队头的一个线程节点从条件队列里面移除并放入 AQS 的阻塞队列里面，然后激活这个线程。

```
public final void signal() {
    if (!isHeldExclusively())
        throw new IllegalMonitorStateException();
    Node first = firstWaiter;
    if (first != null)
        //将条件队列头元素移动到AQS队列
        doSignal(first);
}
```

需要注意的是，AQS 只提供了 ConditionObject 的实现，并没有提供 newCondition 函数，该函数用来 new 一个 ConditionObject 对象。需要由 AQS 的子类来提供 newCondition 函数。

下面来看当一个线程调用条件变量的 await() 方法而被阻塞后，如何将其放入条件队列。

```
    private Node addConditionWaiter() {
        Node t = lastWaiter;
        ...
        //(1)
        Node node = new Node(Thread.currentThread(), Node.CONDITION);
        //(2)
        if (t == null)
            firstWaiter = node;
        else
            t.nextWaiter = node;//(3)
        lastWaiter = node;//(4)
        return node;
    }
```

代码（1）首先根据当前线程创建一个类型为 Node.CONDITION 的节点，然后通过代码（2）（3）（4）在单向条件队列尾部插入一个元素。

注意：当多个线程同时调用 lock.lock() 方法获取锁时，只有一个线程获取到了锁，其他线程会被转换为 Node 节点插入到 lock 锁对应的 AQS 阻塞队列里面，并做自旋 CAS 尝试获取锁。

如果获取到锁的线程又调用了对应的条件变量的 await() 方法，则该线程会释放获取到的锁，并被转换为 Node 节点插入到条件变量对应的条件队列里面。

这时候因为调用 lock.lock() 方法被阻塞到 AQS 队列里面的一个线程会获取到被释放的锁，如果该线程也调用了条件变量的 await（）方法则该线程也会被放入条件变量的条件队列里面。

当另外一个线程调用条件变量的 signal() 或者 signalAll() 方法时，会把条件队列里面的一个或者全部 Node 节点移动到 AQS 的阻塞队列里面，等待时机获取锁。

最后使用一个图（见图 6-3）总结如下：一个锁对应一个 AQS 阻塞队列，对应多个条件变量，每个条件变量有自己的一个条件队列。

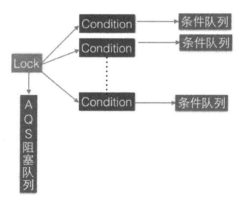

图 6-3

6.2.3　基于 AQS 实现自定义同步器

本节我们基于 AQS 实现一个不可重入的独占锁，正如前文所讲的，自定义 AQS 需要重写一系列函数，还需要定义原子变量 state 的含义。这里我们定义，state 为 0 表示目前锁没有被线程持有，state 为 1 表示锁已经被某一个线程持有，由于是不可重入锁，所以不需要记录持有锁的线程获取锁的次数。另外，我们自定义的锁支持条件变量。

1. 代码实现

如下代码是基于 AQS 实现的不可重入的独占锁。

```java
class NonReentrantLock implements Lock, java.io.Serializable {

    // 内部帮助类
    private static class Sync extends AbstractQueuedSynchronizer {
        // 是否锁已经被持有
        protected boolean isHeldExclusively() {
            return getState() == 1;
        }

        //如果state为0 则尝试获取锁
        public boolean tryAcquire(int acquires) {
            assert acquires == 1; //
            if (compareAndSetState(0, 1)) {
                setExclusiveOwnerThread(Thread.currentThread());
                return true;
            }
            return false;
        }

        // 尝试释放锁，设置state为0
        protected boolean tryRelease(int releases) {
            assert releases == 1; //
            if (getState() == 0)
                throw new IllegalMonitorStateException();
            setExclusiveOwnerThread(null);
            setState(0);
            return true;
        }

        // 提供条件变量接口
        Condition newCondition() {
            return new ConditionObject();
        }

    }
```

```
//创建一个Sync来做具体的工作
private final Sync sync = new Sync();

public void lock() {
    sync.acquire(1);
}

public boolean tryLock() {
    return sync.tryAcquire(1);
}

public void unlock() {
    sync.release(1);
}

public Condition newCondition() {
    return sync.newCondition();
}

public boolean isLocked() {
    return sync.isHeldExclusively();
}

public void lockInterruptibly() throws InterruptedException {
    sync.acquireInterruptibly(1);
}

public boolean tryLock(long timeout, TimeUnit unit) throws
   InterruptedException {
    return sync.tryAcquireNanos(1, unit.toNanos(timeout));
}
}
```

在如上代码中，NonReentrantLock 定义了一个内部类 Sync 用来实现具体的锁的操作，Sync 则继承了 AQS。由于我们实现的是独占模式的锁，所以 Sync 重写了 tryAcquire、tryRelease 和 isHeldExclusively 3 个方法。另外，Sync 提供了 newCondition 这个方法用来支持条件变量。

2. 使用自定义锁实现生产—消费模型

下面我们使用上节自定义的锁实现一个简单的生产—消费模型，代码如下。

```
final static NonReentrantLock lock = new NonReentrantLock();
final static Condition notFull = lock.newCondition();
final static Condition notEmpty = lock.newCondition();

final static Queue<String> queue = new LinkedBlockingQueue<String>();
final static  int queueSize = 10;


public static void main(String[] args) {

    Thread producer = new Thread(new  Runnable() {
        public void run() {
            //获取独占锁
            lock.lock();
            try{

                //(1)如果队列满了，则等待
                while(queue.size() == queueSize){
                    notEmpty.await();
                }

                //（2）添加元素到队列
                queue.add("ele");

                //（3）唤醒消费线程
                notFull.signalAll();

            }catch(Exception e){
                e.printStackTrace();
            }finally {
                //释放锁
                lock.unlock();
            }
        }
    });

    Thread consumer = new Thread(new  Runnable() {
        public void run() {
            //获取独占锁
            lock.lock();
            try{
                //队列空，则等待
                while(0 == queue.size() ){
```

```
                    notFull.await();;
                }

                //消费一个元素
                String ele = queue.poll();
                //唤醒生产线程
                notEmpty.signalAll();

            }catch(Exception e){
                e.printStackTrace();
            }finally {
                //释放锁
                lock.unlock();
            }
        }
    });

    //启动线程
    producer.start();
    consumer.start();
}
```

如上代码首先创建了 NonReentrantLock 的一个对象 lock，然后调用 lock.newCondition 创建了两个条件变量，用来进行生产者和消费者线程之间的同步。

在 main 函数里面，首先创建了 producer 生产线程，在线程内部首先调用 lock.lock() 获取独占锁，然后判断当前队列是否已经满了，如果满了则调用 notEmpty.await() 阻塞挂起当前线程。需要注意的是，这里使用 while 而不是 if 是为了避免虚假唤醒。如果队列不满则直接向队列里面添加元素，然后调用 notFull.signalAll() 唤醒所有因为消费元素而被阻塞的消费线程，最后释放获取的锁。

然后在 main 函数里面创建了 consumer 生产线程，在线程内部首先调用 lock.lock() 获取独占锁，然后判断当前队列里面是不是有元素，如果队列为空则调用 notFull.await() 阻塞挂起当前线程。需要注意的是，这里使用 while 而不是 if 是为了避免虚假唤醒。如果队列不为空则直接从队列里面获取并移除元素，然后唤醒因为队列满而被阻塞的生产线程，最后释放获取的锁。

6.3 独占锁 ReentrantLock 的原理

6.3.1 类图结构

ReentrantLock 是可重入的独占锁，同时只能有一个线程可以获取该锁，其他获取该锁的线程会被阻塞而被放入该锁的 AQS 阻塞队列里面。首先看下 ReentrantLock 的类图以便对它的实现有个大致了解，如图 6-4 所示。

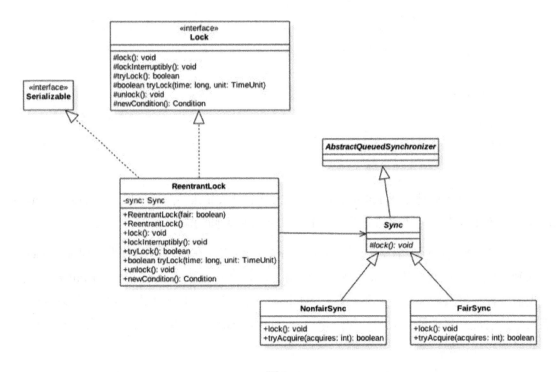

图 6-4

从类图可以看到，ReentrantLock 最终还是使用 AQS 来实现的，并且根据参数来决定其内部是一个公平还是非公平锁，默认是非公平锁。

```
public ReentrantLock() {
     sync = new NonfairSync();
   }

  public ReentrantLock(boolean fair) {
```

```
    sync = fair ? new FairSync() : new NonfairSync();
}
```

其中 Sync 类直接继承自 AQS，它的子类 NonfairSync 和 FairSync 分别实现了获取锁的非公平与公平策略。

在这里，AQS 的 state 状态值表示线程获取该锁的可重入次数，在默认情况下，state 的值为 0 表示当前锁没有被任何线程持有。当一个线程第一次获取该锁时会尝试使用 CAS 设置 state 的值为 1，如果 CAS 成功则当前线程获取了该锁，然后记录该锁的持有者为当前线程。在该线程没有释放锁的情况下第二次获取该锁后，状态值被设置为 2，这就是可重入次数。在该线程释放该锁时，会尝试使用 CAS 让状态值减 1，如果减 1 后状态值为 0，则当前线程释放该锁。

6.3.2　获取锁

1. void lock() 方法

当一个线程调用该方法时，说明该线程希望获取该锁。如果锁当前没有被其他线程占用并且当前线程之前没有获取过该锁，则当前线程会获取到该锁，然后设置当前锁的拥有者为当前线程，并设置 AQS 的状态值为 1，然后直接返回。如果当前线程之前已经获取过该锁，则这次只是简单地把 AQS 的状态值加 1 后返回。如果该锁已经被其他线程持有，则调用该方法的线程会被放入 AQS 队列后阻塞挂起。

```
public void lock() {
    sync.lock();
}
```

在如上代码中，ReentrantLock 的 lock() 委托给了 sync 类，根据创建 ReentrantLock 构造函数选择 sync 的实现是 NonfairSync 还是 FairSync，这个锁是一个非公平锁或者公平锁。这里先看 sync 的子类 NonfairSync 的情况，也就是非公平锁时。

```
final void lock() {
 //（1）CAS设置状态值
 if (compareAndSetState(0, 1))
     setExclusiveOwnerThread(Thread.currentThread());
 else
 //（2）调用AQS的acquire方法
     acquire(1);
}
```

在代码（1）中，因为默认 AQS 的状态值为 0，所以第一个调用 Lock 的线程会通过 CAS 设置状态值为 1，CAS 成功则表示当前线程获取到了锁，然后 setExclusiveOwnerThread 设置该锁持有者是当前线程。

如果这时候有其他线程调用 lock 方法企图获取该锁，CAS 会失败，然后会调用 AQS 的 acquire 方法。注意，传递参数为 1，这里再贴下 AQS 的 acquire 的核心代码。

```
public final void acquire(int arg) {
    //(3)调用ReentrantLock重写的tryAcquire方法
    if (!tryAcquire(arg) &&
        // tryAcquiref返回false会把当前线程放入AQS阻塞队列
        acquireQueued(addWaiter(Node.EXCLUSIVE), arg))
        selfInterrupt();
}
```

之前说过，AQS 并没有提供可用的 tryAcquire 方法，tryAcquire 方法需要子类自己定制化，所以这里代码（3）会调用 ReentrantLock 重写的 tryAcquire 方法。我们先看下非公平锁的代码。

```
protected final boolean tryAcquire(int acquires) {
        return nonfairTryAcquire(acquires);
}

final boolean nonfairTryAcquire(int acquires) {
  final Thread current = Thread.currentThread();
  int c = getState();
  //（4）当前AQS状态值为0
  if (c == 0) {
      if (compareAndSetState(0, acquires)) {
          setExclusiveOwnerThread(current);
          return true;
      }
  }//(5)当前线程是该锁持有者
  else if (current == getExclusiveOwnerThread()) {
      int nextc = c + acquires;
      if (nextc < 0) // overflow
          throw new Error("Maximum lock count exceeded");
      setState(nextc);
      return true;
  }//(6)
  return false;
}
```

首先代码（4）会查看当前锁的状态值是否为0，为0则说明当前该锁空闲，那么就尝试CAS获取该锁，将AQS的状态值从0设置为1，并设置当前锁的持有者为当前线程然后返回，true。如果当前状态值不为0则说明该锁已经被某个线程持有，所以代码（5）查看当前线程是否是该锁的持有者，如果当前线程是该锁的持有者，则状态值加1，然后返回true，这里需要注意，nextc<0说明可重入次数溢出了。如果当前线程不是锁的持有者则返回false，然后其会被放入AQS阻塞队列。

介绍完了非公平锁的实现代码，回过头来看看非公平在这里是怎么体现的。首先非公平是说先尝试获取锁的线程并不一定比后尝试获取锁的线程优先获取锁。

这里假设线程A调用lock（）方法时执行到nonfairTryAcquire的代码（4），发现当前状态值不为0，所以执行代码（5），发现当前线程不是线程持有者，则执行代码（6）返回false，然后当前线程被放入AQS阻塞队列。

这时候线程B也调用了lock()方法执行到nonfairTryAcquire的代码（4），发现当前状态值为0了（假设占有该锁的其他线程释放了该锁），所以通过CAS设置获取到了该锁。明明是线程A先请求获取该锁呀，这就是非公平的体现。这里线程B在获取锁前并没有查看当前AQS队列里面是否有比自己更早请求该锁的线程，而是使用了抢夺策略。那么下面看看公平锁是怎么实现公平的。公平锁的话只需要看FairSync重写的tryAcquire方法。

```
protected final boolean tryAcquire(int acquires) {
    final Thread current = Thread.currentThread();
    int c = getState();
    //（7）当前AQS状态值为0
    if (c == 0) {
     //（8）公平性策略
        if (!hasQueuedPredecessors() &&
            compareAndSetState(0, acquires)) {
            setExclusiveOwnerThread(current);
            return true;
        }
    }
    //（9）当前线程是该锁持有者
    else if (current == getExclusiveOwnerThread()) {
        int nextc = c + acquires;
        if (nextc < 0)
            throw new Error("Maximum lock count exceeded");
```

```
                setState(nextc);
                return true;
            }//(10)
            return false;
        }
    }
```

如以上代码所示，公平的 tryAcquire 策略与非公平的类似，不同之处在于，代码（8）在设置 CAS 前添加了 hasQueuedPredecessors 方法，该方法是实现公平性的核心代码，代码如下。

```
public final boolean hasQueuedPredecessors() {

    Node t = tail; // Read fields in reverse initialization order
    Node h = head;
    Node s;
    return h != t &&
        ((s = h.next) == null || s.thread != Thread.currentThread());
}
```

在如上代码中，如果当前线程节点有前驱节点则返回 true，否则如果当前 AQS 队列为空或者当前线程节点是 AQS 的第一个节点则返回 false。其中如果 h==t 则说明当前队列为空，直接返回 false；如果 h!=t 并且 s==null 则说明有一个元素将要作为 AQS 的第一个节点入队列（回顾前面的内容，enq 函数的第一个元素入队列是两步操作：首先创建一个哨兵头节点，然后将第一个元素插入哨兵节点后面），那么返回 true，如果 h!=t 并且 s!=null 和 s.thread != Thread.currentThread() 则说明队列里面的第一个元素不是当前线程，那么返回 true。

2. void lockInterruptibly() 方法

该方法与 lock() 方法类似，它的不同在于，它对中断进行响应，就是当前线程在调用该方法时，如果其他线程调用了当前线程的 interrupt（）方法，则当前线程会抛出 InterruptedException 异常，然后返回。

```
public void lockInterruptibly() throws InterruptedException {
      sync.acquireInterruptibly(1);
}

public final void acquireInterruptibly(int arg)
      throws InterruptedException {
```

```
    //如果当前线程被中断，则直接抛出异常
    if (Thread.interrupted())
        throw new InterruptedException();
    //尝试获取资源
    if (!tryAcquire(arg))
        //调用AQS可被中断的方法
        doAcquireInterruptibly(arg);
}
```

3. boolean tryLock() 方法

尝试获取锁，如果当前该锁没有被其他线程持有，则当前线程获取该锁并返回 true，否则返回 false。注意，该方法不会引起当前线程阻塞。

```
public boolean tryLock() {
    return sync.nonfairTryAcquire(1);
}

final boolean nonfairTryAcquire(int acquires) {
    final Thread current = Thread.currentThread();
    int c = getState();
    if (c == 0) {
        if (compareAndSetState(0, acquires)) {
            setExclusiveOwnerThread(current);
            return true;
        }
    }
    else if (current == getExclusiveOwnerThread()) {
        int nextc = c + acquires;
        if (nextc < 0) // overflow
            throw new Error("Maximum lock count exceeded");
        setState(nextc);
        return true;
    }
    return false;
}
```

如上代码与非公平锁的 tryAcquire() 方法代码类似，所以 tryLock() 使用的是非公平策略。

4. boolean tryLock(long timeout, TimeUnit unit) 方法

尝试获取锁，与 tryLock（）的不同之处在于，它设置了超时时间，如果超时时间到

没有获取到该锁则返回 false。

```
public boolean tryLock(long timeout, TimeUnit unit)
        throws InterruptedException {
        //调用AQS的tryAcquireNanos方法
    return sync.tryAcquireNanos(1, unit.toNanos(timeout));
}
```

6.3.3 释放锁

1. void unlock() 方法

尝试释放锁，如果当前线程持有该锁，则调用该方法会让该线程对该线程持有的 AQS 状态值减 1，如果减去 1 后当前状态值为 0，则当前线程会释放该锁，否则仅仅减 1 而已。如果当前线程没有持有该锁而调用了该方法则会抛出 IllegalMonitorStateException 异常，代码如下。

```
public void unlock() {
    sync.release(1);
}


protected final boolean tryRelease(int releases) {
    //(11)如果不是锁持有者调用UNlock则抛出异常
    int c = getState() - releases;
    if (Thread.currentThread() != getExclusiveOwnerThread())
        throw new IllegalMonitorStateException();
    boolean free = false;
    //(12)如果当前可重入次数为0，则清空锁持有线程
    if (c == 0) {
        free = true;
        setExclusiveOwnerThread(null);
    }
    //(13)设置可重入次数为原始值-1
    setState(c);
    return free;
}
```

如代码（11）所示，如果当前线程不是该锁持有者则直接抛出异常，否则查看状态值是否为 0，为 0 则说明当前线程要放弃对该锁的持有权，则执行代码（12）把当前锁持有者设置为 null。如果状态值不为 0，则仅仅让当前线程对该锁的可重入次数减 1。

6.3.4　案例介绍

下面使用 ReentrantLock 来实现一个简单的线程安全的 list。

```
public static class ReentrantLockList {

    //线程不安全的list
    private ArrayList<String> array = new ArrayList<String>();
    //独占锁
    private volatile ReentrantLock lock = new ReentrantLock();

    //添加元素
    public void add(String e) {

        lock.lock();
        try {
            array.add(e);

        } finally {
            lock.unlock();

        }
    }
    //删除元素
    public void remove(String e) {

        lock.lock();
        try {
            array.remove(e);

        } finally {
            lock.unlock();

        }
    }

    //获取数据
    public String get(int index) {

        lock.lock();
        try {
            return array.get(index);
```

```
    } finally {
        lock.unlock();

    }
}
```

如上代码通过在操作 array 元素前进行加锁保证同一时间只有一个线程可以对 array 数组进行修改，但是也只能有一个线程对 array 元素进行访问。

同样最后使用图（见图 6-5）来加深理解。

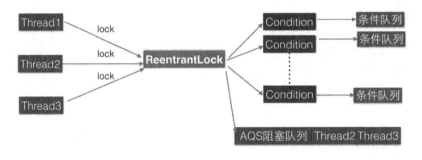

图 6-5

如 图 6-5 所示，假 如 线 程 Thread1、Thread2 和 Thread3 同 时 尝 试 获 取 独 占 锁 ReentrantLock，假设 Thread1 获取到了，则 Thread2 和 Thread3 就会被转换为 Node 节点并被放入 ReentrantLock 对应的 AQS 阻塞队列，而后被阻塞挂起。

如图 6-6 所示，假设 Thread1 获取锁后调用了对应的锁创建的条件变量 1，那么 Thread1 就会释放获取到的锁，然后当前线程就会被转换为 Node 节点插入条件变量 1 的条件队列。由于 Thread1 释放了锁，所以阻塞到 AQS 队列里面的 Thread2 和 Thread3 就有机会获取到该锁，假如使用的是公平策略，那么这时候 Thread2 会获取到该锁，从而从 AQS 队列里面移除 Thread2 对应的 Node 节点。

图 6-6

6.3.5 小结

本节介绍了 ReentrantLock 的实现原理，ReentrantLock 的底层是使用 AQS 实现的可重入独占锁。在这里 AQS 状态值为 0 表示当前锁空闲，为大于等于 1 的值则说明该锁已经被占用。该锁内部有公平与非公平实现，默认情况下是非公平的实现。另外，由于该锁是独占锁，所以某时只有一个线程可以获取该锁。

6.4 读写锁 ReentrantReadWriteLock 的原理

解决线程安全问题使用 ReentrantLock 就可以，但是 ReentrantLock 是独占锁，某时只有一个线程可以获取该锁，而实际中会有写少读多的场景，显然 ReentrantLock 满足不了这个需求，所以 ReentrantReadWriteLock 应运而生。ReentrantReadWriteLock 采用读写分离的策略，允许多个线程可以同时获取读锁。

6.4.1 类图结构

为了了解 ReentrantReadWriteLock 的内部构造，我们先看下它的类图结构，如图 6-7 所示。

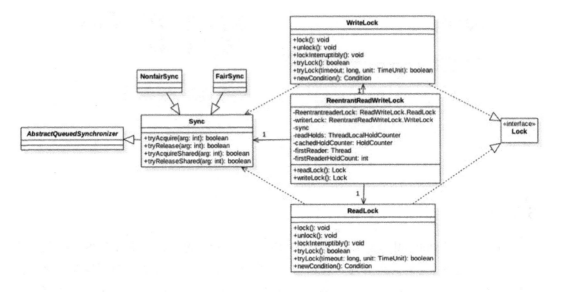

图 6-7

读写锁的内部维护了一个 ReadLock 和一个 WriteLock，它们依赖 Sync 实现具体功能。而 Sync 继承自 AQS，并且也提供了公平和非公平的实现。下面只介绍非公平的读写锁实现。我们知道 AQS 中只维护了一个 state 状态，而 ReentrantReadWriteLock 则需要维护读状态和写状态，一个 state 怎么表示写和读两种状态呢？ReentrantReadWriteLock 巧妙地使用 state 的高 16 位表示读状态，也就是获取到读锁的次数；使用低 16 位表示获取到写锁的线程的可重入次数。

```
static final int SHARED_SHIFT   = 16;

//共享锁（读锁）状态单位值65536
static final int SHARED_UNIT    = (1 << SHARED_SHIFT);
//共享锁线程最大个数65535
static final int MAX_COUNT      = (1 << SHARED_SHIFT) - 1;

//排它锁(写锁)掩码，二进制，15个1
static final int EXCLUSIVE_MASK = (1 << SHARED_SHIFT) - 1;

/** 返回读锁线程数 */
static int sharedCount(int c)    { return c >>> SHARED_SHIFT; }
/** 返回写锁可重入个数 */
static int exclusiveCount(int c) { return c & EXCLUSIVE_MASK; }
```

其中 firstReader 用来记录第一个获取到读锁的线程，firstReaderHoldCount 则记录第一个获取到读锁的线程获取读锁的可重入次数。cachedHoldCounter 用来记录最后一个获取读锁的线程获取读锁的可重入次数。

```
static final class HoldCounter {
    int count = 0;
    //线程id
    final long tid = getThreadId(Thread.currentThread());
}
```

readHolds 是 ThreadLocal 变量，用来存放除去第一个获取读锁线程外的其他线程获取读锁的可重入次数。ThreadLocalHoldCounter 继承了 ThreadLocal，因而 initialValue 方法返回一个 HoldCounter 对象。

```
static final class ThreadLocalHoldCounter
    extends ThreadLocal<HoldCounter> {
    public HoldCounter initialValue() {
        return new HoldCounter();
    }
}
```

6.4.2　写锁的获取与释放

在 ReentrantReadWriteLock 中写锁使用 WriteLock 来实现。

1. void lock()

写锁是个独占锁，某时只有一个线程可以获取该锁。 如果当前没有线程获取到读锁和写锁，则当前线程可以获取到写锁然后返回。 如果当前已经有线程获取到读锁和写锁，则当前请求写锁的线程会被阻塞挂起。 另外，写锁是可重入锁，如果当前线程已经获取了该锁，再次获取只是简单地把可重入次数加 1 后直接返回。

```
public void lock() {
    sync.acquire(1);
}

public final void acquire(int arg) {
    // sync重写的tryAcquire方法
    if (!tryAcquire(arg) &&
        acquireQueued(addWaiter(Node.EXCLUSIVE), arg))
        selfInterrupt();
```

```
}
```

如以上代码所示，在 lock() 内部调用了 AQS 的 acquire 方法，其中 tryAcquire 是 ReentrantReadWriteLock 内部的 sync 类重写的，代码如下。

```
protected final boolean tryAcquire(int acquires) {

        Thread current = Thread.currentThread();
        int c = getState();
        int w = exclusiveCount(c);
        //（1）c!=0说明读锁或者写锁已经被某线程获取
        if (c != 0) {
            //（2）w=0说明已经有线程获取了读锁，w!=0并且当前线程不是写锁拥有者，则返回
                false
            if (w == 0 || current != getExclusiveOwnerThread())
                return false;
            //（3）说明当前线程获取了写锁，判断可重入次数
            if (w + exclusiveCount(acquires) > MAX_COUNT)
                throw new Error("Maximum lock count exceeded");

            // （4）设置可重入次数(1)
            setState(c + acquires);
            return true;
        }

        //（5）第一个写线程获取写锁
        if (writerShouldBlock() ||
            !compareAndSetState(c, c + acquires))
            return false;
        setExclusiveOwnerThread(current);
        return true;
    }
```

在代码（1）中，如果当前 AQS 状态值不为 0 则说明当前已经有线程获取到了读锁或者写锁。在代码（2）中，如果 w==0 说明状态值的低 16 位为 0，而 AQS 状态值不为 0，则说明高 16 位不为 0，这暗示已经有线程获取了读锁，所以直接返回 false。

而如果 w!=0 则说明当前已经有线程获取了该写锁，再看当前线程是不是该锁的持有者，如果不是则返回 false。

执行到代码（3）说明当前线程之前已经获取到了该锁，所以判断该线程的可重入次数是不是超过了最大值，是则抛出异常，否则执行代码（4）增加当前线程的可重入次数，

然后返回 true.

如果 AQS 的状态值等于 0 则说明目前没有线程获取到读锁和写锁,所以执行代码(5)。其中,对于 writerShouldBlock 方法,非公平锁的实现为

```
final boolean writerShouldBlock() {
    return false; // writers can always barge
}
```

如果代码对于非公平锁来说总是返回 false,则说明代码(5)抢占式执行 CAS 尝试获取写锁,获取成功则设置当前锁的持有者为当前线程并返回 true,否则返回 false。

公平锁的实现为

```
final boolean writerShouldBlock() {
  return hasQueuedPredecessors();
}
```

这里还是使用 hasQueuedPredecessors 来判断当前线程节点是否有前驱节点,如果有则当前线程放弃获取写锁的权限,直接返回 false。

2. void lockInterruptibly()

类似于 lock() 方法,它的不同之处在于,它会对中断进行响应,也就是当其他线程调用了该线程的 interrupt() 方法中断了当前线程时,当前线程会抛出异常 InterruptedException 异常。

```
public void lockInterruptibly() throws InterruptedException {
    sync.acquireInterruptibly(1);
}
```

3. boolean tryLock()

尝试获取写锁,如果当前没有其他线程持有写锁或者读锁,则当前线程获取写锁会成功,然后返回 true。如果当前已经有其他线程持有写锁或者读锁则该方法直接返回 false,且当前线程并不会被阻塞。如果当前线程已经持有了该写锁则简单增加 AQS 的状态值后直接返回 true。

```
public boolean tryLock( ) {
    return sync.tryWriteLock();
}
```

```
final boolean tryWriteLock() {
    Thread current = Thread.currentThread();
    int c = getState();
    if (c != 0) {
        int w = exclusiveCount(c);
        if (w == 0 || current != getExclusiveOwnerThread())
            return false;
        if (w == MAX_COUNT)
            throw new Error("Maximum lock count exceeded");
    }
    if (!compareAndSetState(c, c + 1))
        return false;
    setExclusiveOwnerThread(current);
    return true;
}
```

如上代码与 tryAcquire 方法类似，这里不再讲述，不同在于这里使用的是非公平策略。

4. boolean tryLock(long timeout, TimeUnit unit)

与 tryAcquire（）的不同之处在于，多了超时时间参数，如果尝试获取写锁失败则会把当前线程挂起指定时间，待超时时间到后当前线程被激活，如果还是没有获取到写锁则返回 false。另外，该方法会对中断进行响应，也就是当其他线程调用了该线程的 interrupt() 方法中断了当前线程时，当前线程会抛出 InterruptedException 异常。

```
public boolean tryLock(long timeout, TimeUnit unit)
        throws InterruptedException {
    return sync.tryAcquireNanos(1, unit.toNanos(timeout));
```

5. void unlock()

尝试释放锁，如果当前线程持有该锁，调用该方法会让该线程对该线程持有的 AQS 状态值减 1，如果减去 1 后当前状态值为 0 则当前线程会释放该锁，否则仅仅减 1 而已。如果当前线程没有持有该锁而调用了该方法则会抛出 IllegalMonitorStateException 异常，代码如下。

```
public void unlock() {
    sync.release(1);
}
```

```
public final boolean release(int arg) {
//调用ReentrantReadWriteLock中sync实现的tryRelease方法
if (tryRelease(arg)) {
    //激活阻塞队列里面的一个线程
    Node h = head;
    if (h != null && h.waitStatus != 0)
        unparkSuccessor(h);
    return true;
}
return false;
}


protected final boolean tryRelease(int releases) {
    //（6）看是否是写锁拥有者调用的unlock
    if (!isHeldExclusively())
        throw new IllegalMonitorStateException();
    //（7）获取可重入值，这里没有考虑高16位，因为获取写锁时读锁状态值肯定为0
    int nextc = getState() - releases;
    boolean free = exclusiveCount(nextc) == 0;
    //（8）如果写锁可重入值为0则释放锁，否则只是简单地更新状态值
    if (free)
        setExclusiveOwnerThread(null);
    setState(nextc);
    return free;
}
```

在如上代码中，tryRelease 首先通过 isHeldExclusively 判断是否当前线程是该写锁的持有者，如果不是则抛出异常，否则执行代码（7），这说明当前线程持有写锁，持有写锁说明状态值的高 16 位为 0，所以这里 nextc 值就是当前线程写锁的剩余可重入次数。代码（8）判断当前可重入次数是否为 0，如果 free 为 true 则说明可重入次数为 0，所以当前线程会释放写锁，将当前锁的持有者设置为 null。如果 free 为 false 则简单地更新可重入次数。

6.4.3　读锁的获取与释放

ReentrantReadWriteLock 中的读锁是使用 ReadLock 来实现的。

1. void lock()

获取读锁，如果当前没有其他线程持有写锁，则当前线程可以获取读锁，AQS 的状态值 state 的高 16 位的值会增加 1，然后方法返回。否则如果其他一个线程持有写锁，则

当前线程会被阻塞。

```
public void lock() {
    sync.acquireShared(1);
}

 public final void acquireShared(int arg) {
     //调用ReentrantReadWriteLock中的sync的tryAcquireShared方法
     if (tryAcquireShared(arg) < 0)
       //调用AQS的doAcquireShared方法
        doAcquireShared(arg);
 }
```

在如上代码中，读锁的 lock 方法调用了 AQS 的 acquireShared 方法，在其内部调用了 ReentrantReadWriteLock 中的 sync 重写的 tryAcquireShared 方法，代码如下。

```
protected final int tryAcquireShared(int unused) {

    //(1)获取当前状态值
    Thread current = Thread.currentThread();
    int c = getState();

    //(2)判断是否写锁被占用
    if (exclusiveCount(c) != 0 &&
        getExclusiveOwnerThread() != current)
        return -1;

    //(3)获取读锁计数
    int r = sharedCount(c);
    //(4)尝试获取锁，多个读线程只有一个会成功，不成功的进入fullTryAcquireShared进行重试
    if (!readerShouldBlock() &&
        r < MAX_COUNT &&
        compareAndSetState(c, c + SHARED_UNIT)) {
        //(5)第一个线程获取读锁
        if (r == 0) {
            firstReader = current;
            firstReaderHoldCount = 1;
        //(6)如果当前线程是第一个获取读锁的线程
        } else if (firstReader == current) {
            firstReaderHoldCount++;
        } else {
            //(7)记录最后一个获取读锁的线程或记录其他线程读锁的可重入数
            HoldCounter rh = cachedHoldCounter;
            if (rh == null || rh.tid != current.getId())
```

```
            cachedHoldCounter = rh = readHolds.get();
        else if (rh.count == 0)
            readHolds.set(rh);
        rh.count++;
    }
    return 1;
}
//(8)类似tryAcquireShared,但是是自旋获取
return fullTryAcquireShared(current);
}
```

如上代码首先获取了当前 AQS 的状态值，然后代码（2）查看是否有其他线程获取到了写锁，如果是则直接返回 –1，而后调用 AQS 的 doAcquireShared 方法把当前线程放入 AQS 阻塞队列。

如果当前要获取读锁的线程已经持有了写锁，则也可以获取读锁。但是需要注意，当一个线程先获取了写锁，然后获取了读锁处理事情完毕后，要记得把读锁和写锁都释放掉，不能只释放写锁。

否则执行代码（3），得到获取到的读锁的个数，到这里说明目前没有线程获取到写锁，但是可能有线程持有读锁，然后执行代码（4）。其中非公平锁的 readerShouldBlock 实现代码如下。

```
final boolean readerShouldBlock() {
    return apparentlyFirstQueuedIsExclusive();
}

final boolean apparentlyFirstQueuedIsExclusive() {
Node h, s;
return (h = head) != null &&
    (s = h.next) != null &&
    !s.isShared()           &&
    s.thread != null;
}
```

如上代码的作用是，如果队列里面存在一个元素，则判断第一个元素是不是正在尝试获取写锁，如果不是，则当前线程判断当前获取读锁的线程是否达到了最大值。最后执行 CAS 操作将 AQS 状态值的高 16 位值增加 1。

代码（5）（6）记录第一个获取读锁的线程并统计该线程获取读锁的可重入数。代码（7）使用 cachedHoldCounter 记录最后一个获取到读锁的线程和该线程获取读锁的可重入

数，readHolds 记录了当前线程获取读锁的可重入数。

如果 readerShouldBlock 返回 true 则说明有线程正在获取写锁，所以执行代码（8）。fullTryAcquireShared 的代码与 tryAcquireShared 类似，它们的不同之处在于，前者通过循环自旋获取。

```java
final int fullTryAcquireShared(Thread current) {
                HoldCounter rh = null;
        for (;;) {
            int c = getState();
            if (exclusiveCount(c) != 0) {
                if (getExclusiveOwnerThread() != current)
                    return -1;
                // else we hold the exclusive lock; blocking here
                // would cause deadlock.
            } else if (readerShouldBlock()) {
                // Make sure we're not acquiring read lock reentrantly
                if (firstReader == current) {
                    // assert firstReaderHoldCount > 0;
                } else {
                    if (rh == null) {
                        rh = cachedHoldCounter;
                        if (rh == null || rh.tid != getThreadId(current)) {
                            rh = readHolds.get();
                            if (rh.count == 0)
                                readHolds.remove();
                        }
                    }
                    if (rh.count == 0)
                        return -1;
                }
            }
            if (sharedCount(c) == MAX_COUNT)
                throw new Error("Maximum lock count exceeded");
            if (compareAndSetState(c, c + SHARED_UNIT)) {
                if (sharedCount(c) == 0) {
                    firstReader = current;
                    firstReaderHoldCount = 1;
                } else if (firstReader == current) {
                    firstReaderHoldCount++;
                } else {
                    if (rh == null)
                        rh = cachedHoldCounter;
```

```
            if (rh == null || rh.tid != getThreadId(current))
                rh = readHolds.get();
            else if (rh.count == 0)
                readHolds.set(rh);
            rh.count++;
            cachedHoldCounter = rh; // cache for release
        }
        return 1;
    }
}
```

2. void lockInterruptibly()

类似于 lock() 方法，不同之处在于，该方法会对中断进行响应，也就是当其他线程调用了该线程的interrupt()方法中断了当前线程时，当前线程会抛出 InterruptedException 异常。

3. boolean tryLock()

尝试获取读锁，如果当前没有其他线程持有写锁，则当前线程获取读锁会成功，然后返回 true。如果当前已经有其他线程持有写锁则该方法直接返回 false，但当前线程并不会被阻塞。如果当前线程已经持有了该读锁则简单增加 AQS 的状态值高 16 位后直接返回 true。其代码类似 tryLock 的代码，这里不再讲述。

4. boolean tryLock(long timeout, TimeUnit unit)

与 tryLock（）的不同之处在于，多了个超时时间参数，如果尝试获取读锁失败则会把当前线程挂起指定时间，待超时时间到后当前线程被激活，如果此时还没有获取到读锁则返回 false。另外，该方法对中断响应，也就是当其他线程调用了该线程的 interrupt() 方法中断了当前线程时，当前线程会抛出 InterruptedException 异常。

5. void unlock()

```
public void unlock() {
    sync.releaseShared(1);
}
```

如上代码具体释放锁的操作是委托给 Sync 类来做的，sync.releaseShared 方法的代码如下：

```
public final boolean releaseShared(int arg) {
    if (tryReleaseShared(arg)) {
        doReleaseShared();
        return true;
    }
    return false;
}
```

其中 tryReleaseShared 的代码如下。

```
protected final boolean tryReleaseShared(int unused) {
    Thread current = Thread.currentThread();
    ....

    //循环直到自己的读计数-1, CAS更新成功
    for (;;) {
        int c = getState();
        int nextc = c - SHARED_UNIT;
        if (compareAndSetState(c, nextc))

            return nextc == 0;
    }
}
```

如以上代码所示，在无限循环里面，首先获取当前 AQS 状态值并将其保存到变量 c，然后变量 c 被减去一个读计数单位后使用 CAS 操作更新 AQS 状态值，如果更新成功则查看当前 AQS 状态值是否为 0，为 0 则说明当前已经没有读线程占用读锁，则 tryReleaseShared 返回 true。然后会调用 doReleaseShared 方法释放一个由于获取写锁而被阻塞的线程，如果当前 AQS 状态值不为 0，则说明当前还有其他线程持有了读锁，所以 tryReleaseShared 返回 false。如果 tryReleaseShared 中的 CAS 更新 AQS 状态值失败，则自旋重试直到成功。

6.4.4　案例介绍

上节介绍了如何使用 ReentrantLock 实现线程安全的 list，但是由于 ReentrantLock 是独占锁，所以在读多写少的情况下性能很差。下面使用 ReentrantReadWriteLock 来改造它，代码如下。

```
public static class ReentrantLockList {
    //线程不安全的list
```

```java
private ArrayList<String> array = new ArrayList<String>();
//独占锁
private final  ReentrantReadWriteLock lock = new ReentrantReadWriteLock();
private final Lock readLock = lock.readLock();
private final Lock writeLock = lock.writeLock();

//添加元素
public void add(String e) {

    writeLock.lock();
    try {
        array.add(e);

    } finally {
        writeLock.unlock();

    }
}
//删除元素
public void remove(String e) {

    writeLock.lock();
    try {
        array.remove(e);

    } finally {
        writeLock.unlock();

    }
}

//获取数据
public String get(int index) {

    readLock.lock();
    try {
        return array.get(index);

    } finally {
        readLock.unlock();

    }
}
```

```
}
```

以上代码调用 get 方法时使用的是读锁,这样运行多个读线程来同时访问 list 的元素,这在读多写少的情况下性能会更好。

最后使用一张图(见图 6-8)来加深对 ReentrantReadWriteLock 的理解。

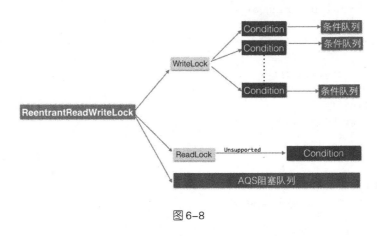

图6-8

6.4.5 小结

本节介绍了读写锁 ReentrantReadWriteLock 的原理,它的底层是使用 AQS 实现的。ReentrantReadWriteLock 巧妙地使用 AQS 的状态值的高 16 位表示获取到读锁的个数,低 16 位表示获取写锁的线程的可重入次数,并通过 CAS 对其进行操作实现了读写分离,这在读多写少的场景下比较适用。

6.5 JDK 8 中新增的 StampedLock 锁探究

6.5.1 概述

StampedLock 是并发包里面 JDK8 版本新增的一个锁,该锁提供了三种模式的读写控制,当调用获取锁的系列函数时,会返回一个 long 型的变量,我们称之为戳记(stamp),这个戳记代表了锁的状态。其中 try 系列获取锁的函数,当获取锁失败后会返回为 0 的stamp 值。当调用释放锁和转换锁的方法时需要传入获取锁时返回的 stamp 值。

StampedLock 提供的三种读写模式的锁分别如下。

- **写锁 writeLock**：是一个排它锁或者独占锁，某时只有一个线程可以获取该锁，当一个线程获取该锁后，其他请求读锁和写锁的线程必须等待，这类似于 ReentrantReadWriteLock 的写锁（不同的是这里的写锁是不可重入锁）；当目前没有线程持有读锁或者写锁时才可以获取到该锁。请求该锁成功后会返回一个 stamp 变量用来表示该锁的版本，当释放该锁时需要调用 unlockWrite 方法并传递获取锁时的 stamp 参数。并且它提供了非阻塞的 tryWriteLock 方法。

- **悲观读锁 readLock**：是一个共享锁，在没有线程获取独占写锁的情况下，多个线程可以同时获取该锁。如果已经有线程持有写锁，则其他线程请求获取该读锁会被阻塞，这类似于 ReentrantReadWriteLock 的读锁（不同的是这里的读锁是不可重入锁）。这里说的悲观是指在具体操作数据前其会悲观地认为其他线程可能要对自己操作的数据进行修改，所以需要先对数据加锁，这是在读少写多的情况下的一种考虑。请求该锁成功后会返回一个 stamp 变量用来表示该锁的版本，当释放该锁时需要调用 unlockRead 方法并传递 stamp 参数。并且它提供了非阻塞的 tryReadLock 方法。

- **乐观读锁 tryOptimisticRead**：它是相对于悲观锁来说的，在操作数据前并没有通过 CAS 设置锁的状态，仅仅通过位运算测试。如果当前没有线程持有写锁，则简单地返回一个非 0 的 stamp 版本信息。获取该 stamp 后在具体操作数据前还需要调用 validate 方法验证该 stamp 是否已经不可用，也就是看当调用 tryOptimisticRead 返回 stamp 后到当前时间期间是否有其他线程持有了写锁，如果是则 validate 会返回 0，否则就可以使用该 stamp 版本的锁对数据进行操作。由于 tryOptimisticRead 并没有使用 CAS 设置锁状态，所以不需要显式地释放该锁。该锁的一个特点是适用于读多写少的场景，因为获取读锁只是使用位操作进行检验，不涉及 CAS 操作，所以效率会高很多，但是同时由于没有使用真正的锁，在保证数据一致性上需要复制一份要操作的变量到方法栈，并且在操作数据时可能其他写线程已经修改了数据，而我们操作的是方法栈里面的数据，也就是一个快照，所以最多返回的不是最新的数据，但是一致性还是得到保障的。

StampedLock 还支持这三种锁在一定条件下进行相互转换。例如 long tryConvertToWriteLock(long stamp) 期望把 stamp 标示的锁升级为写锁，这个函数会在下面几种情况下返回一个有效的 stamp（也就是晋升写锁成功）：

- 当前锁已经是写锁模式了。
- 当前锁处于读锁模式，并且没有其他线程是读锁模式
- 当前处于乐观读模式，并且当前写锁可用。

另外，StampedLock 的读写锁都是不可重入锁，所以在获取锁后释放锁前不应该再调用会获取锁的操作，以避免造成调用线程被阻塞。当多个线程同时尝试获取读锁和写锁时，谁先获取锁没有一定的规则，完全都是尽力而为，是随机的。并且该锁不是直接实现 Lock 或 ReadWriteLock 接口，而是其在内部自己维护了一个双向阻塞队列。

6.5.2 案例介绍

下面通过 JDK 8 里面提供的一个管理二维点的例子来理解以上介绍的概念。

```java
class Point {

    // 成员变量
    private double x, y;

    // 锁实例
    private final StampedLock sl = new StampedLock();

    // 排它锁——写锁（writeLock）
    void move(double deltaX, double deltaY) {
        long stamp = sl.writeLock();
        try {
            x += deltaX;
            y += deltaY;
        } finally {
            sl.unlockWrite(stamp);
        }
    }

    // 乐观读锁（tryOptimisticRead）
    double distanceFromOrigin() {

        // （1）尝试获取乐观读锁
        long stamp = sl.tryOptimisticRead();
        // （2）将全部变量复制到方法体栈内
        double currentX = x, currentY = y;
        // （3）检查在（1）处获取了读锁戳记后，锁有没被其他写线程排它性抢占
        if (!sl.validate(stamp)) {
```

```
        // （4）如果被抢占则获取一个共享读锁（悲观获取）
        stamp = sl.readLock();
        try {
            // （5）将全部变量复制到方法体栈内
            currentX = x;
            currentY = y;
        } finally {
            //（6） 释放共享读锁
            sl.unlockRead(stamp);
        }
    }
    // （7）返回计算结果
    return Math.sqrt(currentX * currentX + currentY * currentY);
}


// 使用悲观锁获取读锁，并尝试转换为写锁
void moveIfAtOrigin(double newX, double newY) {
    // （1）这里可以使用乐观读锁替换
    long stamp = sl.readLock();
    try {
        // （2）如果当前点在原点则移动
        while (x == 0.0 && y == 0.0) {
            // （3）尝试将获取的读锁升级为写锁
            long ws = sl.tryConvertToWriteLock(stamp);
            // （4）升级成功，则更新戳记，并设置坐标值，然后退出循环
            if (ws != 0L) {
                stamp = ws;
                x = newX;
                y = newY;
                break;
            } else {
                // （5）读锁升级写锁失败则释放读锁，显式获取独占写锁，然后循环重试
                sl.unlockRead(stamp);
                stamp = sl.writeLock();
            }
        }
    } finally {
        // （6）释放锁
        sl.unlock(stamp);
    }
}
}
```

在如上代码中，Point 类里面有两个成员变量（x,y) 用来表示一个点的二维坐标，和

三个操作坐标变量的方法。另外实例化了一个 StampedLock 对象用来保证操作的原子性。

首先分析下 move 方法，该方法的作用是使用参数的增量值，改变当前 point 坐标的位置。代码先获取到了写锁，然后对 point 坐标进行修改，而后释放锁。该锁是排它锁，这保证了其他线程调用 move 函数时会被阻塞，也保证了其他线程不能获取读锁，来读取坐标的值，直到当前线程显式释放了写锁，保证了对变量 x,y 操作的原子性和数据一致性。

然后看 distanceFromOrigin 方法，该方法的作用是计算当前位置到原点（坐标为 0,0）的距离，代码（1）首先尝试获取乐观读锁，如果当前没有其他线程获取到了写锁，那么代码（1）会返回一个非 0 的 stamp 用来表示版本信息，代码（2）复制坐标变量到本地方法栈里面。

代码（3）检查在代码（1）中获取到的 stamp 值是否还有效，之所以还要在此校验是因为代码（1）获取读锁时并没有通过 CAS 操作修改锁的状态，而是简单地通过与或操作返回了一个版本信息，在这里校验是看在获取版本信息后到现在的时间段里面是否有其他线程持有了写锁，如果有则之前获取的版本信息就无效了。

如果校验成功则执行代码（7）使用本地方法栈里面的值进行计算然后返回。需要注意的是，在代码（3）中校验成功后，在代码（7）计算期间，其他线程可能获取到了写锁并且修改了 x,y 的值,而当前线程执行代码（7）进行计算时采用的还是修改前的值的副本，也就是操作的值是之前值的一个副本，一个快照，并不是最新的值。

另外还有个问题，代码（2）和代码（3）能否互换？答案是不能。假设位置换了，那么首先执行 validate，假如 validate 通过了，要复制 x,y 值到本地方法栈，而在复制的过程中很有可能其他线程已经修改了 x,y 中的一个值，这就造成了数据的不一致。那么你可能会问，即使不交换代码（2）和代码（3），在复制 x,y 值到本地方法栈时，也会存在其他线程修改了 x,y 中的一个值的情况，这不也会存在问题吗？这个确实会存在，但是，别忘了复制后还有 validate 这一关呢, 如果这时候有线程修改了 x,y 中的某一值，那么肯定是有线程在调用 validate 前，调用 sl.tryOptimisticRead 后获取了写锁，这样进行 validate 时就会失败。

现在你应该明白了，这也是乐观读设计的精妙之处，而且也是在使用时容易出问题的地方。下面继续分析，validate 失败后会执行代码（4）获取悲观读锁，如果这时候其他线程持有写锁，则代码（4）会使当前线程阻塞直到其他线程释放了写锁。如果这时候没有其他线程获取到写锁，那么当前线程就可以获取到读锁，然后执行代码（5）重新复制新的坐标值到本地方法栈，再然后就是代码（6）释放了锁。复制时由于加了读锁，所以在复制期间如果有其他线程获取写锁会被阻塞，这保证了数据的一致性。另外，这里的 x,y 没有被声明为 volatie 的，会不会存在内存不可见性问题呢？答案是不会，因为加锁的语义保证了内存的可见性。

最后代码（7）使用方法栈里面的数据计算并返回，同理，这里在计算时使用的数据也可能不是最新的，其他写线程可能已经修改过原来的 x,y 值了。

最后一个方法 moveIfAtOrigin 的作用是，如果当前坐标为原点则移动到指定的位置。代码（1）获取悲观读锁，保证其他线程不能获取写锁来修改 x,y 值。然后代码（2）判断，如果当前点在原点则更新坐标，代码（3）尝试升级读锁为写锁。这里升级不一定成功，因为多个线程都可以同时获取悲观读锁，当多个线程都执行到代码（3）时只有一个可以升级成功，升级成功则返回非 0 的 stamp，否则返回 0。这里假设当前线程升级成功，然后执行代码（4）更新 stamp 值和坐标值，之后退出循环。如果升级失败则执行代码（5）首先释放读锁，然后申请写锁，获取到写锁后再循环重新设置坐标值。最后代码（6）释放锁。

使用乐观读锁还是很容易犯错误的，必须要小心，且必须要保证如下的使用顺序。

```
long stamp = lock.tryOptimisticRead(); //非阻塞获取版本信息
copyVaraibale2ThreadMemory();//复制变量到线程本地堆栈
if(!lock.validate(stamp)){ // 校验
    long stamp = lock.readLock();//获取读锁
    try {
        copyVaraibale2ThreadMemory();//复制变量到线程本地堆栈
    } finally {
        lock.unlock(stamp);//释放悲观锁
    }
}

useThreadMemoryVarables();//使用线程本地堆栈里面的数据进行操作
```

最后通过一张图（见图 6-9）来一览 StampedLock 的组成。

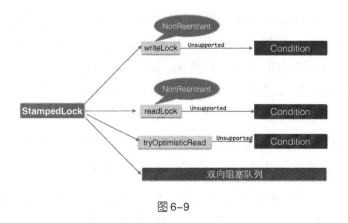

图 6-9

6.5.3　小结

　　StampedLock 提供的读写锁与 ReentrantReadWriteLock 类似，只是前者提供的是不可重入锁。但是前者通过提供乐观读锁在多线程多读的情况下提供了更好的性能，这是因为获取乐观读锁时不需要进行 CAS 操作设置锁的状态，而只是简单地测试状态。

第7章

Java并发包中并发队列原理剖析

JDK 中提供了一系列场景的并发安全队列。总的来说，按照实现方式的不同可分为阻塞队列和非阻塞队列，前者使用锁实现，而后者则使用 CAS 非阻塞算法实现。

7.1 ConcurrentLinkedQueue 原理探究

ConcurrentLinkedQueue 是线程安全的无界非阻塞队列，其底层数据结构使用单向链表实现，对于入队和出队操作使用 CAS 来实现线程安全。下面我们来看具体实现。

7.1.1 类图结构

为了能从全局直观地了解 ConcurrentLinkedQueue 的内部构造，先简单介绍 ConcurrentLinkedQueue 的类图结构，如图 7-1 所示。

ConcurrentLinkedQueue 内部的队列使用单向链表方式实现，其中有两个 volatile 类型的 Node 节点分别用来存放队列的首、尾节点。从下面的无参构造函数可知，默认头、尾节点都是指向 item 为 null 的哨兵节点。新元素会被插入队列末尾，出队时从队列头部获取一个元素。

```
public ConcurrentLinkedQueue() {
    head = tail = new Node<E>(null);
}
```

在 Node 节点内部则维护一个使用 volatile 修饰的变量 item，用来存放节点的值；next 用来存放链表的下一个节点，从而链接为一个单向无界链表。其内部则使用 UNSafe 工具类提供的 CAS 算法来保证出入队时操作链表的原子性。

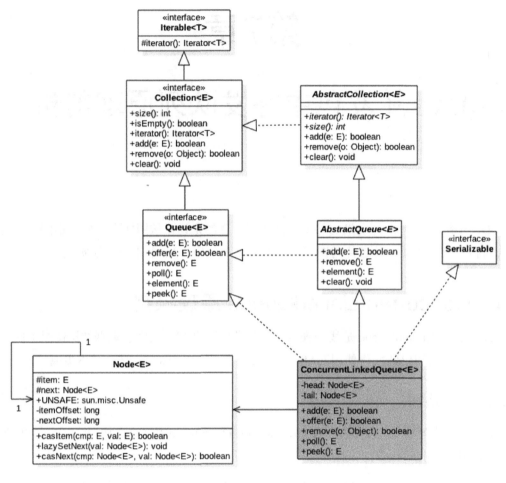

图 7-1

7.1.2 ConcurrentLinkedQueue 原理介绍

本节介绍 ConcurrentLinkedQueue 的几个主要方法的实现原理。

1. offer 操作

offer 操作是在队列末尾添加一个元素，如果传递的参数是 null 则抛出 NPE 异常，否则由于 ConcurrentLinkedQueue 是无界队列，该方法一直会返回 true。另外，由于使用 CAS 无阻塞算法，因此该方法不会阻塞挂起调用线程。下面具体看下实现原理。

```
public boolean offer(E e) {
    //（1）e为null则抛出空指针异常
    checkNotNull(e);

    //（2）构造Node节点，在构造函数内部调用unsafe.putObject
    final Node<E> newNode = new Node<E>(e);


    //（3）从尾节点进行插入
    for (Node<E> t = tail, p = t;;) {

        Node<E> q = p.next;

        //（4）如果q==null说明p是尾节点，则执行插入
        if (q == null) {

            //（5）使用CAS设置p节点的next节点
            if (p.casNext(null, newNode)) {
                //（6）CAS成功，则说明新增节点已经被放入链表，然后设置当前尾节点（包含head，第
                    //1，3，5...个节点为尾节点）
                if (p != t)
                    casTail(t, newNode);  // Failure is OK.
                return true;
            }
        }
        else if (p == q)//(7)
            //多线程操作时，由于poll操作移除元素后可能会把head变为自引用，也就是head的next变
             //成了head，所以这里需要
            //重新找新的head
            p = (t != (t = tail)) ? t : head;
        else
            //（8） 寻找尾节点
            p = (p != t && t != (t = tail)) ? t : q;
    }
}
```

下面结合图来讲解该方法的执行流程。

（1）首先看当一个线程调用 offer（item）时的情况。首先代码（1）对传参进行空检查，如果为 null 则抛出 NPE 异常，否则执行代码（2）并使用 item 作为构造函数参数创建一个新的节点，然后代码（3）从队列尾部节点开始循环，打算从队列尾部添加元素，当执行到代码（4）时队列状态如图 7-2 所示。

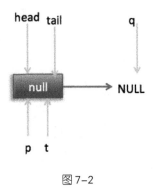

图7-2

这时候节点 p、t、head、tail 同时指向了 item 为 null 的哨兵节点，由于哨兵节点的 next 节点为 null，所以这里 q 也指向 null。代码（4）发现 q==null 则执行代码（5），通过 CAS 原子操作判断 p 节点的 next 节点是否为 null，如果为 null 则使用节点 newNode 替换 p 的 next 节点，然后执行代码（6），这里由于 p==t 所以没有设置尾部节点，然后退出 offer 方法，这时候队列的状态如图 7-3 所示。

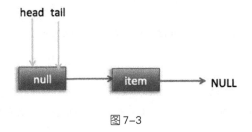

图7-3

（2）上面是一个线程调用 offer 方法的情况，如果多个线程同时调用，就会存在多个线程同时执行到代码（5）的情况。假设线程 A 调用 offer（item1），线程 B 调用 offer(item2)，同时执行到代码（5）p.casNext(null, newNode)。由于 CAS 的比较设置操作是原子性的，所以这里假设线程 A 先执行了比较设置操作，发现当前 p 的 next 节点确实是 null，则会原子性地更新 next 节点为 item1，这时候线程 B 也会判断 p 的 next 节点是否为 null，结果发现不是 null（因为线程 A 已经设置了 p 的 next 节点为 item1），则会跳到代码（3），然后执行到代码（4），这时候的队列分布如图 7-4 所示。

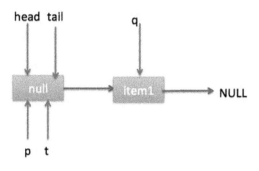

图 7-4

根据上面的状态图可知线程 B 接下来会执行代码（8），然后把 q 赋给了 p，这时候队列状态如图 7-5 所示。

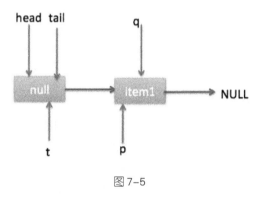

图 7-5

然后线程 B 再次跳转到代码（3）执行,当执行到代码（4）时队列状态如图 7-6 所示。

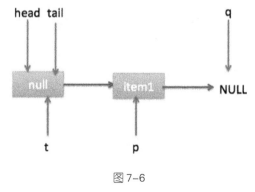

图 7-6

由于这时候 q==null，所以线程 B 会执行代码（5），通过 CAS 操作判断当前 p 的 next 节点是否是 null，不是则再次循环尝试，是则使用 item2 替换。假设 CAS 成功了，那么执行代码（6），由于 p!=t，所以设置 tail 节点为 item2，然后退出 offer 方法。这时候队列分布如图 7-7 所示。

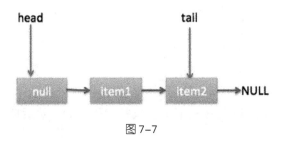

图 7-7

分析到现在，就差代码（7）还没走过，其实这一步要在执行 poll 操作后才会执行。这里先来看一下执行 poll 操作后可能会存在的一种情况，如图 7-8 所示。

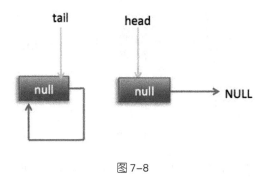

图 7-8

下面分析当队列处于这种状态时调用 offer 添加元素，执行到代码（4）时的状态图（见图 7-9）。

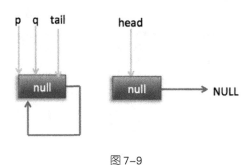

图 7-9

这里由于 q 节点不为空并且 p==q 所以执行代码（7），由于 t==tail 所以 p 被赋值为 head，然后重新循环，循环后执行到代码（4），这时候队列状态如图 7-10 所示。

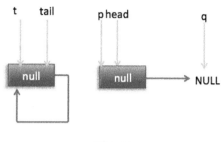

图 7-10

这时候由于 q==null，所以执行代码（5）进行 CAS 操作，如果当前没有其他线程执行 offer 操作，则 CAS 操作会成功，p 的 next 节点被设置为新增节点。然后执行代码（6），由于 p!=t 所以设置新节点为队列的尾部节点，现在队列状态如图 7-11 所示。

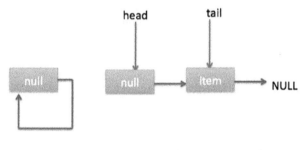

图 7-11

需要注意的是，这里自引用的节点会被垃圾回收掉。

可见，offer 操作中的关键步骤是代码（5），通过原子 CAS 操作来控制某时只有一个线程可以追加元素到队列末尾。进行 CAS 竞争失败的线程会通过循环一次次尝试进行 CAS 操作，直到 CAS 成功才会返回，也就是通过使用无限循环不断进行 CAS 尝试方式来替代阻塞算法挂起调用线程。相比阻塞算法，这是使用 CPU 资源换取阻塞所带来的开销。

2. add 操作

add 操作是在链表末尾添加一个元素，其实在内部调用的还是 offer 操作。

```
public boolean add(E e) {
```

```
        return offer(e);
    }
```

3. poll 操作

poll 操作是在队列头部获取并移除一个元素，如果队列为空则返回 null。下面看看它的实现原理。

```
public E poll() {
    //(1) goto标记
    restartFromHead:

    //（2）无限循环
    for (;;) {
        for (Node<E> h = head, p = h, q;;) {

            //（3）保存当前节点值
            E item = p.item;

            //（4）当前节点有值则CAS变为null
            if (item != null && p.casItem(item, null)) {
                //（5）CAS成功则标记当前节点并从链表中移除
                if (p != h)
                    updateHead(h, ((q = p.next) != null) ? q : p);
                return item;
            }
            //（6）当前队列为空则返回null
            else if ((q = p.next) == null) {
                updateHead(h, p);
                return null;
            }
            //（7）如果当前节点被自引用了，则重新寻找新的队列头节点
            else if (p == q)
                continue restartFromHead;
            else//(8)
                p = q;
        }
    }
}
    final void updateHead(Node<E> h, Node<E> p) {
        if (h != p && casHead(h, p))
            h.lazySetNext(h);
    }
```

同样，也结合图来讲解代码执行逻辑。

I. poll 操作是从队头获取元素，所以代码（2）内层循环是从 head 节点开始迭代，代码（3）获取当前队列头的节点，队列一开始为空时队列状态如图 7-12 所示。

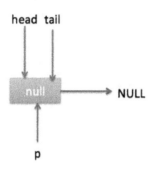

图 7-12

由于 head 节点指向的是 item 为 null 的哨兵节点，所以会执行到代码（6），假设这个过程中没有线程调用 offer 方法，则此时 q 等于 null，这时候队列状态如图 7-13 所示。

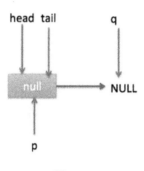

图 7-13

所以会执行 updateHead 方法，由于 h 等于 p 所以没有设置头节点，poll 方法直接返回 null。

II. 假设执行到代码（6）时已经有其他线程调用了 offer 方法并成功添加一个元素到队列，这时候 q 指向的是新增元素的节点，此时队列状态如图 7-14 所示。

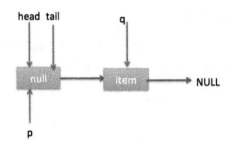

图 7-14

所以代码（6）判断的结果为 false，然后会转向执行代码（7），而此时 p 不等于 q，所以转向执行代码（8），执行的结果是 p 指向了节点 q，此时队列状态如图 7-15 所示。

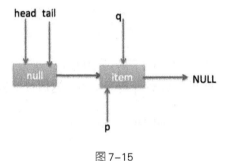

图 7-15

然后程序转向执行代码（3），p 现在指向的元素值不为 null，则执行 p.casItem(item, null) 通过 CAS 操作尝试设置 p 的 item 值为 null，如果此时没有其他线程进行 poll 操作，则 CAS 成功会执行代码（5），由于此时 p!=h 所以设置头节点为 p，并设置 h 的 next 节点为 h 自己，poll 然后返回被从队列移除的节点值 item。此时队列状态如图 7-16 所示。

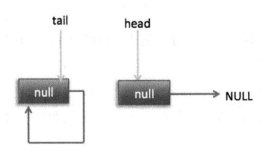

图 7-16

这个状态就是在讲解 offer 操作时，offer 代码的执行路径（7）的状态。

III. 假如现在一个线程调用了 poll 操作，则在执行代码（4）时队列状态如图 7-17 所示。

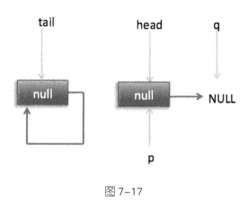

图 7-17

这时候执行代码（6）返回 null。

IV. 现在 poll 的代码还有分支（7）没有执行过，那么什么时候会执行呢？下面来看看。假设线程 A 执行 poll 操作时当前队列状态如图 7-18 所示。

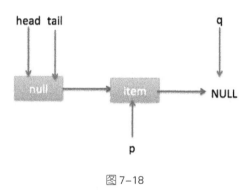

图 7-18

那么执行 p.casItem(item, null) 通过 CAS 操作尝试设置 p 的 item 值为 null，假设 CAS 设置成功则标记该节点并从队列中将其移除，此时队列状态如图 7-19 所示。

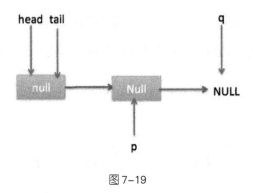

图 7-19

然后，由于 p!=h, 所以会执行 updateHead 方法，假如线程 A 执行 updateHead 前另外一个线程 B 开始 poll 操作，这时候线程 B 的 p 指向 head 节点，但是还没有执行到代码（6），这时候队列状态如图 7-20 所示

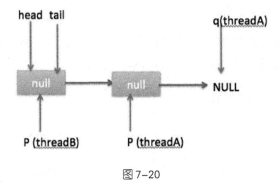

图 7-20

然后线程 A 执行 updateHead 操作，执行完毕后线程 A 退出，这时候队列状态如图 7-21 所示。

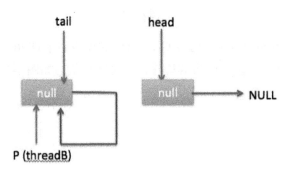

图 7-21

然后线程 B 继续执行代码（6），q=p.next，由于该节点是自引用节点，所以 p==q，所以会执行代码（7）跳到外层循环 restartFromHead，获取当前队列头 head，现在的状态如图 7-22 所示。

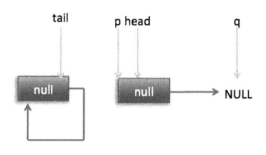

如图 7-22

总结：poll 方法在移除一个元素时，只是简单地使用 CAS 操作把当前节点的 item 值设置为 null，然后通过重新设置头节点将该元素从队列里面移除，被移除的节点就成了孤立节点，这个节点会在垃圾回收时被回收掉。另外，如果在执行分支中发现头节点被修改了，要跳到外层循环重新获取新的头节点。

4．peek 操作

peek 操作是获取队列头部一个元素（只获取不移除），如果队列为空则返回 null。下面看下其实现原理。

```
public E peek() {
    //(1)
    restartFromHead:
    for (;;) {
        for (Node<E> h = head, p = h, q;;) {
            //(2)
            E item = p.item;
            //(3)
            if (item != null || (q = p.next) == null) {
                updateHead(h, p);
                return item;
            }
            //(4)
            else if (p == q)
                continue restartFromHead;
            else
```

```
          //(5)
              p = q;
       }
    }
}
```

Peek 操作的代码结构与 poll 操作类似，不同之处在于代码（3）中少了 castItem 操作。其实这很正常，因为 peek 只是获取队列头元素值，并不清空其值。根据前面的介绍我们知道第一次执行 offer 后 head 指向的是哨兵节点（也就是 item 为 null 的节点），那么第一次执行 peek 时在代码（3）中会发现 item==null，然后执行 q=p.next，这时候 q 节点指向的才是队列里面第一个真正的元素，或者如果队列为 null 则 q 指向 null。

当队列为空时队列状态如图 7-23 所示。

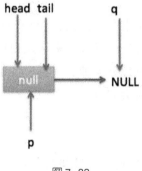

图 7-23

这时候执行 updateHead，由于 h 节点等于 p 节点，所以不进行任何操作，然后 peek 操作会返回 null。

当队列中至少有一个元素时（这里假设只有一个），队列状态如图 7-24 所示。

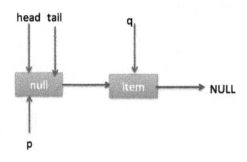

图 7-24

这时候执行代码(5),p指向了q节点,然后执行代码(3),此时队列状态如图7-25所示。

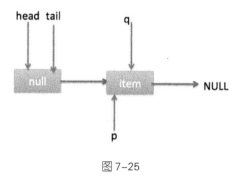

图7-25

执行代码（3）时发现item不为null，所以执行updateHead方法，由于h!=p,所以设置头节点,设置后队列状态如图7-26所示。

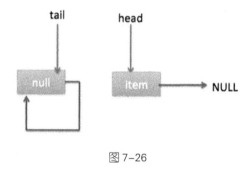

图7-26

也就是剔除了哨兵节点。

总结：peek操作的代码与poll操作类似，只是前者只获取队列头元素但是并不从队列里将它删除，而后者获取后需要从队列里面将它删除。另外，在第一次调用peek操作时，会删除哨兵节点，并让队列的head节点指向队列里面第一个元素或者null。

5. size 操作

计算当前队列元素个数，在并发环境下不是很有用，因为CAS没有加锁，所以从调用size函数到返回结果期间有可能增删元素，导致统计的元素个数不精确。

```
public int size() {
    int count = 0;
    for (Node<E> p = first(); p != null; p = succ(p))
```

```
            if (p.item != null)
                // 最大值Integer.MAX_VALUE
                if (++count == Integer.MAX_VALUE)
                    break;
        return count;
}
```

//获取第一个队列元素（哨兵元素不算），没有则为null
```
Node<E> first() {
    restartFromHead:
    for (;;) {
        for (Node<E> h = head, p = h, q;;) {
            boolean hasItem = (p.item != null);
            if (hasItem || (q = p.next) == null) {
                updateHead(h, p);
                return hasItem ? p : null;
            }
            else if (p == q)
                continue restartFromHead;
            else
                p = q;
        }
    }
}
```

//获取当前节点的next元素，如果是自引入节点则返回真正的头节点
```
final Node<E> succ(Node<E> p) {
    Node<E> next = p.next;
    return (p == next) ? head : next;
}
```

6. remove 操作

如果队列里面存在该元素则删除该元素，如果存在多个则删除第一个，并返回 true，否则返回 false。

```
public boolean remove(Object o) {

    //为空，则直接返回false
    if (o == null) return false;
    Node<E> pred = null;
    for (Node<E> p = first(); p != null; p = succ(p)) {
        E item = p.item;
```

```
//相等则使用CAS设置为null,同时一个线程操作成功,失败的线程循环查找队列中是否有匹配的其他元素。
if (item != null &&
    o.equals(item) &&
    p.casItem(item, null)) {

    //获取next元素
    Node<E> next = succ(p);

    //如果有前驱节点,并且next节点不为空则链接前驱节点到next节点
    if (pred != null && next != null)
        pred.casNext(p, next);
    return true;
    }
    pred = p;
    }
    return false;
}
```

7. contains 操作

判断队列里面是否含有指定对象，由于是遍历整个队列，所以像 size 操作一样结果也不是那么精确，有可能调用该方法时元素还在队列里面，但是遍历过程中其他线程才把该元素删除了，那么就会返回 false。

```
public boolean contains(Object o) {
    if (o == null) return false;
    for (Node<E> p = first(); p != null; p = succ(p)) {
        E item = p.item;
        if (item != null && o.equals(item))
            return true;
    }
    return false;
}
```

7.1.3　小结

ConcurrentLinkedQueue 的底层使用单向链表数据结构来保存队列元素，每个元素被包装成一个 Node 节点。队列是靠头、尾节点来维护的，创建队列时头、尾节点指向一个item 为 null 的哨兵节点。第一次执行 peek 或者 first 操作时会把 head 指向第一个真正的队列元素。由于使用非阻塞 CAS 算法，没有加锁，所以在计算 size 时有可能进行了 offer、 poll 或者 remove 操作，导致计算的元素个数不精确，所以在并发情况下 size 函数不是很有用。

如图 7-27 所示，入队、出队都是操作使用 volatile 修饰的 tail、head 节点，要保证在多线程下出入队线程安全，只需要保证这两个 Node 操作的可见性和原子性即可。由于 volatile 本身可以保证可见性，所以只需要保证对两个变量操作的原子性即可。

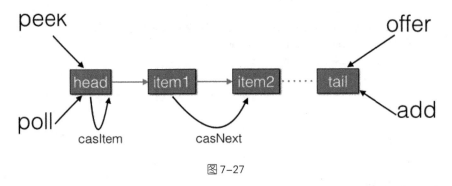

图 7-27

offer 操作是在 tail 后面添加元素，也就是调用 tail.casNext 方法，而这个方法使用的是 CAS 操作，只有一个线程会成功，然后失败的线程会循环，重新获取 tail，再执行 casNext 方法。poll 操作也通过类似 CAS 的算法保证出队时移除节点操作的原子性。

7.2 LinkedBlockingQueue 原理探究

前面介绍了使用 CAS 算法实现的非阻塞队列 ConcurrentLinkedQueue，下面我们来介绍使用独占锁实现的阻塞队列 LinkedBlockingQueue。

7.2.1 类图结构

同样首先看一下 LinkedBlockingQueue 的类图结构，以便从全局对 LinkedBlockingQueue 有个直观的了解，如图 7-28 所示。

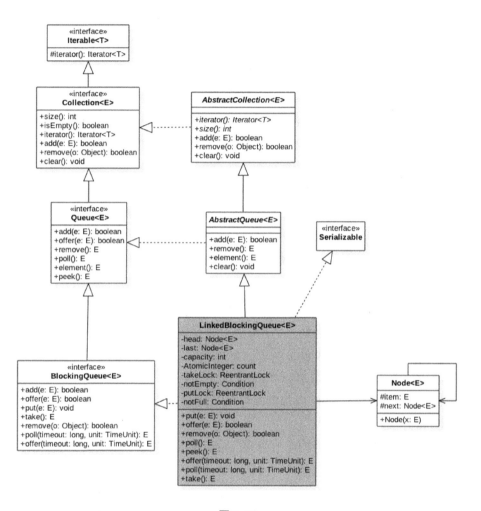

图 7-28

由类图可以看到，LinkedBlockingQueue 也是使用单向链表实现的，其也有两个 Node，分别用来存放首、尾节点，并且还有一个初始值为 0 的原子变量 count，用来记录队列元素个数。另外还有两个 ReentrantLock 的实例，分别用来控制元素入队和出队的原子性，其中 takeLock 用来控制同时只有一个线程可以从队列头获取元素，其他线程必须等待，putLock 控制同时只能有一个线程可以获取锁，在队列尾部添加元素，其他线程必须等待。另外，notEmpty 和 notFull 是条件变量，它们内部都有一个条件队列用来存放进队和出队时被阻塞的线程，其实这是生产者—消费者模型。如下是独占锁的创建代码。

```
/** 执行take、 poll等操作时需要获取该锁 */
private final ReentrantLock takeLock = new ReentrantLock();

/** 当队列为空时，执行出队操作（比如take）的线程会被放入这个条件队列进行等待 */
private final Condition notEmpty = takeLock.newCondition();

/** 执行put、 offer等操作时需要获取该锁*/
private final ReentrantLock putLock = new ReentrantLock();

/**当队列满时，执行进队操作（比如put)的线程会被放入这个条件队列进行等待 */
private final Condition notFull = putLock.newCondition();

/** 当前队列元素个数 */
private final AtomicInteger count = new AtomicInteger(0);
```

- 当调用线程在 LinkedBlockingQueue 实例上执行 take、poll 等操作时需要获取到 takeLock 锁，从而保证同时只有一个线程可以操作链表头节点。另外由于条件变量 notEmpty 内部的条件队列的维护使用的是 takeLock 的锁状态管理机制，所以在调用 notEmpty 的 await 和 signal 方法前调用线程必须先获取到 takeLock 锁，否则会抛出 IllegalMonitorStateException 异常。notEmpty 内部则维护着一个条件队列，当线程获取到 takeLock 锁后调用 notEmpty 的 await 方法时，调用线程会被阻塞，然后该线程会被放到 notEmpty 内部的条件队列进行等待，直到有线程调用了 notEmpty 的 signal 方法。

- 在 LinkedBlockingQueue 实例上执行 put、offer 等操作时需要获取到 putLock 锁，从而保证同时只有一个线程可以操作链表尾节点。同样由于条件变量 notFull 内部的条件队列的维护使用的是 putLock 的锁状态管理机制，所以在调用 notFull 的 await 和 signal 方法前调用线程必须先获取到 putLock 锁，否则会抛出 IllegalMonitorStateException 异常。notFull 内部则维护着一个条件队列，当线程获取到 putLock 锁后调用 notFull 的 await 方法时，调用线程会被阻塞，然后该线程会被放到 notFull 内部的条件队列进行等待，直到有线程调用了 notFull 的 signal 方法。

如下是 LinkedBlockingQueue 的无参构造函数的代码。

```
public static final int   MAX_VALUE = 0x7fffffff;

public LinkedBlockingQueue() {
    this(Integer.MAX_VALUE);
}
```

```
public LinkedBlockingQueue(int capacity) {
    if (capacity <= 0) throw new IllegalArgumentException();
    this.capacity = capacity;
    //初始化首、尾节点,让它们指向哨兵节点
    last = head = new Node<E>(null);
}
```

由该代码可知，默认队列容量为 0x7fffffff，用户也可以自己指定容量，所以从一定程度上可以说 LinkedBlockingQueue 是有界阻塞队列。

7.2.2 LinkedBlockingQueue 原理介绍

本节讲解 LinkedBlockingQueue 的几个重要方法。

1. offer 操作

向队列尾部插入一个元素，如果队列中有空闲则插入成功后返回 true，如果队列已满则丢弃当前元素然后返回 false。如果 e 元素为 null 则抛出 NullPointerException 异常。另外，该方法是非阻塞的。

```
public boolean offer(E e) {

    //（1）为空元素则抛出空指针异常
    if (e == null) throw new NullPointerException();

    //（2）如果当前队列满则丢弃将要放入的元素，然后返回false
    final AtomicInteger count = this.count;
    if (count.get() == capacity)
        return false;

    //（3）构造新节点，获取putLock独占锁
    int c = -1;
    Node<E> node = new Node<E>(e);
    final ReentrantLock putLock = this.putLock;
    putLock.lock();
    try {
        //（4）如果队列不满则进队列，并递增元素计数
        if (count.get() < capacity) {
            enqueue(node);
            c = count.getAndIncrement();
            //（5）
```

```
                if (c + 1 < capacity)
                    notFull.signal();
            }
        } finally {
            //(6)释放锁
            putLock.unlock();
        }
        //(7)
        if (c == 0)
            signalNotEmpty();
        //(8)
        return c >= 0;
    }

private void enqueue(Node<E> node) {
 last = last.next = node;
}
```

代码（2）判断如果当前队列已满则丢弃当前元素并返回 false。

代码（3）获取到 putLock 锁，当前线程获取到该锁后，则其他调用 put 和 offer 操作的线程将会被阻塞（阻塞的线程被放到 putLock 锁的 AQS 阻塞队列）。

代码（4）这里重新判断当前队列是否满，这是因为在执行代码（2）和获取到 putLock 锁期间可能其他线程通过 put 或者 offer 操作向队列里面添加了新元素。重新判断队列确实不满则新元素入队，并递增计数器。

代码（5）判断如果新元素入队后队列还有空闲空间，则唤醒 notFull 的条件队列里面因为调用了 notFull 的 await 操作（比如执行 put 方法而队列满了的时候）而被阻塞的一个线程，因为队列现在有空闲所以这里可以提前唤醒一个入队线程。

代码（6）则释放获取的 putLock 锁，这里要注意，锁的释放一定要在 finally 里面做，因为即使 try 块抛出异常了，finally 也是会被执行到。另外释放锁后其他因为调用 put 操作而被阻塞的线程将会有一个获取到该锁。

代码（7）中的 c==0 说明在执行代码（6）释放锁时队列里面至少有一个元素，队列里面有元素则执行 signalNotEmpty 操作，signalNotEmpty 的代码如下。

```
private void signalNotEmpty() {
    final ReentrantLock takeLock = this.takeLock;
    takeLock.lock();
```

```
    try {
        notEmpty.signal();
    } finally {
        takeLock.unlock();
    }
}
```

该方法的作用就是激活 notEmpty 的条件队列中因为调用 notEmpty 的 await 方法（比如调用 take 方法并且队列为空的时候）而被阻塞的一个线程，这也说明了调用条件变量的方法前要获取对应的锁。

综上可知，offer 方法通过使用 putLock 锁保证了在队尾新增元素操作的原子性。另外，调用条件变量的方法前一定要记得获取对应的锁，并且注意进队时只操作队列链表的尾节点。

2. put 操作

向队列尾部插入一个元素，如果队列中有空闲则插入后直接返回，如果队列已满则阻塞当前线程，直到队列有空闲插入成功后返回。如果在阻塞时被其他线程设置了中断标志，则被阻塞线程会抛出 InterruptedException 异常而返回。另外，如果 e 元素为 null 则抛出 NullPointerException 异常。

put 操作的代码结构与 offer 操作类似，代码如下。

```
public void put(E e) throws InterruptedException {
    //（1）如果为空元素则抛出空指针异常
    if (e == null) throw new NullPointerException();
    //（2）构建新节点，并获取独占锁putLock
    int c = -1;
    Node<E> node = new Node<E>(e);
    final ReentrantLock putLock = this.putLock;
    final AtomicInteger count = this.count;
    putLock.lockInterruptibly();
    try {
        //（3）如果队列满则等待
        while (count.get() == capacity) {
            notFull.await();
        }
        //（4）进队列并递增计数
        enqueue(node);
        c = count.getAndIncrement();
```

```
        //(5)
        if (c + 1 < capacity)
            notFull.signal();
    } finally {
        //(6)
        putLock.unlock();
    }
    //(7)
    if (c == 0)
        signalNotEmpty();
}
```

在代码（2）中使用 putLock.lockInterruptibly() 获取独占锁，相比在 offer 方法中获取独占锁的方法这个方法可以被中断。具体地说就是当前线程在获取锁的过程中，如果被其他线程设置了中断标志则当前线程会抛出 InterruptedException 异常，所以 put 操作在获取锁的过程中是可被中断的。

代码（3）判断如果当前队列已满，则调用 notFull 的 await() 方法把当前线程放入 notFull 的条件队列，当前线程被阻塞挂起后会释放获取到的 putLock 锁。由于 putLock 锁被释放了，所以现在其他线程就有机会获取到 putLock 锁了。

另外代码（3）在判断队列是否为空时为何使用 while 循环而不是 if 语句？这是考虑到当前线程被虚假唤醒的问题，也就是其他线程没有调用 notFull 的 singal 方法时 notFull.await() 在某种情况下会自动返回。如果使用 if 语句那么虚假唤醒后会执行代码（4）的元素入队操作，并且递增计数器，而这时候队列已经满了，从而导致队列元素个数大于队列被设置的容量，进而导致程序出错。而使用 while 循环时，假如 notFull.await() 被虚假唤醒了，那么再次循环检查当前队列是否已满，如果是则再次进行等待。

3. poll 操作

从队列头部获取并移除一个元素，如果队列为空则返回 null，该方法是不阻塞的。

```
public E poll() {
    //(1)队列为空则返回null
    final AtomicInteger count = this.count;
    if (count.get() == 0)
        return null;
    //(2)获取独占锁
    E x = null;
```

```
    int c = -1;
    final ReentrantLock takeLock = this.takeLock;
    takeLock.lock();
    try {
        //(3)队列不空则出队并递减计数
        if (count.get() > 0) {//3.1
            x = dequeue();//3.2
            c = count.getAndDecrement();//3.3
            //(4)
            if (c > 1)
                notEmpty.signal();
        }
    } finally {
        //(5)
        takeLock.unlock();
    }
    //(6)
    if (c == capacity)
        signalNotFull();
    //(7)返回
    return x;
}

private E dequeue() {
    Node<E> h = head;
    Node<E> first = h.next;
    h.next = h; // help GC
    head = first;
    E x = first.item;
    first.item = null;
    return x;
}
```

代码（1）判断如果当前队列为空，则直接返回 null。

代码（2）获取独占锁 takeLock，当前线程获取该锁后，其他线程在调用 poll 或者 take 方法时会被阻塞挂起。

代码（3）判断如果当前队列不为空则进行出队操作，然后递减计数器。这里需要思考，如何保证执行代码 3.1 时队列不空，而执行代码 3.2 时也一定不会空呢？毕竟这不是原子性操作，会不会出现代码 3.1 判断队列不为空，但是执行代码 3.2 时队列为空了呢？那么我们看在执行到代码 3.2 前在哪些地方会修改 count 的计数。由于当前线程已经拿到了 takeLock 锁，所以其他调用 poll 或者 take 方法的线程不可能会走到修改 count 计数的地方。其实这时候如果能走到修改 count 计数的地方是因为其他线程调用了 put 和 offer 操作，由于这两个操作不需要获取 takeLock 锁而获取的是 putLock 锁，但是在 put 和 offer 操作内部是增加 count 计数值的，所以不会出现上面所说的情况。其实只需要看在哪些地方递减了 count 计数值即可，只有递减了 count 计数值才会出现上面说的，执行代码 3.1 时队列不空，而执行代码 3.2 时队列为空的情况。我们查看代码，只有在 poll、take 或者 remove 操作的地方会递减 count 计数值，但是这三个方法都需要获取到 takeLock 锁才能进行操作，而当前线程已经获取了 takeLock 锁，所以其他线程没有机会在当前情况下递减 count 计数值，所以看起来代码 3.1、3.2 不是原子性的，但是它们是线程安全的。

代码（4）判断如果 c>1 则说明当前线程移除掉队列里面的一个元素后队列不为空（c 是删除元素前队列元素个数），那么这时候就可以激活因为调用 take 方法而被阻塞到 notEmpty 的条件队列里面的一个线程。

代码（6）说明当前线程移除队头元素前当前队列是满的，移除队头元素后当前队列至少有一个空闲位置，那么这时候就可以调用 signalNotFull 激活因为调用 put 方法而被阻塞到 notFull 的条件队列里的一个线程，signalNotFull 的代码如下。

```
private void signalNotFull() {
    final ReentrantLock putLock = this.putLock;
    putLock.lock();
    try {
        notFull.signal();
    } finally {
        putLock.unlock();
    }
}
```

poll 代码逻辑比较简单，值得注意的是，获取元素时只操作了队列的头节点。

4. peek 操作

获取队列头部元素但是不从队列里面移除它，如果队列为空则返回 null。该方法是不阻塞的。

```
public E peek() {
    //(1)
    if (count.get() == 0)
```

```
        return null;
    //(2)
    final ReentrantLock takeLock = this.takeLock;
    takeLock.lock();
    try {
        Node<E> first = head.next;
        //(3)
        if (first == null)
            return null;
        else
        //(4)
            return first.item;
    } finally {
        //(5)
        takeLock.unlock();
    }
}
```

peek 操作的代码也比较简单，这里需要注意的是，代码（3）这里还是需要判断 first 是否为 null，不能直接执行代码（4）。正常情况下执行到代码（2）说明队列不为空，但是代码（1）和（2）不是原子性操作，也就是在执行点（1）判断队列不空后，在代码（2）获取到锁前有可能其他线程执行了 poll 或者 take 操作导致队列变为空。然后当前线程获取锁后，直接执行代码（4）（first.item）会抛出空指针异常。

5. take 操作

获取当前队列头部元素并从队列里面移除它。如果队列为空则阻塞当前线程直到队列不为空然后返回元素，如果在阻塞时被其他线程设置了中断标志，则被阻塞线程会抛出 InterruptedException 异常而返回。

```
public E take() throws InterruptedException {
    E x;
    int c = -1;
    final AtomicInteger count = this.count;
    //(1)获取锁
    final ReentrantLock takeLock = this.takeLock;
    takeLock.lockInterruptibly();
    try {
        //(2)当前队列为空则阻塞挂起
        while (count.get() == 0) {
            notEmpty.await();
```

```
        }
        //(3)出队并递减计数
        x = dequeue();
        c = count.getAndDecrement();
        //(4)
        if (c > 1)
            notEmpty.signal();
    } finally {
        //(5)
        takeLock.unlock();
    }
    //(6)
    if (c == capacity)
        signalNotFull();
    //(7)
    return x;
}
```

在代码（1）中，当前线程获取到独占锁，其他调用 take 或者 poll 操作的线程将会被阻塞挂起。

代码（2）判断如果队列为空则阻塞挂起当前线程，并把当前线程放入 notEmpty 的条件队列。

代码（3）进行出队操作并递减计数。

代码（4）判断如果 c>1 则说明当前队列不为空，那么唤醒 notEmpty 的条件队列里面的一个因为调用 take 操作而被阻塞的线程。

代码（5）释放锁。

代码（6）判断如果 c == capacity 则说明当前队列至少有一个空闲位置，那么激活条件变量 notFull 的条件队列里面的一个因为调用 put 操作而被阻塞的线程。

6. remove 操作

删除队列里面指定的元素，有则删除并返回 true，没有则返回 false。

```
public boolean remove(Object o) {
    if (o == null) return false;

    //(1)双重加锁
```

```
    fullyLock();
    try {

        //（2）遍历队列找到则删除并返回true
        for (Node<E> trail = head, p = trail.next;
             p != null;
             trail = p, p = p.next) {
            //(3)
            if (o.equals(p.item)) {
                unlink(p, trail);
                return true;
            }
        }
        //(4)找不到则返回false
        return false;
    } finally {
        //(5)解锁
        fullyUnlock();
    }
}
```

代码（1）通过 fullyLock 获取双重锁，获取后，其他线程进行入队或者出队操作时就会被阻塞挂起。

```
void fullyLock() {
    putLock.lock();
    takeLock.lock();
}
```

代码（2）遍历队列寻找要删除的元素，找不到则直接返回 false，找到则执行 unlink 操作。unlik 操作的代码如下。

```
void unlink(Node<E> p, Node<E> trail) {

    p.item = null;
    trail.next = p.next;
    if (last == p)
        last = trail;
    //如果当前队列满，则删除后，也不忘记唤醒等待的线程
    if (count.getAndDecrement() == capacity)
        notFull.signal();
}
```

删除元素后，如果发现当前队列有空闲空间，则唤醒 notFull 的条件队列中的一个因

为调用 put 方法而被阻塞的线程。

代码（5）调用 fullyUnlock 方法使用与加锁顺序相反的顺序释放双重锁。

```
void fullyUnlock() {
    takeLock.unlock();
    putLock.unlock();
}
```

总结：由于 remove 方法在删除指定元素前加了两把锁，所以在遍历队列查找指定元素的过程中是线程安全的，并且此时其他调用入队、出队操作的线程全部会被阻塞。另外，获取多个资源锁的顺序与释放的顺序是相反的。

7. size 操作

获取当前队列元素个数。

```
public int size() {
    return count.get();
}
```

由于进行出队、入队操作时的count是加了锁的，所以结果相比ConcurrentLinkedQueue的 size 方法比较准确。这里考虑为何在 ConcurrentLinkedQueue 中需要遍历链表来获取 size 而不使用一个原子变量呢？这是因为使用原子变量保存队列元素个数需要保证入队、出队操作和原子变量操作是原子性操作，而 ConcurrentLinkedQueue 使用的是 CAS 无锁算法，所以无法做到这样。

7.2.3 小结

LinkedBlockingQueue 的内部是通过单向链表实现的，使用头、尾节点来进行入队和出队操作，也就是入队操作都是对尾节点进行操作，出队操作都是对头节点进行操作。

如图 7-29 所示，对头、尾节点的操作分别使用了单独的独占锁从而保证了原子性，所以出队和入队操作是可以同时进行的。另外对头、尾节点的独占锁都配备了一个条件队列，用来存放被阻塞的线程，并结合入队、出队操作实现了一个生产消费模型。

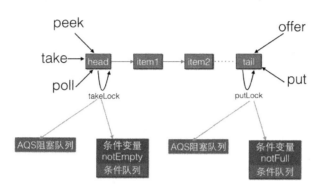

图 7-29

7.3 ArrayBlockingQueue 原理探究

上节介绍了使用有界链表方式实现的阻塞队列 LinkedBlockingQueue，本节来研究使用有界数组方式实现的阻塞队列 ArrayBlockingQueue 的原理。

7.3.1 类图结构

同样，为了能从全局一览 ArrayBlockingQueue 的内部构造，先来看它的类图，如图 7-30 所示。

由该图可以看出，ArrayBlockingQueue 的内部有一个数组 items，用来存放队列元素，putindex 变量表示入队元素下标，takeIndex 是出队下标，count 统计队列元素个数。从定义可知，这些变量并没有使用 volatile 修饰，这是因为访问这些变量都是在锁块内，而加锁已经保证了锁块内变量的内存可见性了。另外有个独占锁 lock 用来保证出、入队操作的原子性，这保证了同时只有一个线程可以进行入队、出队操作。另外，notEmpty、notFull 条件变量用来进行出、入队的同步。

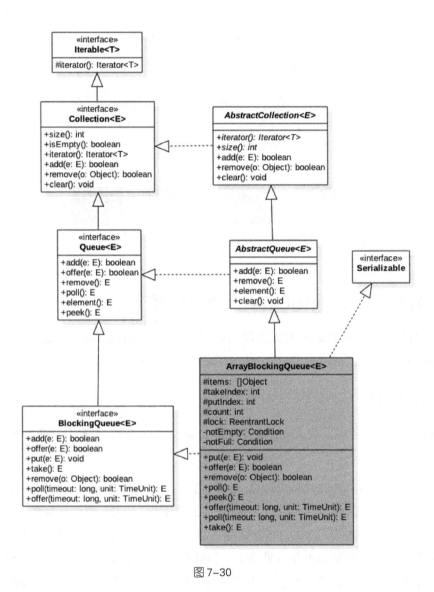

图 7-30

另外，由于 ArrayBlockingQueue 是有界队列，所以构造函数必须传入队列大小参数。构造函数的代码如下。

```
public ArrayBlockingQueue(int capacity) {
    this(capacity, false);
}
```

```
public ArrayBlockingQueue(int capacity, boolean fair) {
    if (capacity <= 0)
        throw new IllegalArgumentException();
    this.items = new Object[capacity];
    lock = new ReentrantLock(fair);
    notEmpty = lock.newCondition();
    notFull =  lock.newCondition();
}
```

由以上代码可知，在默认情况下使用 ReentrantLock 提供的非公平独占锁进行出、入队操作的同步。

7.3.2　ArrayBlockingQueue 原理介绍

本节主要讲解下面几个函数的原理，研究过 LinkedBlockingQueue 的实现后再看 ArrayBlockingQueue 的实现会感觉后者简单了很多。

1．offer 操作

向队列尾部插入一个元素，如果队列有空闲空间则插入成功后返回 true，如果队列已满则丢弃当前元素然后返回 false。如果 e 元素为 null 则抛出 NullPointerException 异常。另外，该方法是不阻塞的。

```
public boolean offer(E e) {
    //（1）e为null，则抛出NullPointerException异常
    checkNotNull(e);
    //（2）获取独占锁
    final ReentrantLock lock = this.lock;
    lock.lock();
    try {
        //（3）如果队列满则返回false
        if (count == items.length)
            return false;
        else {
            //（4）否则插入元素
            enqueue(e);
            return true;
        }
    } finally {
        lock.unlock();
    }
}
```

```
    }
```

代码（2）获取独占锁，当前线程获取该锁后，其他入队和出队操作的线程都会被阻塞挂起而后被放入 lock 锁的 AQS 阻塞队列。

代码（3）判断如果队列满则直接返回 false，否则调用 enqueue 方法后返回 true，enqueue 的代码如下。

```
private void enqueue(E x) {
    //（6）元素入队
    final Object[] items = this.items;
    items[putIndex] = x;
    //（7）计算下一个元素应该存放的下标位置
    if (++putIndex == items.length)
        putIndex = 0;
    count++;
    //(8)
    notEmpty.signal();
}
```

如上代码首先把当前元素放入 items 数组，然后计算下一个元素应该存放的下标位置，并递增元素个数计数器，最后激活 notEmpty 的条件队列中因为调用 take 操作而被阻塞的一个线程。这里由于在操作共享变量 count 前加了锁，所以不存在内存不可见问题，加过锁后获取的共享变量都是从主内存获取的，而不是从 CPU 缓存或者寄存器获取。

代码（5）释放锁，然后会把修改的共享变量值（比如 count 的值）刷新回主内存中，这样其他线程通过加锁再次读取这些共享变量时，就可以看到最新的值。

2. put 操作

向队列尾部插入一个元素，如果队列有空闲则插入后直接返回 true，如果队列已满则阻塞当前线程直到队列有空闲并插入成功后返回 true，如果在阻塞时被其他线程设置了中断标志，则被阻塞线程会抛出 InterruptedException 异常而返回。另外，如果 e 元素为 null 则抛出 NullPointerException 异常。

```
public void put(E e) throws InterruptedException {
    //(1)
    checkNotNull(e);
    final ReentrantLock lock = this.lock;

    //(2)获取锁（可被中断）
```

```
lock.lockInterruptibly();
try {

    //(3)如果队列满，则把当前线程放入notFull管理的条件队列
    while (count == items.length)
        notFull.await();

    //(4)插入元素
    enqueue(e);
} finally {
    //(5)
    lock.unlock();
}
}
```

在代码（2）中，在获取锁的过程中当前线程被其他线程中断了，则当前线程会抛出
InterruptedException 异常而退出。

代码（3）判断如果当前队列已满，则把当前线程阻塞挂起后放入 notFull 的条件队列，
注意这里也是使用了 while 循环而不是 if 语句。

代码（4）判断如果队列不满则插入当前元素，此处不再赘述。

3. poll 操作

从队列头部获取并移除一个元素，如果队列为空则返回 null，该方法是不阻塞的。

```
public E poll() {
    //(1)获取锁
    final ReentrantLock lock = this.lock;
    lock.lock();
    try {
        //（2）当前队列为空则返回null,否则调用dequeue（）获取
        return (count == 0) ? null : dequeue();
    } finally {
        //(3)释放锁
        lock.unlock();
    }
}
```

代码（1）获取独占锁。

代码（2）判断如果队列为空则返回 null，否则调用 dequeue() 方法。dequeue 方法的

代码如下。

```
private E dequeue() {
    final Object[] items = this.items;

    //（4）获取元素值
    @SuppressWarnings("unchecked")
    E x = (E) items[takeIndex];
    //（5）数组中的值为null
    items[takeIndex] = null;

    //（6）队头指针计算，队列元素个数减1
    if (++takeIndex == items.length)
            takeIndex = 0;
    count--;

    //（7）发送信号激活notFull条件队列里面的一个线程
    notFull.signal();
    return x;
}
```

由以上代码可知，首先获取当前队头元素并将其保存到局部变量，然后重置队头元素为 null，并重新设置队头下标，递减元素计数器，最后发送信号激活 notFull 的条件队列里面一个因为调用 put 方法而被阻塞的线程。

4. take 操作

获取当前队列头部元素并从队列里面移除它。如果队列为空则阻塞当前线程直到队列不为空然后返回元素，如果在阻塞时被其他线程设置了中断标志，则被阻塞线程会抛出 InterruptedException 异常而返回。

```
public E take() throws InterruptedException {
    //(1)获取锁
    final ReentrantLock lock = this.lock;
    lock.lockInterruptibly();
    try {

        //（2）队列为空，则等待，直到队列中有元素
        while (count == 0)
            notEmpty.await();
        //（3）获取队头元素
        return dequeue();
```

```
    } finally {
        //(4) 释放锁
        lock.unlock();
    }
}
```

take 操作的代码也比较简单，与 poll 相比只是代码（2）不同。在这里，如果队列为空则把当前线程挂起后放入 notEmpty 的条件队列，等其他线程调用 notEmpty.signal() 方法后再返回。需要注意的是，这里也是使用 while 循环进行检测并等待而不是使用 if 语句。

5. peek 操作

获取队列头部元素但是不从队列里面移除它，如果队列为空则返回 null，该方法是不阻塞的。

```
public E peek() {
    //(1)获取锁
    final ReentrantLock lock = this.lock;
    lock.lock();
    try {
        //(2)
        return itemAt(takeIndex);
    } finally {
        //(3)
        lock.unlock();
    }
}

 @SuppressWarnings("unchecked")
final E itemAt(int i) {
        return (E) items[i];
}
```

peek 的实现更简单，首先获取独占锁，然后从数组 items 中获取当前队头下标的值并返回，在返回前释放获取的锁。

6. size 操作

计算当前队列元素个数。

```
public int size() {
    final ReentrantLock lock = this.lock;
```

```
    lock.lock();
    try {
        return count;
    } finally {
        lock.unlock();
    }
}
```

size 操作比较简单，获取锁后直接返回 count，并在返回前释放锁。也许你会问，这里又没有修改 count 的值，只是简单地获取，为何要加锁呢？其实如果 count 被声明为 volatile 的这里就不需要加锁了，因为 volatile 类型的变量保证了内存的可见性，而 ArrayBlockingQueue 中的 count 并没有被声明为 volatile 的，这是因为 count 操作都是在获取锁后进行的，而获取锁的语义之一是，获取锁后访问的变量都是从主内存获取的，这保证了变量的内存可见性。

7.3.3 小结

如图 7-31 所示，ArrayBlockingQueue 通过使用全局独占锁实现了同时只能有一个线程进行入队或者出队操作，这个锁的粒度比较大，有点类似于在方法上添加 synchronized 的意思。其中 offer 和 poll 操作通过简单的加锁进行入队、出队操作，而 put、take 操作则使用条件变量实现了，如果队列满则等待，如果队列空则等待，然后分别在出队和入队操作中发送信号激活等待线程实现同步。另外，相比 LinkedBlockingQueue，ArrayBlockingQueue 的 size 操作的结果是精确的，因为计算前加了全局锁。

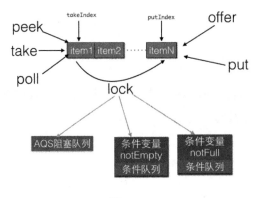

图 7-31

7.4　PriorityBlockingQueue 原理探究

7.4.1　介绍

PriorityBlockingQueue 是带优先级的无界阻塞队列，每次出队都返回优先级最高或者最低的元素。其内部是使用平衡二叉树堆实现的，所以直接遍历队列元素不保证有序。默认使用对象的 compareTo 方法提供比较规则，如果你需要自定义比较规则则可以自定义 comparators。

7.4.2　PriorityBlockingQueue 类图结构

下面首先通过类图结构（见图 7-32）来从全局了解 PriorityBlockingQueue 的原理。

由图 7-32 可知，PriorityBlockingQueue 内部有一个数组 queue，用来存放队列元素，size 用来存放队列元素个数。allocationSpinLock 是个自旋锁，其使用 CAS 操作来保证同时只有一个线程可以扩容队列，状态为 0 或者 1，其中 0 表示当前没有进行扩容，1 表示当前正在扩容。

由于这是一个优先级队列，所以有一个比较器 comparator 用来比较元素大小。lock 独占锁对象用来控制同时只能有一个线程可以进行入队、出队操作。notEmpty 条件变量用来实现 take 方法阻塞模式。这里没有 notFull 条件变量是因为这里的 put 操作是非阻塞的，为啥要设计为非阻塞的，是因为这是无界队列。

在如下构造函数中，默认队列容量为 11，默认比较器为 null，也就是使用元素的 compareTo 方法进行比较来确定元素的优先级，这意味着队列元素必须实现了 Comparable 接口。

```
private static final int DEFAULT_INITIAL_CAPACITY = 11;


public PriorityBlockingQueue() {
      this(DEFAULT_INITIAL_CAPACITY, null);
   }

   public PriorityBlockingQueue(int initialCapacity) {
      this(initialCapacity, null);
   }
```

```
public PriorityBlockingQueue(int initialCapacity,
                             Comparator<? super E> comparator) {
    if (initialCapacity < 1)
        throw new IllegalArgumentException();
    this.lock = new ReentrantLock();
    this.notEmpty = lock.newCondition();
    this.comparator = comparator;
    this.queue = new Object[initialCapacity];
}
```

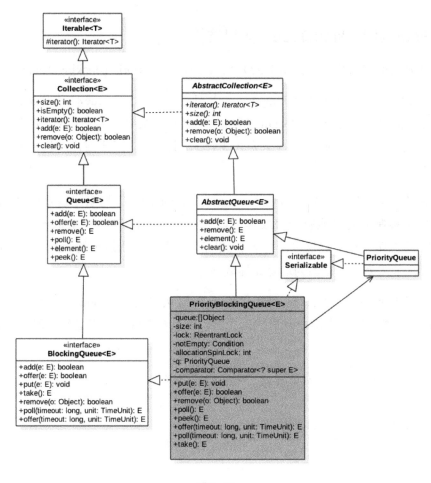

图 7-32

7.4.3　原理介绍

1. offer 操作

offer 操作的作用是在队列中插入一个元素，由于是无界队列，所以一直返回 true。如下是 offer 函数的代码。

```
public boolean offer(E e) {

    if (e == null)
        throw new NullPointerException();

    //获取独占锁
    final ReentrantLock lock = this.lock;
    lock.lock();

    int n, cap;
    Object[] array;

    //(1)如果当前元素个数>=队列容量，则扩容
    while ((n = size) >= (cap = (array = queue).length))
        tryGrow(array, cap);


    try {
        Comparator<? super E> cmp = comparator;

        //(2)默认比较器为null
        if (cmp == null)
            siftUpComparable(n, e, array);
        else
            //(3)自定义比较器
            siftUpUsingComparator(n, e, array, cmp);

        //(9)将队列元素数增加1，并且激活notEmpty的条件队列里面的一个阻塞线程
        size = n + 1;
        notEmpty.signal();//激活因调用take()方法被阻塞的线程
    } finally {
        //释放独占锁
        lock.unlock();
    }
    return true;
}
```

如上代码的主流程比较简单，下面主要看看如何进行扩容和在内部建堆。首先看下面的扩容逻辑。

```java
private void tryGrow(Object[] array, int oldCap) {
    lock.unlock(); //释放获取的锁
    Object[] newArray = null;

    //(4)CAS成功则扩容
    if (allocationSpinLock == 0 &&
        UNSAFE.compareAndSwapInt(this, allocationSpinLockOffset,
                                 0, 1)) {
        try {
            //oldGap<64则扩容,执行oldcap+2,否则扩容50%，并且最大为MAX_ARRAY_SIZE
            int newCap = oldCap + ((oldCap < 64) ?
                                   (oldCap + 2) : // grow faster if small
                                   (oldCap >> 1));
            if (newCap - MAX_ARRAY_SIZE > 0) {    // possible overflow
                int minCap = oldCap + 1;
                if (minCap < 0 || minCap > MAX_ARRAY_SIZE)
                    throw new OutOfMemoryError();
                newCap = MAX_ARRAY_SIZE;
            }
            if (newCap > oldCap && queue == array)
                newArray = new Object[newCap];
        } finally {
            allocationSpinLock = 0;
        }
    }

    //(5)第一个线程CAS成功后，第二个线程会进入这段代码，然后第二个线程让出CPU，尽量让第一个线程
    //获取锁，但是这得不到保证。
    if (newArray == null) // back off if another thread is allocating
        Thread.yield();
    lock.lock();//(6)
    if (newArray != null && queue == array) {
        queue = newArray;
        System.arraycopy(array, 0, newArray, 0, oldCap);
    }
}
```

tryGrow 的作用是扩容。这里为啥在扩容前要先释放锁，然后使用 CAS 控制只有一个线程可以扩容成功？其实这里不先释放锁，也是可行的，也就是在整个扩容期间一直持有锁，但是扩容是需要花时间的，如果扩容时还占用锁那么其他线程在这个时候是不能进行

出队和入队操作的,这大大降低了并发性。所以为了提高性能,使用 CAS 控制只有一个
线程可以进行扩容,并且在扩容前释放锁,让其他线程可以进行入队和出队操作。

spinlock 锁使用 CAS 控制只有一个线程可以进行扩容,CAS 失败的线程会调用
Thread.yield() 让出 CPU,目的是让扩容线程扩容后优先调用 lock.lock 重新获取锁,但是
这得不到保证。有可能 yield 的线程在扩容线程扩容完成前已经退出,并执行代码(6)获
取到了锁,这时候获取到锁的线程发现 newArray 为 null 就会执行代码(1)。如果当前数
组扩容还没完毕,当前线程会再次调用 tryGrow 方法,然后释放锁,这又给扩容线程获取
锁提供了机会,如果这时候扩容线程还没扩容完毕,则当前线程释放锁后又调用 yield 方
法让出 CPU。所以当扩容线程进行扩容时,其他线程原地自旋通过代码(1)检查当前扩
容是否完毕,扩容完毕后才退出代码(1)的循环。

扩容线程扩容完毕后会重置自旋锁变量 allocationSpinLock 为 0,这里并没有使
用 UNSAFE 方法的 CAS 进行设置是因为同时只可能有一个线程获取到该锁,并且
allocationSpinLock 被修饰为了 volatile 的。当扩容线程扩容完毕后会执行代码(6)获取锁,
获取锁后复制当前 queue 里面的元素到新数组。

然后看下面的具体建堆算法。

```
private static <T> void siftUpComparable(int k, T x, Object[] array) {
    Comparable<? super T> key = (Comparable<? super T>) x;

    //队列元素个数>0则判断插入位置, 否则直接入队(7)
    while (k > 0) {
        int parent = (k - 1) >>> 1;
        Object e = array[parent];
        if (key.compareTo((T) e) >= 0)
            break;
        array[k] = e;
        k = parent;
    }
    array[k] = key;(8)
}
```

下面用图来解释上面算法过程,假设队列初始化容量为 2,创建的优先级队列的泛型
参数为 Integer。

I. 首先调用队列的 offer(2) 方法,希望向队列插入元素 2,插入前队列状态如下所示:

n=size=0
cap=length=2

首先执行代码（1），从图中的变量值可知判断结果为 false，所以紧接着执行代码（2）。由于 k=n=size=0，所以代码（7）的判断结果为 false，因此会执行代码（8）直接把元素 2 入队。最后执行代码（9）将 size 的值加 1，这时候队列的状态如下所示：

n=size=1
cap=length=2

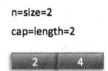

II．第二次调用队列的 offer(4) 时，首先执行代码（1），从图中的变量值可知判断结果为 false，所以执行代码（2）。由于 k=1，所以进入 while 循环，由于 parent=0;e=2;key=4;默认元素比较器使用元素的 compareTo 方法，可知 key>e，所以执行 break 退出 siftUpComparable 中的循环，然后把元素存到数组下标为 1 的地方。最后执行代码（9）将 size 的值加 1，这时候队列状态如下所示：

n=size=2
cap=length=2

| 2 | 4 |

III．第三次调用队列的 offer(6) 时，首先执行代码（1），从图中的变量值知道，这时候判断结果为 true，所以调用 tryGrow 进行数组扩容。由于 2<64，所以执行 newCap=2 +（2+2）=6，然后创建新数组并复制，之后调用 siftUpComparable 方法。由于 k=2>0，故进入 while 循环，由于 parent=0;e=2;key=6;key>e，所以执行 break 后退出 while 循环，并把元素 6 放入数组下标为 2 的地方。最后将 size 的值加 1，现在队列状态如下所示：

n=size=3
cap=length=6

IV．第四次调用队列的 offer(1) 时，首先执行代码（1），从图中的变量值知道，

这次判断结果为 false，所以执行代码（2）。由于 k=3，所以进入 while 循环，由于 parent=1;e=4;key=1; key<e，所以把元素 4 复制到数组下标为 3 的地方。然后执行 k=1，再次循环，发现 e=2,key=1,key<e，所以复制元素 2 到数组下标 1 处，然后 k=0 退出循环。最后把元素 1 存放到下标为 0 的地方，现在的状态如下所示：

这时候二叉树堆的树形图如下所示：

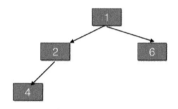

由此可见，堆的根元素是 1，也就是这是一个最小堆，那么当调用这个优先级队列的 poll 方法时，会依次返回堆里面值最小的元素。

2. poll 操作

poll 操作的作用是获取队列内部堆树的根节点元素，如果队列为空，则返回 null。poll 函数的代码如下。

```
public E poll() {
    final ReentrantLock lock = this.lock;
    lock.lock();//获取独占锁
    try {
        return dequeue();
    } finally {
        lock.unlock();//释放独占锁
    }
}
```

如以上代码所示，在进行出队操作时要先加锁，这意味着，当前线程在进行出队操作时，其他线程不能再进行入队和出队操作，但是前面在介绍 offer 函数时介绍过，这时候其他线程可以进行扩容。下面看下具体执行出队操作的 dequeue 方法的代码：

```
private E dequeue() {
```

```
//队列为空,则返回null
int n = size - 1;
if (n < 0)
    return null;
else {


    //(1)获取队头元素
    Object[] array = queue;
    E result = (E) array[0];

    //(2)获取队尾元素,并赋值为null
    E x = (E) array[n];
    array[n] = null;

    Comparator<? super E> cmp = comparator;
    if (cmp == null)//(3)
        siftDownComparable(0, x, array, n);
    else
        siftDownUsingComparator(0, x, array, n, cmp);
    size = n;//(4)
    return result;
    }
}
```

在如上代码中,如果队列为空则直接返回 null,否则执行代码(1)获取数组第一个元素作为返回值存放到变量 Result 中,这里需要注意,数组里面的第一个元素是优先级最小或者最大的元素,出队操作就是返回这个元素。然后代码(2)获取队列尾部元素并存放到变量 x 中,且置空尾部节点,然后执行代码(3)将变量 x 插入到数组下标为 0 的位置,之后重新调整堆为最大或者最小堆,然后返回。这里重要的是,去掉堆的根节点后,如何使用剩下的节点重新调整一个最大或者最小堆。下面我们看下 siftDownComparable 的实现代码。

```
private static <T> void siftDownComparable(int k, T x, Object[] array,
                                           int n) {
    if (n > 0) {
        Comparable<? super T> key = (Comparable<? super T>)x;
        int half = n >>> 1;              // loop while a non-leaf
        while (k < half) {
            int child = (k << 1) + 1; // assume left child is least
            Object c = array[child]; (5)
```

```
                int right = child + 1; (6)
                if (right < n &&
                    ((Comparable<? super T>) c).compareTo((T) array[right]) > 0)(7)
                    c = array[child = right];
                if (key.compareTo((T) c) <= 0)(8)
                    break;
                array[k] = c;
                k = child;
            }
            array[k] = key;(9)
        }
    }
```

同样下面我们结合图来介绍上面调整堆的算法过程。接着上节队列的状态继续讲解，在上一节中队列元素序列为 1、2、6、4。

I. 第一次调用队列的 poll() 方法时，首先执行代码（1）和代码（2），这时候变量 size =4；n=3；result=1；x=4; 此时队列状态如下所示。

然后执行代码（3）调整堆后队列状态为

II. 第二次调用队列的 poll() 方法时，首先执行代码（1）和代码（2），这时候变量 size =3；n=2；result=2；x=6; 此时队列状态为

然后执行代码（3）调整堆后队列状态为

III. 第三次调用队列的 poll() 方法时，首先执行代码（1）和代码（2），这时候变量 size =2；n=1；result=4；x=6; 此时队列状态为

然后执行代码（3）调整堆后队列状态为

IV．第四次直接返回元素 6。

下面重点说说 siftDownComparable 调整堆的算法。 首先介绍下堆调整的思路。由于队列数组第 0 个元素为树根，因此出队时要移除它。这时数组就不再是最小的堆了，所以需要调整堆。具体是从被移除的树根的左右子树中找一个最小的值来当树根，左右子树又会找自己左右子树里面那个最小值，这是一个递归过程，直到树叶节点结束递归。如果不太明白，没关系，下面我们结合图来说明，假如当前队列内容如下：

其对应的二叉堆树为：

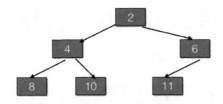

这时候如果调用了 poll()，那么 result=2; x=11，并且队列末尾的元素被设置为 null，然后对于剩下的元素，调整堆的步骤如下图所示：

图（1）中树根的 leftChildVal = 4; rightChildVal = 6; 由于 4<6，所以 c=4。然后由于 11>4，也就是 key>c，所以使用元素 4 覆盖树根节点的值，现在堆对应的树如图（2）所示。

然后树根的左子树树根的左右孩子节点中的 leftChildVal = 8;rightChildVal = 10; 由于 8<10，所以 c=8。然后由于 11>8，也就是 key>c，所以元素 8 作为树根左子树的根节点，现在树的形状如图（3）所示。这时候判断是否 k<half，结果为 false，所以退出循环。然后把 x=11 的元素设置到数组下标为 3 的地方，这时候堆树如图（4）所示，至此调整堆完毕。siftDownComparable 返回的 result=2，所以 poll 方法也返回了。

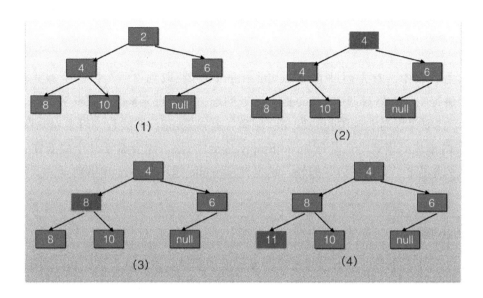

3. put 操作

put 操作内部调用的是 offer 操作，由于是无界队列，所以不需要阻塞。

```
public void put(E e) {
    offer(e); // never need to block
}
```

4. take 操作

take 操作的作用是获取队列内部堆树的根节点元素，如果队列为空则阻塞，如以下代码所示。

```
public E take() throws InterruptedException {
    //获取锁,可被中断
    final ReentrantLock lock = this.lock;
    lock.lockInterruptibly();
    E result;
    try {

        //如果队列为空,则阻塞,把当前线程放入notEmpty的条件队列
        while ( (result = dequeue()) == null)
            notEmpty.await();//阻塞当前线程
    } finally {
        lock.unlock();//释放锁
```

```
    }
    return result;
}
```

在如上代码中，首先通过 lock.lockInterruptibly() 获取独占锁，以这个方式获取的锁会对中断进行响应。然后调用 dequeue 方法返回堆树根节点元素，如果队列为空，则返回 false。然后当前线程调用 notEmpty.await() 阻塞挂起自己，直到有线程调用了 offer( )方法（在 offer 方法内添加元素成功后会调用 notEmpty.signal 方法，这会激活一个阻塞在 notEmpty 的条件队列里面的一个线程）。另外，这里使用 while 循环而不是 if 语句是为了避免虚假唤醒。

5. size 操作

计算队列元素个数。如下代码在返回 size 前加了锁，以保证在调用 size() 方法时不会有其他线程进行入队和出队操作。另外，由于 size 变量没有被修饰为 volatie 的，所以这里加锁也保证了在多线程下 size 变量的内存可见性。

```
public int size() {
    final ReentrantLock lock = this.lock;
    lock.lock();
    try {
        return size;
    } finally {
        lock.unlock();
    }
}
```

7.4.4 案例介绍

下面我们通过一个案例来体会 PriorityBlockingQueue 的使用方法。在这个案例中，会把具有优先级的任务放入队列，然后从队列里面逐个获取优先级最高的任务来执行。

```
public class TestPriorityBlockingQueue {

    static class Task implements Comparable<Task> {

        public int getPriority() {
            return priority;
        }
```

```java
    public void setPriority(int priority) {
        this.priority = priority;
    }

    public String getTaskName() {
        return taskName;
    }

    public void setTaskName(String taskName) {
        this.taskName = taskName;
    }

    private int priority = 0;

    private String taskName;

    @Override
    public int compareTo(Task o) {

        if (this.priority >= o.getPriority()) {
            return 1;
        } else {
            return -1;
        }
    }

    public void doSomeThing(){
        System.out.println(taskName + ":" + priority);
    }

}

public static void main(String[] args) {

    //创建任务，并添加到队列
    PriorityBlockingQueue<Task> priorityQueue = new
PriorityBlockingQueue<Task>();
    Random random = new Random();
    for(int i=0;i<10;++i){
        Task task = new Task();
        task.setPriority(random.nextInt(10));
        task.setTaskName("taskName" +i);
        priorityQueue.offer(task);
    }
```

```
    //取出任务执行
    while(!priorityQueue.isEmpty()){
        Task task = priorityQueue.poll();
        if(null != task){
            task.doSomeThing();
        }
    }

    }
}
```

如上代码首先创建了一个 Task 类，该类继承了 Comparable 方法并重写了 compareTo 方法，自定义了元素优先级比较规则。然后在 main 函数里面创建了一个优先级队列，并使用随机数生成器生成 10 个随机的有优先级的任务，并将它们添加到优先级队列。最后从优先级队列里面逐个获取任务并执行。运行上面代码，一个可能的输出如下所示。

```
taskName7:0
taskName6:1
taskName9:1
taskName1:2
taskName5:3
taskName0:3
taskName3:4
taskName8:5
taskName2:7
taskName4:7
```

从结果可知，任务执行的先后顺序和它们被放入队列的先后顺序没有关系，而是和它们的优先级有关系。

7.4.5　小结

PriorityBlockingQueue 队列在内部使用二叉树堆维护元素优先级，使用数组作为元素存储的数据结构，这个数组是可扩容的。当当前元素个数 >= 最大容量时会通过 CAS 算法扩容，出队时始终保证出队的元素是堆树的根节点，而不是在队列里面停留时间最长的元素。使用元素的 compareTo 方法提供默认的元素优先级比较规则，用户可以自定义优先级的比较规则。

如图 7-33 所示，PriorityBlockingQueue 类似于 ArrayBlockingQueue，在内部使用一

个独占锁来控制同时只有一个线程可以进行入队和出队操作。另外，前者只使用了一个
notEmpty 条件变量而没有使用 notFull，这是因为前者是无界队列，执行 put 操作时永远不
会处于 await 状态，所以也不需要被唤醒。而 take 方法是阻塞方法，并且是可被中断的。
当需要存放有优先级的元素时该队列比较有用。

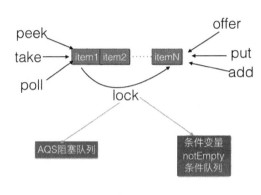

图 7-33

7.5 DelayQueue 原理探究

DelayQueue 并发队列是一个无界阻塞延迟队列，队列中的每个元素都有个过期时间，
当从队列获取元素时，只有过期元素才会出队列。队列头元素是最快要过期的元素。

7.5.1 DelayQueue 类图结构

DelayQueue 类图结构如图 7-34 所示。

由该图可知，DelayQueue 内部使用 PriorityQueue 存放数据，使用 ReentrantLock 实现
线程同步。另外，队列里面的元素要实现 Delayed 接口，由于每个元素都有一个过期时间，
所以要实现获知当前元素还剩下多少时间就过期了的接口，由于内部使用优先级队列来实
现，所以要实现元素之间相互比较的接口。

```
public interface Delayed extends Comparable<Delayed> {

    long getDelay(TimeUnit unit);

}
```

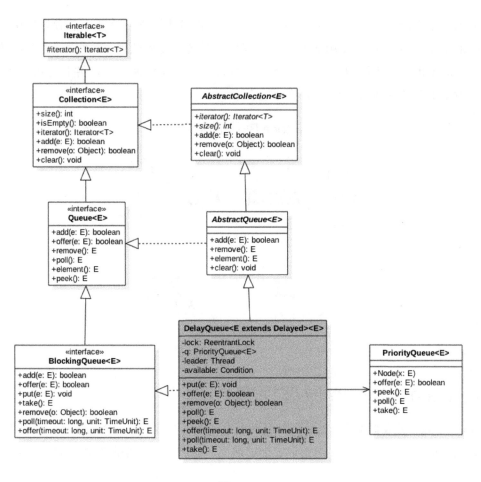

图 7-34

在如下代码中, 条件变量 available 与 lock 锁是对应的, 其目的是为了实现线程间同步。

```
private final Condition available = lock.newCondition();
```

其中 leader 变量的使用基于 Leader-Follower 模式的变体, 用于尽量减少不必要的线程等待。当一个线程调用队列的 take 方法变为 leader 线程后, 它会调用条件变量 available. awaitNanos(delay) 等待 delay 时间, 但是其他线程 (follwer 线程) 则会调用 available. await() 进行无限等待。leader 线程延迟时间过期后, 会退出 take 方法, 并通过调用 available.signal() 方法唤醒一个 follwer 线程, 被唤醒的 follwer 线程被选举为新的 leader 线程。

7.5.2 主要函数原理讲解

1. offer 操作

插入元素到队列，如果插入元素为 null 则抛出 NullPointerException 异常，否则由于是无界队列，所以一直返回 true。插入元素要实现 Delayed 接口。

```
public boolean offer(E e) {
    final ReentrantLock lock = this.lock;
    lock.lock();
    try {
        q.offer(e);
        if (q.peek() == e) {//（2）
            leader = null;
            available.signal();
        }
        return true;
    } finally {
        lock.unlock();
    }
}
```

如上代码首先获取独占锁，然后添加元素到优先级队列，由于 q 是优先级队列，所以添加元素后，调用 q.peek() 方法返回的并不一定是当前添加的元素。如果代码（2）判断结果为 true，则说明当前元素 e 是最先将过期的，那么重置 leader 线程为 null，这时候激活 avaliable 变量条件队列里面的一个线程，告诉它队列里面有元素了。

2. take 操作

获取并移除队列里面延迟时间过期的元素，如果队列里面没有过期元素则等待。

```
public E take() throws InterruptedException {
    final ReentrantLock lock = this.lock;
    lock.lockInterruptibly();
    try {
        for (;;) {
            //获取但不移除队首元素（1）
            E first = q.peek();
            if (first == null)
                available.await();//(2)
```

```
        else {
            long delay = first.getDelay(TimeUnit.NANOSECONDS);
            if (delay <= 0)//(3)
                return q.poll();
            else if (leader != null)//(4)
                available.await();
            else {
                Thread thisThread = Thread.currentThread();
                leader = thisThread;//(5)
                try {
                    available.awaitNanos(delay);//(6)
                } finally {
                    if (leader == thisThread)
                        leader = null;
                }
            }
        }
    }
} finally {
    if (leader == null && q.peek() != null)//(7)
        available.signal();
    lock.unlock();//(8)
    }
}
```

如上代码首先获取独占锁 lock。假设线程 A 第一次调用队列的 take（）方法时队列为空，则执行代码（1）后 first==null，所以会执行代码（2）把当前线程放入 available 的条件队列里阻塞等待。

当有另外一个线程 B 执行 offer（item）方法并且添加元素到队列时，假设此时没有其他线程执行入队操作，则线程 B 添加的元素是队首元素，那么执行 q.peek()。

e 这时候就会重置 leader 线程为 null，并且激活条件变量的条件队列里面的一个线程。此时线程 A 就会被激活。

线程 A 被激活并循环后重新获取队首元素，这时候 first 就是线程 B 新增的元素，可知这时候 first 不为 null，则调用 first.getDelay(TimeUnit.NANOSECONDS) 方法查看该元素还剩余多少时间就要过期，如果 delay<=0 则说明已经过期，那么直接出队返回。否则查看 leader 是否为 null，不为 null 则说明其他线程也在执行 take，则把该线程放入条件队列。如果这时候 leader 为 null，则选取当前线程 A 为 leader 线程，然后执行代码 (5) 等待 delay 时间（这期间该线程会释放锁，所以其他线程可以 offer 添加元素，也可以 take 阻塞自己），

剩余过期时间到后，线程 A 会重新竞争得到锁，然后重置 leader 线程为 null，重新进入循环，这时候就会发现队头的元素已经过期了，则会直接返回队头元素。

在返回前会执行 finally 块里面的代码（7），代码（7）执行结果为 true 则说明当前线程从队列移除过期元素后，又有其他线程执行了入队操作，那么这时候调用条件变量的 singal 方法，激活条件队列里面的等待线程。

3. poll 操作

获取并移除队头过期元素，如果没有过期元素则返回 null。

```
public E poll() {
    final ReentrantLock lock = this.lock;
    lock.lock();
    try {
        E first = q.peek();
        //如果队列为空，或者不为空但是队头元素没有过期则返回null
        if (first == null || first.getDelay(TimeUnit.NANOSECONDS) > 0)
            return null;
        else
            return q.poll();
    } finally {
        lock.unlock();
    }
}
```

这段代码比较简单，首先获取独占锁，然后获取队头元素，如果队头元素为 null 或者还没过期则返回 null，否则返回队头元素。

4. size 操作

计算队列元素个数，包含过期的和没有过期的。

```
public int size() {
    final ReentrantLock lock = this.lock;
    lock.lock();
    try {
        return q.size();
    } finally {
        lock.unlock();
    }
}
```

这段代码比较简单，首先获取独占锁，然后调用优先级队列的 size 方法。

7.5.3 案例介绍

下面我们通过一个简单的案例来加深对 DelayQueue 的理解，代码如下。

```java
public class TestDelay {

    static class DelayedEle implements Delayed {

        private final long delayTime; // 延迟时间
        private final long expire; // 到期时间
        private String taskName; // 任务名称

        public DelayedEle(long delay, String taskName) {
            delayTime = delay;
            this.taskName = taskName;
            expire = System.currentTimeMillis() + delay;
        }

        /**
         * 剩余时间=到期时间-当前时间
         */
        @Override
        public long getDelay(TimeUnit unit) {
            return unit.convert(this.expire - System.currentTimeMillis(), TimeUnit.
             MILLISECONDS);
        }

        /**
         * 优先级队列里面的优先级规则
         */
        @Override
        public int compareTo(Delayed o) {
            return (int) (this.getDelay(TimeUnit.MILLISECONDS) -
o.getDelay(TimeUnit.MILLISECONDS));
        }

        @Override
        public String toString() {
            final StringBuilder sb = new StringBuilder("DelayedEle{");
            sb.append("delay=").append(delayTime);
            sb.append(", expire=").append(expire);
```

```
        sb.append(", taskName='").append(taskName).append('\'');
        sb.append('}');
        return sb.toString();
    }
}

public static void main(String[] args) {

    //（1）创建delay队列
    DelayQueue<DelayedEle> delayQueue = new DelayQueue<DelayedEle>();

    //(2)创建延迟任务
    Random random = new Random();
    for (int i = 0; i < 10; ++i) {
        DelayedEle element = new DelayedEle(random.nextInt(500), "task:" + i);
        delayQueue.offer(element);

    }

    //(3)依次取出任务并打印
    DelayedEle ele = null;
    try {

        //(3.1)循环，如果想避免虚假唤醒，则不能把全部元素都打印出来
        for(;;){

            //(3.2)获取过期任务并打印
            while ((ele = delayQueue.take()) != null) {
                System.out.println(ele.toString());
            }

        }

    } catch (InterruptedException e) {
        e.printStackTrace();
    }

}

}
```

如上代码首先创建延迟任务 DelayedEle 类，其中 delayTime 表示当前任务需要延迟多少 ms 时间过期，expire 则是当前时间的 ms 值加上 delayTime 的值。另外，实现了 Delayed 接口，实现了 long getDelay(TimeUnit unit) 方法用来获取当前元素还剩下多少时间

过期，实现了 int compareTo(Delayed o) 方法用来决定优先级队列元素的比较规则。

在 main 函数内首先创建了一个延迟队列，然后使用随机数生成器生成了 10 个延迟任务，最后通过循环依次获取延迟任务，并打印。运行上面代码，一个可能的输出如下所示。

```
DelayedEle{delay=73, expire=1523428917194, taskName='task:4'}
DelayedEle{delay=97, expire=1523428917218, taskName='task:5'}
DelayedEle{delay=150, expire=1523428917272, taskName='task:9'}
DelayedEle{delay=205, expire=1523428917326, taskName='task:3'}
DelayedEle{delay=236, expire=1523428917354, taskName='task:1'}
DelayedEle{delay=324, expire=1523428917446, taskName='task:7'}
DelayedEle{delay=340, expire=1523428917461, taskName='task:2'}
DelayedEle{delay=392, expire=1523428917510, taskName='task:0'}
DelayedEle{delay=403, expire=1523428917525, taskName='task:8'}
DelayedEle{delay=416, expire=1523428917538, taskName='task:6'}
```

可见，出队的顺序和 delay 时间有关，而与创建任务的顺序无关。

7.5.4　小结

本节讲解了 DelayQueue 队列（见图 7-34），其内部使用 PriorityQueue 存放数据，使用 ReentrantLock 实现线程同步。另外队列里面的元素要实现 Delayed 接口，其中一个是获取当前元素到过期时间剩余时间的接口，在出队时判断元素是否过期了，一个是元素之间比较的接口，因为这是一个有优先级的队列。

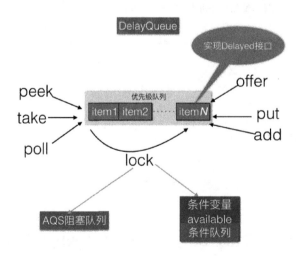

图 7–35

第8章

Java并发包中线程池
ThreadPoolExecutor原理探究

8.1 介绍

线程池主要解决两个问题：一是当执行大量异步任务时线程池能够提供较好的性能。在不使用线程池时，每当需要执行异步任务时直接 new 一个线程来运行，而线程的创建和销毁是需要开销的。线程池里面的线程是可复用的，不需要每次执行异步任务时都重新创建和销毁线程。二是线程池提供了一种资源限制和管理的手段，比如可以限制线程的个数，动态新增线程等。每个 ThreadPoolExecutor 也保留了一些基本的统计数据，比如当前线程池完成的任务数目等。

另外，线程池也提供了许多可调参数和可扩展性接口，以满足不同情境的需要，程序员可以使用更方便的 Executors 的工厂方法，比如 newCachedThreadPool（线程池线程个数最多可达 Integer.MAX_VALUE，线程自动回收）、newFixedThreadPool（固定大小的线程池）和 newSingleThreadExecutor（单个线程）等来创建线程池，当然用户还可以自定义。

8.2 类图介绍

在如图 8-1 所示的类图中，Executors 其实是个工具类，里面提供了好多静态方法，这些方法根据用户选择返回不同的线程池实例。 ThreadPoolExecutor 继承了 AbstractExecutorService，成员变量 ctl 是一个 Integer 的原子变量，用来记录线程池状态和线程池中线程个数，类似于 ReentrantReadWriteLock 使用一个变量来保存两种信息。

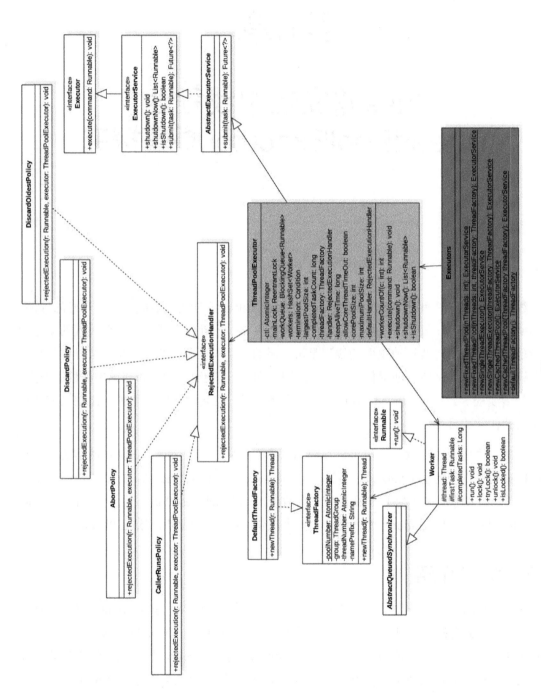

图 8-1

这里假设 Integer 类型是 32 位二进制表示，则其中高 3 位用来表示线程池状态，后面 29 位用来记录线程池线程个数。

```
//（高3位）用来表示线程池状态，（低29位）用来表示线程个数
//默认是RUNNING状态，线程个数为0
private final AtomicInteger ctl = new AtomicInteger(ctlOf(RUNNING, 0));

//线程个数掩码位数，并不是所有平台的int类型都是32位的，所以准确地说，是具体平台下Integer的二进制
位数-3后的剩余位数所表示的数才是线程的个数
private static final int COUNT_BITS = Integer.SIZE - 3;

//线程最大个数(低29位)00011111111111111111111111111111
private static final int CAPACITY   = (1 << COUNT_BITS) - 1;
```

线程池状态：

```
//（高3位）：11100000000000000000000000000000
private static final int RUNNING    = -1 << COUNT_BITS;

//（高3位）：00000000000000000000000000000000
private static final int SHUTDOWN   =  0 << COUNT_BITS;

//（高3位）：00100000000000000000000000000000
private static final int STOP       =  1 << COUNT_BITS;

//（高3位）：01000000000000000000000000000000
private static final int TIDYING    =  2 << COUNT_BITS;

//（高3位）：01100000000000000000000000000000
private static final int TERMINATED =  3 << COUNT_BITS;


// 获取高3位（运行状态）
private static int runStateOf(int c)     { return c & ~CAPACITY; }

//获取低29位（线程个数）
private static int workerCountOf(int c)  { return c & CAPACITY; }

//计算ctl新值（线程状态与线程个数）
private static int ctlOf(int rs, int wc) { return rs | wc; }
```

线程池状态含义如下。

- RUNNING：接受新任务并且处理阻塞队列里的任务。

- SHUTDOWN：拒绝新任务但是处理阻塞队列里的任务。
- STOP：拒绝新任务并且抛弃阻塞队列里的任务，同时会中断正在处理的任务。
- TIDYING：所有任务都执行完（包含阻塞队列里面的任务）后当前线程池活动线程数为 0，将要调用 terminated 方法。
- TERMINATED：终止状态。terminated 方法调用完成以后的状态。

线程池状态转换列举如下。

- RUNNING -> SHUTDOWN：显式调用 shutdown() 方法，或者隐式调用了 finalize() 方法里面的 shutdown() 方法。
- RUNNING 或 SHUTDOWN)-> STOP：显式调用 shutdownNow() 方法时。
- SHUTDOWN -> TIDYING：当线程池和任务队列都为空时。
- STOP -> TIDYING：当线程池为空时。
- TIDYING -> TERMINATED：当 terminated() hook 方法执行完成时。

线程池参数如下。

- corePoolSize：线程池核心线程个数。
- workQueue：用于保存等待执行的任务的阻塞队列，比如基于数组的有界 ArrayBlockingQueue、基于链表的无界 LinkedBlockingQueue、最多只有一个元素的同步队列 SynchronousQueue 及优先级队列 PriorityBlockingQueue 等。
- maximunPoolSize：线程池最大线程数量。
- ThreadFactory：创建线程的工厂。
- RejectedExecutionHandler：饱和策略，当队列满并且线程个数达到 maximunPoolSize 后采取的策略，比如 AbortPolicy（抛出异常）、CallerRunsPolicy（使用调用者所在线程来运行任务）、DiscardOldestPolicy（调用 poll 丢弃一个任务，执行当前任务）及 DiscardPolicy（默默丢弃，不抛出异常）
- keeyAliveTime：存活时间。如果当前线程池中的线程数量比核心线程数量多，并且是闲置状态，则这些闲置的线程能存活的最大时间。
- TimeUnit：存活时间的时间单位。

线程池类型如下。

- newFixedThreadPool：创建一个核心线程个数和最大线程个数都为 nThreads 的线程池，并且阻塞队列长度为 Integer.MAX_VALUE。keeyAliveTime=0 说明只要线程个数比核心线程个数多并且当前空闲则回收。

```java
public static ExecutorService newFixedThreadPool(int nThreads) {
    return new ThreadPoolExecutor(nThreads, nThreads,
                                  0L, TimeUnit.MILLISECONDS,
                                  new LinkedBlockingQueue<Runnable>());
}
//使用自定义线程创建工厂
public static ExecutorService newFixedThreadPool(int nThreads, ThreadFactory
threadFactory) {
    return new ThreadPoolExecutor(nThreads, nThreads,
                                  0L, TimeUnit.MILLISECONDS,
                                  new LinkedBlockingQueue<Runnable>(),
                                  threadFactory);
}
```

- newSingleThreadExecutor：创建一个核心线程个数和最大线程个数都为 1 的线程池，并且阻塞队列长度为 Integer.MAX_VALUE。keeyAliveTime=0 说明只要线程个数比核心线程个数多并且当前空闲则回收。

```java
public static ExecutorService newSingleThreadExecutor() {
    return new FinalizableDelegatedExecutorService
        (new ThreadPoolExecutor(1, 1,
                                0L, TimeUnit.MILLISECONDS,
                                new LinkedBlockingQueue<Runnable>()));
}

//使用自己的线程工厂
public static ExecutorService newSingleThreadExecutor(ThreadFactory
threadFactory) {
    return new FinalizableDelegatedExecutorService
        (new ThreadPoolExecutor(1, 1,
                                0L, TimeUnit.MILLISECONDS,
                                new LinkedBlockingQueue<Runnable>(),
                                threadFactory));
}
```

- newCachedThreadPool：创建一个按需创建线程的线程池，初始线程个数为 0，最多线程个数为 Integer.MAX_VALUE，并且阻塞队列为同步队列。keeyAliveTime=60 说明只要当前线程在 60s 内空闲则回收。这个类型的特殊之处在于，加入同步队列的任务会被马上执行，同步队列里面最多只有一个任务。

```java
public static ExecutorService newCachedThreadPool() {
```

```
            return new ThreadPoolExecutor(0, Integer.MAX_VALUE,
                                        60L, TimeUnit.SECONDS,
                                        new SynchronousQueue<Runnable>());
    }

    //使用自定义的线程工厂
    public static ExecutorService newCachedThreadPool(ThreadFactory threadFactory) {
        return new ThreadPoolExecutor(0, Integer.MAX_VALUE,
                                        60L, TimeUnit.SECONDS,
                                        new SynchronousQueue<Runnable>(),
                                        threadFactory);
    }
```

如上 ThreadPoolExecutor 类图所示，其中 mainLock 是独占锁，用来控制新增 Worker 线程操作的原子性。termination 是该锁对应的条件队列，在线程调用 awaitTermination 时用来存放阻塞的线程。

Worker 继承 AQS 和 Runnable 接口，是具体承载任务的对象。Worker 继承了 AQS，自己实现了简单不可重入独占锁，其中 state=0 表示锁未被获取状态，state=1 表示锁已经被获取的状态，state=–1 是创建 Worker 时默认的状态，创建时状态设置为 –1 是为了避免该线程在运行 runWorker() 方法前被中断，下面会具体讲解。其中变量 firstTask 记录该工作线程执行的第一个任务，thread 是具体执行任务的线程。

DefaultThreadFactory 是线程工厂，newThread 方法是对线程的一个修饰。其中 poolNumber 是个静态的原子变量，用来统计线程工厂的个数，threadNumber 用来记录每个线程工厂创建了多少线程，这两个值也作为线程池和线程的名称的一部分。

8.3 源码分析

8.3.1 public void execute(Runnable command)

execute 方法的作用是提交任务 command 到线程池进行执行。用户线程提交任务到线程池的模型图如图 8-2 所示。

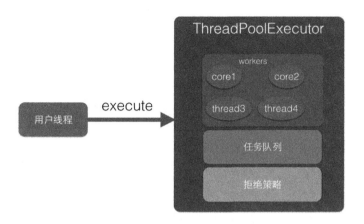

图 8-2

从该图可以看出，ThreadPoolExecutor 的实现实际是一个生产消费模型，当用户添加任务到线程池时相当于生产者生产元素，workers 线程工作集中的线程直接执行任务或者从任务队列里面获取任务时则相当于消费者消费元素。

用户线程提交任务的 execute 方法的具体代码如下。

```java
public void execute(Runnable command) {

    //(1) 如果任务为null，则抛出NPE异常
    if (command == null)
        throw new NullPointerException();

    //（2）获取当前线程池的状态+线程个数变量的组合值
    int c = ctl.get();

    //（3）当前线程池中线程个数是否小于corePoolSize,小于则开启新线程运行
    if (workerCountOf(c) < corePoolSize) {
        if (addWorker(command, true))
            return;
        c = ctl.get();
    }

    //（4）如果线程池处于RUNNING状态，则添加任务到阻塞队列
    if (isRunning(c) && workQueue.offer(command)) {

        //（4.1）二次检查
        int recheck = ctl.get();
```

```
        //（4.2）如果当前线程池状态不是RUNNING则从队列中删除任务，并执行拒绝策略
        if (! isRunning(recheck) && remove(command))
            reject(command);

        //（4.3）否则如果当前线程池为空，则添加一个线程
        else if (workerCountOf(recheck) == 0)
            addWorker(null, false);
    }
    //（5）如果队列满，则新增线程，新增失败则执行拒绝策略
    else if (!addWorker(command, false))
        reject(command);
}
```

代码（3）判断如果当前线程池中线程个数小于 corePoolSize，会向 workers 里面新增一个核心线程（core 线程）执行该任务。

如果当前线程池中线程个数大于等于 corePoolSize 则执行代码（4）。如果当前线程池处于 RUNNING 状态则添加当前任务到任务队列。这里需要判断线程池状态是因为有可能线程池已经处于非 RUNNING 状态，而在非 RUNNING 状态下是要抛弃新任务的。

如果向任务队列添加任务成功，则代码（4.2）对线程池状态进行二次校验，这是因为添加任务到任务队列后，执行代码（4.2）前有可能线程池的状态已经变化了。这里进行二次校验，如果当前线程池状态不是 RUNNING 了则把任务从任务队列移除，移除后执行拒绝策略；如果二次校验通过，则执行代码（4.3）重新判断当前线程池里面是否还有线程，如果没有则新增一个线程。

如果代码（4）添加任务失败，则说明任务队列已满，那么执行代码（5）尝试新开启线程（如图 8-1 中的 thread3 和 thread4）来执行该任务，如果当前线程池中线程个数 >maximumPoolSize 则执行拒绝策略。

下面分析下新增线程的 addWorkder 方法，代码如下。

```
private boolean addWorker(Runnable firstTask, boolean core) {
    retry:
    for (;;) {
        int c = ctl.get();
        int rs = runStateOf(c);

        //（6）检查队列是否只在必要时为空
        if (rs >= SHUTDOWN &&
```

```
        ! (rs == SHUTDOWN &&
          firstTask == null &&
          ! workQueue.isEmpty()))
        return false;

    // (7) 循环CAS增加线程个数
    for (;;) {
        int wc = workerCountOf(c);

        // (7.1) 如果线程个数超限则返回false
        if (wc >= CAPACITY ||
            wc >= (core ? corePoolSize : maximumPoolSize))
            return false;
        // (7.2) CAS增加线程个数，同时只有一个线程成功
        if (compareAndIncrementWorkerCount(c))
            break retry;
        // (7.3) CAS失败了，则看线程池状态是否变化了，变化则跳到外层循环重新尝试获取线程池
            状态，否则内层循环重新CAS。
        c = ctl.get();  // Re-read ctl
        if (runStateOf(c) != rs)
            continue retry;
    }
}

// (8) 到这里说明CAS成功了
boolean workerStarted = false;
boolean workerAdded = false;
Worker w = null;
try {
    // (8.1) 创建worker
    final ReentrantLock mainLock = this.mainLock;
    w = new Worker(firstTask);
    final Thread t = w.thread;
    if (t != null) {

        // (8.2) 加独占锁，为了实现workers同步，因为可能多个线程调用了线程池的execute方法
        mainLock.lock();
        try {

            // (8.3) 重新检查线程池状态，以避免在获取锁前调用了shutdown接口
            int c = ctl.get();
            int rs = runStateOf(c);
```

```
            if (rs < SHUTDOWN ||
                (rs == SHUTDOWN && firstTask == null)) {
                if (t.isAlive()) // precheck that t is startable
                    throw new IllegalThreadStateException();
                // (8.4) 添加任务
                workers.add(w);
                int s = workers.size();
                if (s > largestPoolSize)
                    largestPoolSize = s;
                workerAdded = true;
            }
        } finally {
            mainLock.unlock();
        }
        // (8.5) 添加成功后则启动任务
        if (workerAdded) {
            t.start();
            workerStarted = true;
        }
    }
} finally {
    if (! workerStarted)
        addWorkerFailed(w);
}
return workerStarted;
}
```

代码比较长，主要分两个部分：第一部分双重循环的目的是通过 CAS 操作增加线程数；第二部分主要是把并发安全的任务添加到 workers 里面，并且启动任务执行。

首先来分析第一部分的代码（6）。

```
rs >= SHUTDOWN &&
            ! (rs == SHUTDOWN &&
                firstTask == null &&
                ! workQueue.isEmpty())
```

展开！运算后等价于

```
s >= SHUTDOWN &&
            (rs != SHUTDOWN ||//(I)
         firstTask != null ||//(II)
         workQueue.isEmpty())//(III)
```

也就是说代码（6）在下面几种情况下会返回 false：

- （I）当前线程池状态为 STOP、TIDYING 或 TERMINATED。
- （II）当前线程池状态为 SHUTDOWN 并且已经有了第一个任务。
- （III）当前线程池状态为 SHUTDOWN 并且任务队列为空。

内层循环的作用是使用 CAS 操作增加线程数，代码（7.1）判断如果线程个数超限则返回 false，否则执行代码（7.2）CAS 操作设置线程个数，CAS 成功则退出双循环，CAS 失败则执行代码（7.3）看当前线程池的状态是否变化了，如果变了，则再次进入外层循环重新获取线程池状态，否则进入内层循环继续进行 CAS 尝试。

执行到第二部分的代码（8）时说明使用 CAS 成功地增加了线程个数，但是现在任务还没开始执行。这里使用全局的独占锁来控制把新增的 Worker 添加到工作集 workers 中。代码（8.1）创建了一个工作线程 Worker。

代码（8.2）获取了独占锁，代码（8.3）重新检查线程池状态，这是为了避免在获取锁前其他线程调用了 shutdown 关闭了线程池。如果线程池已经被关闭，则释放锁，新增线程失败，否则执行代码（8.4）添加工作线程到线程工作集，然后释放锁。代码（8.5）判断如果新增工作线程成功，则启动工作线程。

8.3.2　工作线程 Worker 的执行

用户线程提交任务到线程池后，由 Worker 来执行。先看下 Worker 的构造函数。

```
Worker(Runnable firstTask) {
    setState(-1); // 在调用runWorker前禁止中断
    this.firstTask = firstTask;
    this.thread = getThreadFactory().newThread(this);//创建一个线程
}
```

在构造函数内首先设置 Worker 的状态为 –1，这是为了避免当前 Worker 在调用 runWorker 方法前被中断（当其他线程调用了线程池的 shutdownNow 时，如果 Worker 状态 >=0 则会中断该线程）。这里设置了线程的状态为 –1，所以该线程就不会被中断了。在如下 runWorker 代码中，运行代码（9）时会调用 unlock 方法，该方法把 status 设置为了 0，所以这时候调用 shutdownNow 会中断 Worker 线程。

```
final void runWorker(Worker w) {
        Thread wt = Thread.currentThread();
        Runnable task = w.firstTask;
        w.firstTask = null;
```

```
    w.unlock(); //(9)将state设置为0,允许中断
    boolean completedAbruptly = true;
    try {
        //(10)
        while (task != null || (task = getTask()) != null) {

            //(10.1)
            w.lock();
          ...
            try {
                //(10.2)执行任务前干一些事情
                beforeExecute(wt, task);
                Throwable thrown = null;
                try {
                    task.run();//(10.3)执行任务
                } catch (RuntimeException x) {
                    thrown = x; throw x;
                } catch (Error x) {
                    thrown = x; throw x;
                } catch (Throwable x) {
                    thrown = x; throw new Error(x);
                } finally {
                    //(10.4)执行任务完毕后干一些事情
                    afterExecute(task, thrown);
                }
            } finally {
                task = null;
                //(10.5)统计当前Worker完成了多少个任务
                w.completedTasks++;
                w.unlock();
            }
        }
        completedAbruptly = false;
    } finally {

        //(11)执行清理工作
        processWorkerExit(w, completedAbruptly);
    }
}
```

在如上代码(10)中,如果当前 task==null 或者调用 getTask 从任务队列获取的任务返回 null,则跳转到代码(11)执行。如果 task 不为 null 则执行代码(10.1)获取工作线程内部持有的独占锁,然后执行扩展接口代码(10.2)在具体任务执行前做一些事情。代

码（10.3）具体执行任务，代码（10.4）在任务执行完毕后做一些事情，代码（10.5）统计当前 Worker 完成了多少个任务，并释放锁。

这里在执行具体任务期间加锁，是为了避免在任务运行期间，其他线程调用了 shutdown 后正在执行的任务被中断（shutdown 只会中断当前被阻塞挂起的线程）

代码（11）执行清理任务，其代码如下。

```
private void processWorkerExit(Worker w, boolean completedAbruptly) {
    ...

    //(11.1)统计整个线程池完成的任务个数,并从工作集里面删除当前Woker
    final ReentrantLock mainLock = this.mainLock;
    mainLock.lock();
    try {
        completedTaskCount += w.completedTasks;
        workers.remove(w);
    } finally {
        mainLock.unlock();
    }

    //(11.2)尝试设置线程池状态为TERMINATED,如果当前是SHUTDONW状态并且工作队列为空
    //或者当前是STOP状态,当前线程池里面没有活动线程
    tryTerminate();

    //(11.3)如果当前线程个数小于核心个数, 则增加
    int c = ctl.get();
    if (runStateLessThan(c, STOP)) {
        if (!completedAbruptly) {
            int min = allowCoreThreadTimeOut ? 0 : corePoolSize;
            if (min == 0 && ! workQueue.isEmpty())
                min = 1;
            if (workerCountOf(c) >= min)
                return; // replacement not needed
        }
        addWorker(null, false);
    }
}
```

在如上代码中，代码（11.1）统计线程池完成任务个数，并且在统计前加了全局锁。把在当前工作线程中完成的任务累加到全局计数器，然后从工作集中删除当前 Worker。

代码（11.2）判断如果当前线程池状态是 SHUTDOWN 并且工作队列为空，或

者当前线程池状态是 STOP 并且当前线程池里面没有活动线程，则设置线程池状态为 TERMINATED。如果设置为了 TERMINATED 状态，则还需要调用条件变量 termination 的 signalAll（）方法激活所有因为调用线程池的 awaitTermination 方法而被阻塞的线程。

代码（11.3）则判断当前线程池里面线程个数是否小于核心线程个数，如果是则新增一个线程。

8.3.3　shutdown 操作

调用 shutdown 方法后，线程池就不会再接受新的任务了，但是工作队列里面的任务还是要执行的。该方法会立刻返回，并不等待队列任务完成再返回。

```
public void shutdown() {
    final ReentrantLock mainLock = this.mainLock;
    mainLock.lock();
    try {
        //(12)权限检查
        checkShutdownAccess();

        //(13)设置当前线程池状态为SHUTDOWN，如果已经是SHUTDOWN则直接返回
        advanceRunState(SHUTDOWN);

        //(14)设置中断标志
        interruptIdleWorkers();
        onShutdown();
    } finally {
        mainLock.unlock();
    }
    //(15)尝试将状态变为TERMINATED
    tryTerminate();
}
```

在如上代码中，代码（12）检查看是否设置了安全管理器，是则看当前调用 shutdown 命令的线程是否有关闭线程的权限，如果有权限则还要看调用线程是否有中断工作线程的权限，如果没有权限则抛出 SecurityException 或者 NullPointerException 异常。

其中代码（13）的内容如下，如果当前线程池状态 >=SHUTDOWN 则直接返回，否则设置为 SHUTDOWN 状态。

```
private void advanceRunState(int targetState) {
```

```
    for (;;) {
        int c = ctl.get();
        if (runStateAtLeast(c, targetState) ||
            ctl.compareAndSet(c, ctlOf(targetState, workerCountOf(c))))
            break;
    }
}
```

代码（14）的内容如下，其设置所有空闲线程的中断标志。这里首先加了全局锁，同时只有一个线程可以调用 shutdown 方法设置中断标志。然后尝试获取 Worker 自己的锁，获取成功则设置中断标志。由于正在执行的任务已经获取了锁，所以正在执行的任务没有被中断。这里中断的是阻塞到 getTask() 方法并企图从队列里面获取任务的线程，也就是空闲线程。

```
private void interruptIdleWorkers(boolean onlyOne) {
    final ReentrantLock mainLock = this.mainLock;
    mainLock.lock();
    try {
        for (Worker w : workers) {
            Thread t = w.thread;
            //如果工作线程没有被中断，并且没有正在运行则设置中断标志
            if (!t.isInterrupted() && w.tryLock()) {
                try {
                    t.interrupt();
                } catch (SecurityException ignore) {
                } finally {
                    w.unlock();
                }
            }
            if (onlyOne)
                break;
        }
    } finally {
        mainLock.unlock();
    }
}

final void tryTerminate() {
        for (;;) {
            ...
            int c = ctl.get();
            ...
```

```
        final ReentrantLock mainLock = this.mainLock;
        mainLock.lock();
        try {//设置当前线程池状态为TIDYING
            if (ctl.compareAndSet(c, ctlOf(TIDYING, 0))) {
                try {
                    terminated();
                } finally {
                    //设置当前线程池状态为TERMINATED
                    ctl.set(ctlOf(TERMINATED, 0));
                    //激活因调用条件变量termination的await系列方法而被阻塞的所有线程
                    termination.signalAll();
                }
                return;
            }
        } finally {
            mainLock.unlock();
        }
    }
}
```

在如上代码中，首先使用 CAS 设置当前线程池状态为 TIDYING，如果设置成功则执行扩展接口 terminated 在线程池状态变为 TERMINATED 前做一些事情，然后设置当前线程池状态为 TERMINATED。最后调用 termination.signalAll() 激活因调用条件变量 termination 的 await 系列方法而被阻塞的所有线程，关于这一点随后讲到 awaitTermination 方法时具体讲解。

8.3.4 shutdownNow 操作

调用 shutdownNow 方法后，线程池就不会再接受新的任务了，并且会丢弃工作队列里面的任务，正在执行的任务会被中断，该方法会立刻返回，并不等待激活的任务执行完成。返回值为这时候队列里面被丢弃的任务列表。

```
public List<Runnable> shutdownNow() {


    List<Runnable> tasks;
    final ReentrantLock mainLock = this.mainLock;
    mainLock.lock();
    try {
        checkShutdownAccess();//（16）权限检查
        advanceRunState(STOP);//（17）设置线程池状态为STOP
```

```
        interruptWorkers();//(18)中断所有线程
        tasks = drainQueue();//（19）将队列任务移动到tasks中
    } finally {
        mainLock.unlock();
    }
    tryTerminate();
    return tasks;
}
```

在如上代码中，首先调用代码（16）检查权限，然后调用代码（17）设置当前线程池状态为 STOP，随后执行代码（18）中断所有的工作线程。这里需要注意的是，中断的所有线程包含空闲线程和正在执行任务的线程。

```
private void interruptWorkers() {
    final ReentrantLock mainLock = this.mainLock;
    mainLock.lock();
    try {
        for (Worker w : workers)
            w.interruptIfStarted();
    } finally {
        mainLock.unlock();
    }
}
```

然后代码（19）将当前任务队列里面的任务移动到 tasks 列表。

8.3.5　awaitTermination 操作

当线程调用 awaitTermination 方法后，当前线程会被阻塞，直到线程池状态变为 TERMINATED 才返回，或者等待时间超时才返回。整个过程中独占锁的代码如下。

```
public boolean awaitTermination(long timeout, TimeUnit unit)
    throws InterruptedException {
    long nanos = unit.toNanos(timeout);
    final ReentrantLock mainLock = this.mainLock;
    mainLock.lock();
    try {
        for (;;) {
            if (runStateAtLeast(ctl.get(), TERMINATED))
                return true;
            if (nanos <= 0)
                return false;
            nanos = termination.awaitNanos(nanos);
```

```
        }
    } finally {
        mainLock.unlock();
    }
}
```

如上代码首先获取独占锁，然后在无限循环内部判断当前线程池状态是否至少是 TERMINATED 状态，如果是则直接返回，否则说明当前线程池里面还有线程在执行，则看设置的超时时间 nanos 是否小于 0，小于 0 则说明不需要等待，那就直接返回，如果大于 0 则调用条件变量 termination 的 awaitNanos 方法等待 nanos 时间，期望在这段时间内线程池状态变为 TERMINATED。

在讲解 shutdown 方法时提到过，当线程池状态变为 TERMINATED 时，会调用 termination.signalAll() 用来激活调用条件变量 termination 的 await 系列方法被阻塞的所有线程，所以如果在调用 awaitTermination 之后又调用了 shutdown 方法，并且在 shutdown 内部将线程池状态设置为 TERMINATED，则 termination.awaitNanos 方法会返回。

另外在工作线程 Worker 的 runWorker 方法内，当工作线程运行结束后，会调用 processWorkerExit 方法，在 processWorkerExit 方法内部也会调用 tryTerminate 方法测试当前是否应该把线程池状态设置为 TERMINATED，如果是，则也会调用 termination. signalAll() 用来激活调用线程池的 awaitTermination 方法而被阻塞的线程。

而且当等待时间超时后，termination.awaitNanos 也会返回，这时候会重新检查当前线程池状态是否为 TERMINATED，如果是则直接返回，否则继续阻塞挂起自己。

8.4 总结

线程池巧妙地使用一个 Integer 类型的原子变量来记录线程池状态和线程池中的线程个数。通过线程池状态来控制任务的执行，每个 Worker 线程可以处理多个任务。线程池通过线程的复用减少了线程创建和销毁的开销。

第9章

Java并发包中
ScheduledThreadPoolExecutor原理探究

9.1　介绍

前面讲解了 Java 中线程池 ThreadPoolExecutor 的原理，ThreadPoolExecutor 只是 Executors 工具类的一部分功能。下面来介绍另外一部分功能，也就是 ScheduledThreadPoolExecutor 的实现，这是一个可以在指定一定延迟时间后或者定时进行任务调度执行的线程池。

9.2　类图介绍

类图结构如图 9-1 所示。

Executors 其实是个工具类，它提供了好多静态方法，可根据用户的选择返回不同的线程池实例。 ScheduledThreadPoolExecutor 继承了 ThreadPoolExecutor 并实现了 ScheduledExecutorService 接口。线程池队列是 DelayedWorkQueue，其和 DelayedQueue 类似，是一个延迟队列。

ScheduledFutureTask 是具有返回值的任务，继承自 FutureTask。FutureTask 的内部有一个变量 state 用来表示任务的状态，一开始状态为 NEW，所有状态为

```
private static final int NEW          = 0;//初始状态
private static final int COMPLETING   = 1;//执行中状态
private static final int NORMAL       = 2;//正常运行结束状态
private static final int EXCEPTIONAL  = 3;//运行中异常
private static final int CANCELLED    = 4;//任务被取消
private static final int INTERRUPTING = 5;//任务正在被中断
private static final int INTERRUPTED  = 6;//任务已经被中断
```

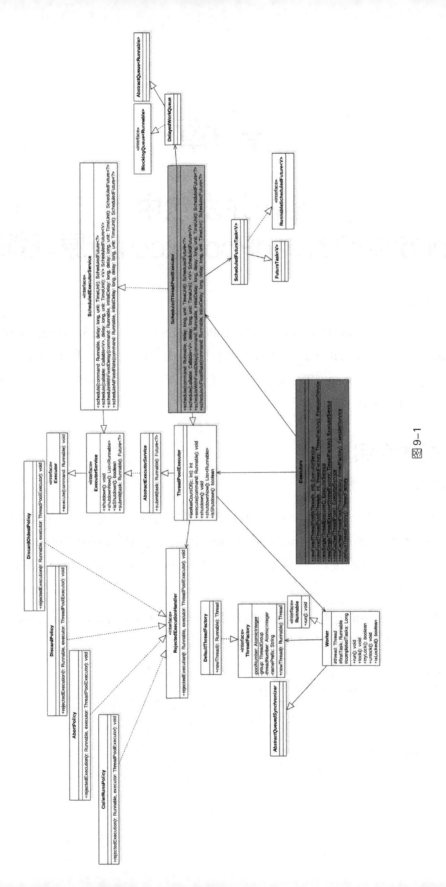

图 9-1

可能的任务状态转换路径为

```
NEW -> COMPLETING -> NORMAL //初始状态->执行中->正常结束
NEW -> COMPLETING -> EXCEPTIONAL//初始状态->执行中->执行异常
NEW -> CANCELLED//初始状态->任务取消
NEW -> INTERRUPTING -> INTERRUPTED//初始状态->被中断中->被中断
```

ScheduledFutureTask 内部还有一个变量 period 用来表示任务的类型，任务类型如下：

- period=0，说明当前任务是一次性的，执行完毕后就退出了。
- period 为负数，说明当前任务为 fixed-delay 任务，是固定延迟的定时可重复执行任务。
- period 为正数，说明当前任务为 fixed-rate 任务，是固定频率的定时可重复执行任务。

ScheduledThreadPoolExecutor 的一个构造函数如下，由该构造函数可知线程池队列是 DelayedWorkQueue。

```
//使用改造后的Delayqueue
public ScheduledThreadPoolExecutor(int corePoolSize) {
    //调用父类ThreadPoolExecutor的构造函数
    super(corePoolSize, Integer.MAX_VALUE, 0, TimeUnit.NANOSECONDS,
        new DelayedWorkQueue());
}


public ThreadPoolExecutor(int corePoolSize,
                          int maximumPoolSize,
                          long keepAliveTime,
                          TimeUnit unit,
                          BlockingQueue<Runnable> workQueue) {
    this(corePoolSize, maximumPoolSize, keepAliveTime, unit, workQueue,
        Executors.defaultThreadFactory(), defaultHandler);
}
```

9.3　原理剖析

本节讲解三个重要函数。

- schedule(Runnable command, long delay,TimeUnit unit)
- scheduleWithFixedDelay(Runnable command,long initialDelay,long delay,TimeUnit unit)
- scheduleAtFixedRate(Runnable command,long initialDelay,long period,TimeUnit unit)

9.3.1 schedule(Runnable command, long delay,TimeUnit unit) 方法

该方法的作用是提交一个延迟执行的任务，任务从提交时间算起延迟单位为 unit 的 delay 时间后开始执行。提交的任务不是周期性任务，任务只会执行一次，代码如下。

```
public ScheduledFuture<?> schedule(Runnable command,
                                   long delay,
                                   TimeUnit unit) {
    //(1)参数校验
    if (command == null || unit == null)
        throw new NullPointerException();

    //（2）任务转换
    RunnableScheduledFuture<?> t = decorateTask(command,
        new ScheduledFutureTask<Void>(command, null,
                                      triggerTime(delay, unit)));
    //（3）添加任务到延迟队列
    delayedExecute(t);
    return t;
}
```

I. 如上代码（1）进行参数校验，如果 command 或者 unit 为 null，则抛出 NPE 异常。

II. 代码（2）装饰任务，把提交的 command 任务转换为 ScheduledFutureTask。ScheduledFutureTask 是具体放入延迟队列里面的东西。由于是延迟任务，所以 ScheduledFutureTask 实现了 long getDelay(TimeUnit unit) 和 int compareTo(Delayed other) 方法。triggerTime 方法将延迟时间转换为绝对时间，也就是把当前时间的纳秒数加上延迟的纳秒数后的 long 型值。ScheduledFutureTask 的构造函数如下。

```
ScheduledFutureTask(Runnable r, V result, long ns) {
    //调用父类FutureTask的构造函数
    super(r, result);
    this.time = ns;
    this.period = 0;//period为0，说明为一次性任务
    this.sequenceNumber = sequencer.getAndIncrement();
}
```

在构造函数内部首先调用了父类 FutureTask 的构造函数，父类 FutureTask 的构造函数代码如下。

```
//通过适配器把runnable转换为callable
```

```
public FutureTask(Runnable runnable, V result) {
    this.callable = Executors.callable(runnable, result);
    this.state = NEW;            //设置当前任务状态为NEW
}
```

FutureTask 中的任务被转换为 Callable 类型后，被保存到了变量 this.callable 里面，并设置 FutureTask 的任务状态为 NEW。

然后在 ScheduledFutureTask 构造函数内部设置 time 为上面说的绝对时间。需要注意，这里 period 的值为 0，这说明当前任务为一次性的任务，不是定时反复执行任务。其中 long getDelay(TimeUnit unit) 方法的代码如下（该方法用来计算当前任务还有多少时间就过期了）。

```
//元素过期算法，装饰后时间-当前时间，就是即将过期剩余时间
public long getDelay(TimeUnit unit) {
    return unit.convert(time - now(), NANOSECONDS);
}
```

compareTo(Delayed other) 方法的代码如下：

```
public int compareTo(Delayed other) {
    if (other == this) // compare zero ONLY if same object
        return 0;
    if (other instanceof ScheduledFutureTask) {
        ScheduledFutureTask<?> x = (ScheduledFutureTask<?>)other;
        long diff = time - x.time;
        if (diff < 0)
            return -1;
        else if (diff > 0)
            return 1;
        else if (sequenceNumber < x.sequenceNumber)
            return -1;
        else
            return 1;
    }
    long d = (getDelay(TimeUnit.NANOSECONDS) -
                other.getDelay(TimeUnit.NANOSECONDS));
    return (d == 0) ? 0 : ((d < 0) ? -1 : 1);
}
```

compareTo 的作用是加入元素到延迟队列后，在内部建立或者调整堆时会使用该元素的 compareTo 方法与队列里面其他元素进行比较，让最快要过期的元素放到队首。所以无

论什么时候向队列里面添加元素，队首的元素都是最快要过期的元素。

III. 代码（3）将任务添加到延迟队列，delayedExecute 的代码如下。

```
private void delayedExecute(RunnableScheduledFuture<?> task) {

    //(4)如果线程池关闭了，则执行线程池拒绝策略
    if (isShutdown())
        reject(task);
    else {
        //(5)添加任务到延迟队列
        super.getQueue().add(task);

        //（6）再次检查线程池状态
        if (isShutdown() &&
            !canRunInCurrentRunState(task.isPeriodic()) &&
            remove(task))
            task.cancel(false);
        else
            //（7）确保至少一个线程在处理任务
            ensurePrestart();
    }
}
```

IV. 代码（4）首先判断当前线程池是否已经关闭了，如果已经关闭则执行线程池的拒绝策略，否则执行代码（5）将任务添加到延迟队列。添加完毕后还要重新检查线程池是否被关闭了，如果已经关闭则从延迟队列里面删除刚才添加的任务，但是此时有可能线程池中的线程已经从任务队列里面移除了该任务，也就是该任务已经在执行了，所以还需要调用任务的 cancle 方法取消任务。

V. 如果代码（6）判断结果为 false，则会执行代码（7）确保至少有一个线程在处理任务，即使核心线程数 corePoolSize 被设置为 0。ensurePrestart 的代码如下。

```
void ensurePrestart() {
    int wc = workerCountOf(ctl.get());
    //增加核心线程数
    if (wc < corePoolSize)
        addWorker(null, true);
    //如果初始化corePoolSize==0，则也添加一个线程。
    else if (wc == 0)
        addWorker(null, false);
    }
```

如上代码首先获取线程池中的线程个数，如果线程个数小于核心线程数则新增一个线程，否则如果当前线程数为 0 则新增一个线程。

上面我们分析了如何向延迟队列添加任务，下面我们来看线程池里面的线程如何获取并执行任务。在前面讲解 ThreadPoolExecutor 时我们说过，具体执行任务的线程是 Worker 线程，Worker 线程调用具体任务的 run 方法来执行。由于这里的任务是 ScheduledFutureTask，所以我们下面看看 ScheduledFutureTask 的 run 方法。

```
public void run() {

    //（8）是否只执行一次
    boolean periodic = isPeriodic();

    //（9）取消任务
    if (!canRunInCurrentRunState(periodic))
        cancel(false);
    //（10）只执行一次，调用schedule方法时候
    else if (!periodic)
        ScheduledFutureTask.super.run();

    //（11）定时执行
    else if (ScheduledFutureTask.super.runAndReset()) {
        //（11.1）设置time=time+period
        setNextRunTime();

        //（11.2）重新加入该任务到delay队列
        reExecutePeriodic(outerTask);
    }
}
```

VI. 代码（8）中的 isPeriodic 的作用是判断当前任务是一次性任务还是可重复执行的任务，isPeriodic 的代码如下。

```
    public boolean isPeriodic() {
        return period != 0;
    }
```

可以看到，其内部是通过 period 的值来判断的，由于转换任务在创建 ScheduledFutureTask 时传递的 period 的值为 0，所以这里 isPeriodic 返回 false。

VII. 代码（9）判断当前任务是否应该被取消，canRunInCurrentRunState 的代码如下。

```
boolean canRunInCurrentRunState(boolean periodic) {
```

```
return isRunningOrShutdown(periodic ?
                          continueExistingPeriodicTasksAfterShutdown :
                          executeExistingDelayedTasksAfterShutdown);
}
```

这里传递的 periodic 的值为 false，所以 isRunningOrShutdown 的参数为 executeExistingDelayedTasksAfterShutdown。executeExistingDelayedTasksAfterShutdown 默认为 true，表示当其他线程调用了 shutdown 命令关闭了线程池后，当前任务还是要执行，否则如果为 false，则当前任务要被取消。

VIII. 由于 periodic 的值为 false，所以执行代码（10）调用父类 FutureTask 的 run 方法具体执行任务。FutureTask 的 run 方法的代码如下。

```
public void run() {
    //(12)
    if (state != NEW ||
        !UNSAFE.compareAndSwapObject(this, runnerOffset,
                                    null, Thread.currentThread()))
        return;

    //(13)
    try {

        Callable<V> c = callable;
        if (c != null && state == NEW) {
            V result;
            boolean ran;
            try {
                result = c.call();
                ran = true;
            } catch (Throwable ex) {
                result = null;
                ran = false;
                //(13.1)
                setException(ex);
            }
            //(13.2)
            if (ran)
                set(result);
        }
    } finally {
        ...
    }
```

```
}
```

代码（12）判断如果任务状态不是 NEW 则直接返回，或者如果当前任务状态为 NEW 但是使用 CAS 设置当前任务的持有者为当前线程失败则直接返回。代码（13）具体调用 callable 的 call 方法执行任务。这里在调用前又判断了任务的状态是否为 NEW，是为了避免在执行代码（12）后其他线程修改了任务的状态（比如取消了该任务）。

如果任务执行成功则执行代码（13.2）修改任务状态，set 方法的代码如下。

```
protected void set(V v) {
    //如果当前任务的状态为NEW，则设置为COMPLETING
    if (UNSAFE.compareAndSwapInt(this, stateOffset, NEW, COMPLETING)) {
        outcome = v;
        //设置当前任务的状态为NORMAL，也就是任务正常结束
        UNSAFE.putOrderedInt(this, stateOffset, NORMAL); // final state
        finishCompletion();
    }
}
```

如上代码首先使用 CAS 将当前任务的状态从 NEW 转换到 COMPLETING。这里当有多个线程调用时只有一个线程会成功。成功的线程再通过 UNSAFE.putOrderedInt 设置任务的状态为正常结束状态，这里没有使用 CAS 是因为对于同一个任务只可能有一个线程运行到这里。在这里使用 putOrderedInt 比使用 CAS 或者 putLongvolatile 效率要高，并且这里的场景不要求其他线程马上对设置的状态值可见。

请思考个问题，在什么时候多个线程会同时执行 CAS 将当前任务的状态从 NEW 转换到 COMPLETING？其实当同一个 command 被多次提交到线程池时就会存在这样的情况，因为同一个任务共享一个状态值 state。

如果任务执行失败，则执行代码（13.1）。setException 的代码如下，可见与 set 函数类似。

```
protected void setException(Throwable t) {
    //如果当前任务的状态为NEW，则设置为COMPLETING
    if (UNSAFE.compareAndSwapInt(this, stateOffset, NEW, COMPLETING)) {
        outcome = t;

        //设置当前任务的状态为EXCEPTIONAL，也就是任务非正常结束
        UNSAFE.putOrderedInt(this, stateOffset, EXCEPTIONAL);
finishCompletion();
    }
}
```

到这里代码（10）的逻辑执行完毕，一次性任务也就执行完毕了，

下面会讲到，如果任务是可重复执行的，则不会执行代码（10）而是执行代码（11）。

9.3.2　scheduleWithFixedDelay(Runnable command,long initialDelay, long delay,TimeUnit unit) 方法

该方法的作用是，当任务执行完毕后，让其延迟固定时间后再次运行（fixed-delay 任务）。其中 initialDelay 表示提交任务后延迟多少时间开始执行任务 command，delay 表示当任务执行完毕后延长多少时间后再次运行 command 任务，unit 是 initialDelay 和 delay 的时间单位。任务会一直重复运行直到任务运行中抛出了异常，被取消了，或者关闭了线程池。scheduleWithFixedDelay 的代码如下。

```
public ScheduledFuture<?> scheduleWithFixedDelay(Runnable command,
                                                 long initialDelay,
                                                 long delay,
                                                 TimeUnit unit) {
    //(14)参数校验
    if (command == null || unit == null)
        throw new NullPointerException();
    if (delay <= 0)
        throw new IllegalArgumentException();

    //（15）任务转换,注意这里是period=-delay<0
    ScheduledFutureTask<Void> sft =
        new ScheduledFutureTask<Void>(command,
                                      null,
                                      triggerTime(initialDelay, unit),
                                      unit.toNanos(-delay));
    RunnableScheduledFuture<Void> t = decorateTask(command, sft);
    sft.outerTask = t;
    //（16）添加任务到队列
    delayedExecute(t);
    return t;
}
```

代码（14）进行参数校验，校验失败则抛出异常，代码（15）将 command 任务转换为 ScheduledFutureTask。这里需要注意的是，传递给 ScheduledFutureTask 的 period 变量的值为 -delay，period<0 说明该任务为可重复执行的任务。然后代码（16）添加任务到延迟队列后返回。

将任务添加到延迟队列后线程池线程会从队列里面获取任务，然后调用
ScheduledFutureTask 的 run 方法执行。由于这里 period<0，所以 isPeriodic 返回 true，所以
执行代码（11）。runAndReset 的代码如下。

```
protected boolean runAndReset() {
    //(17)
    if (state != NEW ||
        !UNSAFE.compareAndSwapObject(this, runnerOffset,
                                     null, Thread.currentThread()))
        return false;

    //(18)
    boolean ran = false;
    int s = state;
    try {
        Callable<V> c = callable;
        if (c != null && s == NEW) {
            try {
                c.call(); // don't set result
                ran = true;
            } catch (Throwable ex) {
                setException(ex);
            }
        }
    } finally {

        ...

    }
    return ran && s == NEW;//(19)
}
```

该代码和 FutureTask 的 run 方法类似，只是任务正常执行完毕后不会设置任务的状
态，这样做是为了让任务成为可重复执行的任务。这里多了代码（19），这段代码判断
如果当前任务正常执行完毕并且任务状态为 NEW 则返回 true，否则返回 false。如果
返回了 true 则执行代码（11.1）的 setNextRunTime 方法设置该任务下一次的执行时间。
setNextRunTime 的代码如下。

```
private void setNextRunTime() {
    long p = period;
    if (p > 0)//fixed-rate类型任务
        time += p;
```

```
else//fixed-delay类型任务
    time = triggerTime(-p);
}
```

这里 p<0 说明当前任务为 fixed-delay 类型任务。然后设置 time 为当前时间加上 -p 的时间，也就是延迟 -p 时间后再次执行。

总结：本节介绍的 fixed-delay 类型的任务的执行原理为，当添加一个任务到延迟队列后，等待 initialDelay 时间，任务就会过期，过期的任务就会被从队列移除，并执行。执行完毕后，会重新设置任务的延迟时间，然后再把任务放入延迟队列，循环往复。需要注意的是，如果一个任务在执行中抛出了异常，那么这个任务就结束了，但是不影响其他任务的执行。

9.3.3 scheduleAtFixedRate(Runnable command,long initialDelay,long period,TimeUnit unit) 方法

该方法相对起始时间点以固定频率调用指定的任务（fixed-rate 任务）。当把任务提交到线程池并延迟 initialDelay 时间（时间单位为 unit）后开始执行任务 command。然后从 initialDelay+period 时间点再次执行，而后在 initialDelay + 2 * period 时间点再次执行，循环往复，直到抛出异常或者调用了任务的 cancel 方法取消了任务，或者关闭了线程池。scheduleAtFixedRate 的原理与 scheduleWithFixedDelay 类似，下面我们讲下它们之间的不同点。首先调用 scheduleAtFixedRate 的代码如下。

```
public ScheduledFuture<?> scheduleAtFixedRate(Runnable command,
                                              long initialDelay,
                                              long period,
                                              TimeUnit unit) {
    ...
    //装饰任务类, 注意period=period>0, 不是负的
    ScheduledFutureTask<Void> sft =
        new ScheduledFutureTask<Void>(command,
                                      null,
                                      triggerTime(initialDelay, unit),
                                      unit.toNanos(period));
    ...
    return t;
}
```

在如上代码中，在将 fixed-rate 类型的任务 command 转换为 ScheduledFutureTask 时设

置 period=period，不再是 -period。

所以当前任务执行完毕后，调用 setNextRunTime 设置任务下次执行的时间时执行的是 time += p 而不再是 time = triggerTime(-p)。

总结：相对于 fixed-delay 任务来说，fixed-rate 方式执行规则为，时间为 initdelday + n*period 时启动任务，但是如果当前任务还没有执行完，下一次要执行任务的时间到了，则不会并发执行，下次要执行的任务会延迟执行，要等到当前任务执行完毕后再执行。

9.4　总结

本章讲解了 ScheduledThreadPoolExecutor 的实现原理，如图 9-2 所示，其内部使用 DelayQueue 来存放具体任务。任务分为三种，其中一次性执行任务执行完毕就结束了，fixed-delay 任务保证同一个任务在多次执行之间间隔固定时间，fixed-rate 任务保证按照固定的频率执行。任务类型使用 period 的值来区分。

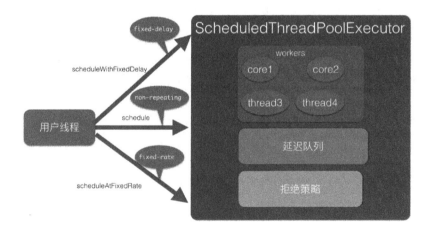

图 9-2

第10章

Java并发包中线程同步器原理剖析

10.1 CountDownLatch 原理剖析

10.1.1 案例介绍

在日常开发中经常会遇到需要在主线程中开启多个线程去并行执行任务，并且主线程需要等待所有子线程执行完毕后再进行汇总的场景。在 CountDownLatch 出现之前一般都使用线程的 join() 方法来实现这一点，但是 join 方法不够灵活，不能够满足不同场景的需要，所以 JDK 开发组提供了 CountDownLatch 这个类，我们前面介绍的例子使用 CountDownLatch 会更优雅。使用 CountDownLatch 的代码如下：

```
public class JoinCountDownLatch {

    // 创建一个CountDownLatch实例
    private static volatile CountDownLatch countDownLatch = new CountDownLatch(2);

    public static void main(String[] args) throws InterruptedException {

        Thread threadOne = new Thread(new Runnable() {

            @Override
            public void run() {

                try {
                    Thread.sleep(1000);
                System.out.println("child threadOne over!");
                } catch (InterruptedException e) {
```

```
            // TODO Auto-generated catch block
            e.printStackTrace();
        }finally {
            countDownLatch.countDown();
        }


    }
});

Thread threadTwo = new Thread(new Runnable() {

    @Override
    public void run() {

        try {
            Thread.sleep(1000);
        System.out.println("child threadTwo over!");
        } catch (InterruptedException e) {
            // TODO Auto-generated catch block
            e.printStackTrace();
        }finally {
            countDownLatch.countDown();
        }


    }
});

// 启动子线程
threadOne.start();
threadTwo.start();

System.out.println("wait all child thread over!");

// 等待子线程执行完毕, 返回
countDownLatch.await();

System.out.println("all child thread over!");

    }
}
```

输出结果如下。

```
<terminated> JoinCountDownLatch [Java Application] /Library/Java/JavaVirtualMachines/jdk1.8.0_101.jdk/Contents/Home/bin/java
wait all child thread over!|
child threadOne over!
child threadTwo over!
all child thread over!
```

在如上代码中，创建了一个 CountDownLatch 实例，因为有两个子线程所以构造函数的传参为 2。主线程调用 countDownLatch.await（）方法后会被阻塞。子线程执行完毕后调用 countDownLatch.countDown() 方法让 countDownLatch 内部的计数器减 1，所有子线程执行完毕并调用 countDown（）方法后计数器会变为 0，这时候主线程的 await（）方法才会返回。

其实上面的代码还不够优雅，在项目实践中一般都避免直接操作线程，而是使用 ExecutorService 线程池来管理。使用 ExecutorService 时传递的参数是 Runable 或者 Callable 对象，这时候你没有办法直接调用这些线程的 join（）方法，这就需要选择使用 CountDownLatch 了。将上面代码修改为如下：

```
public class JoinCountDownLatch2 {
    // 创建一个CountDownLatch实例
    private static CountDownLatch countDownLatch = new CountDownLatch(2);

    public static void main(String[] args) throws InterruptedException {
        ExecutorService executorService = Executors.newFixedThreadPool(2);
        // 将线程A添加到线程池
        executorService.submit(new Runnable() {
            public void run() {
                try {
                    Thread.sleep(1000);
                    System.out.println("child threadOne over!");
                } catch (InterruptedException e) {
                    // TODO Auto-generated catch block
                    e.printStackTrace();
                } finally {
                    countDownLatch.countDown();
                }
            }
        });
        // 将线程B添加到线程池
        executorService.submit(new Runnable() {
```

```
        public void run() {
            try {
                Thread.sleep(1000);
            System.out.println("child threadTwo over!");
            } catch (InterruptedException e) {
                // TODO Auto-generated catch block
                e.printStackTrace();
            }finally {
                countDownLatch.countDown();
            }
        }
    });
    System.out.println("wait all child thread over!");
    // 等待子线程执行完毕，返回
    countDownLatch.await();
    System.out.println("all child thread over!");
    executorService.shutdown();
    }
}
```

输出结果如下。

```
<terminated> CountDownLacth2 [Java Application] /Library/Java/JavaVirtualMachines/jdk1.8.0_101.jdk/Contents/Home/bin/java
wait all child thread over!
child threadOne over!
child threadTwo over!
all child thread over!
```

这里总结下CountDownLatch与join方法的区别。一个区别是，调用一个子线程的join()方法后，该线程会一直被阻塞直到子线程运行完毕，而CountDownLatch则使用计数器来允许子线程运行完毕或者在运行中递减计数，也就是CountDownLatch可以在子线程运行的任何时候让await方法返回而不一定必须等到线程结束。另外，使用线程池来管理线程时一般都是直接添加Runable到线程池，这时候就没有办法再调用线程的join方法了，就是说countDownLatch相比join方法让我们对线程同步有更灵活的控制。

10.1.2 实现原理探究

从CountDownLatch的名字就可以猜测其内部应该有个计数器，并且这个计数器是递减的。下面就通过源码看看JDK开发组在何时初始化计数器，在何时递减计数器，当计数器变为0时做了什么操作，多个线程是如何通过计时器值实现同步的。为了一览CountDownLatch的内部结构，我们先看它的类图（如图10-1所示）。

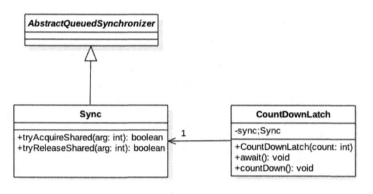

图 10-1

从类图可以看出，CountDownLatch 是使用 AQS 实现的。通过下面的构造函数，你会发现，实际上是把计数器的值赋给了 AQS 的状态变量 state，也就是这里使用 AQS 的状态值来表示计数器值。

```
public CountDownLatch(int count) {
    if (count < 0) throw new IllegalArgumentException("count < 0");
    this.sync = new Sync(count);
}

Sync(int count) {
    setState(count);
}
```

下面我们来研究 CountDownLatch 中的几个重要的方法，看它们是如何调用 AQS 来实现功能的。

1. void await() 方法

当线程调用 CountDownLatch 对象的 await 方法后，当前线程会被阻塞，直到下面的情况之一发生才会返回：当所有线程都调用了 CountDownLatch 对象的 countDown 方法后，也就是计数器的值为 0 时；其他线程调用了当前线程的 interrupt（）方法中断了当前线程，当前线程就会抛出 InterruptedException 异常，然后返回。

下面看下在 await() 方法内部是如何调用 AQS 的方法的。

```
//CountDownLatch的await（）方法
public void await() throws InterruptedException {
    sync.acquireSharedInterruptibly(1);
```

```
}
```

从以上代码可以看到，await() 方法委托 sync 调用了 AQS 的 acquireSharedInterruptibly 方法，后者的代码如下：

```
//AQS获取共享资源时可被中断的方法
public final void acquireSharedInterruptibly(int arg)
        throws InterruptedException {
    //如果线程被中断则抛出异常
    if (Thread.interrupted())
        throw new InterruptedException();
    //查看当前计数器值是否为0，为0则直接返回，否则进入AQS的队列等待
    if (tryAcquireShared(arg) < 0)
        doAcquireSharedInterruptibly(arg);
}


//sync类实现的AQS的接口
protected int tryAcquireShared(int acquires) {
        return (getState() == 0) ? 1 : -1;
    }
```

由如上代码可知，该方法的特点是线程获取资源时可以被中断，并且获取的资源是共享资源。acquireSharedInterruptibly 首先判断当前线程是否已被中断，若是则抛出异常，否则调用 sync 实现的 tryAcquireShared 方法查看当前状态值（计数器值）是否为 0，是则当前线程的 await() 方法直接返回，否则调用 AQS 的 doAcquireSharedInterruptibly 方法让当前线程阻塞。另外可以看到，这里 tryAcquireShared 传递的 arg 参数没有被用到，调用 tryAcquireShared 的方法仅仅是为了检查当前状态值是不是为 0，并没有调用 CAS 让当前状态值减 1。

2. boolean await(long timeout, TimeUnit unit) 方法

当线程调用了 CountDownLatch 对象的该方法后，当前线程会被阻塞，直到下面的情况之一发生才会返回：当所有线程都调用了 CountDownLatch 对象的 countDown 方法后，也就是计数器值为 0 时，这时候会返回 true；设置的 timeout 时间到了，因为超时而返回 false；其他线程调用了当前线程的 interrupt（）方法中断了当前线程，当前线程会抛出 InterruptedException 异常，然后返回。

```
public boolean await(long timeout, TimeUnit unit)
    throws InterruptedException {
```

```
        return sync.tryAcquireSharedNanos(1, unit.toNanos(timeout));
    }
```

3. void countDown() 方法

线程调用该方法后，计数器的值递减，递减后如果计数器值为 0 则唤醒所有因调用 await 方法而被阻塞的线程，否则什么都不做。下面看下 countDown() 方法是如何调用 AQS 的方法的。

```
//CountDownLatch的countDown()方法
public void countDown() {
    //委托sync调用AQS的方法
    sync.releaseShared(1);
}
```

由如上代码可知，CountDownLatch 的 countDown（）方法委托 sync 调用了 AQS 的 releaseShared 方法，后者的代码如下。

```
//AQS的方法
public final boolean releaseShared(int arg) {
    //调用sync实现的tryReleaseShared
    if (tryReleaseShared(arg)) {
        //AQS的释放资源方法
        doReleaseShared();
        return true;
    }
    return false;
}
```

在如上代码中，releaseShared 首先调用了 sync 实现的 AQS 的 tryReleaseShared 方法，其代码如下。

```
//sync的方法
protected boolean tryReleaseShared(int releases) {
//循环进行CAS，直到当前线程成功完成CAS使计数器值（状态值state）减1并更新到state
    for (;;) {
        int c = getState();

        //如果当前状态值为0则直接返回（1）
        if (c == 0)
            return false;

        //使用CAS让计数器值减1（2）
```

```
        int nextc = c-1;
        if (compareAndSetState(c, nextc))
            return nextc == 0;
    }
}
```

如上代码首先获取当前状态值（计数器值）。代码（1）判断如果当前状态值为 0 则直接返回 false，从而 countDown（）方法直接返回；否则执行代码（2）使用 CAS 将计数器值减 1，CAS 失败则循环重试，否则如果当前计数器值为 0 则返回 true，返回 true 说明是最后一个线程调用的 countdown 方法，那么该线程除了让计数器值减 1 外，还需要唤醒因调用 CountDownLatch 的 await 方法而被阻塞的线程，具体是调用 AQS 的 doReleaseShared 方法来激活阻塞的线程。这里代码（1）貌似是多余的，其实不然，之所以添加代码（1）是为了防止当计数器值为 0 后，其他线程又调用了 countDown 方法，如果没有代码（1），状态值就可能会变成负数。

4. long getCount() 方法

获取当前计数器的值，也就是 AQS 的 state 的值，一般在测试时使用该方法。下面看下代码。

```
public long getCount() {
    return sync.getCount();
}

int getCount() {
    return getState();
}
```

由如上代码可知，在其内部还是调用了 AQS 的 getState 方法来获取 state 的值（计数器当前值）。

10.1.3　小结

本节首先介绍了 CountDownLatch 的使用，相比使用 join 方法来实现线程间同步，前者更具有灵活性和方便性。另外还介绍了 CountDownLatch 的原理，CountDownLatch 是使用 AQS 实现的。使用 AQS 的状态变量来存放计数器的值。首先在初始化 CountDownLatch 时设置状态值（计数器值），当多个线程调用 countdown 方法时实际是原子性递减 AQS 的状态值。当线程调用 await 方法后当前线程会被放入 AQS 的阻塞队列等待计数器为 0 再返回。其他线程调用 countdown 方法让计数器值递减 1，当计数器值变为 0 时，当前线程还要调用 AQS 的 doReleaseShared 方法来激活由于调用 await() 方法而被阻塞的线程。

10.2　回环屏障 CyclicBarrier 原理探究

上节介绍的 CountDownLatch 在解决多个线程同步方面相对于调用线程的 join 方法已经有了不少优化，但是 CountDownLatch 的计数器是一次性的，也就是等到计数器值变为 0 后，再调用 CountDownLatch 的 await 和 countdown 方法都会立刻返回，这就起不到线程同步的效果了。所以为了满足计数器可以重置的需要，JDK 开发组提供了 CyclicBarrier 类，并且 CyclicBarrier 类的功能并不限于 CountDownLatch 的功能。从字面意思理解，CyclicBarrier 是回环屏障的意思，它可以让一组线程全部达到一个状态后再全部同时执行。这里之所以叫作回环是因为当所有等待线程执行完毕，并重置 CyclicBarrier 的状态后它可以被重用。之所以叫作屏障是因为线程调用 await 方法后就会被阻塞，这个阻塞点就称为屏障点，等所有线程都调用了 await 方法后，线程们就会冲破屏障，继续向下运行。

10.2.1　案例介绍

在介绍原理前先介绍几个实例以便加深理解。在下面的例子中，我们要实现的是，使用两个线程去执行一个被分解的任务 A，当两个线程把自己的任务都执行完毕后再对它们的结果进行汇总处理。

```java
public class CycleBarrierTest1 {

    // 创建一个CyclicBarrier实例,添加一个所有子线程全部到达屏障后执行的任务
    private static CyclicBarrier cyclicBarrier = new CyclicBarrier(2, new Runnable()
{
        public void run() {
            System.out.println(Thread.currentThread() + " task1 merge result");
        }
    });

    public static void main(String[] args) throws InterruptedException {

        //创建一个线程个数固定为2的线程池
        ExecutorService executorService = Executors.newFixedThreadPool(2);
```

```
// 将线程A添加到线程池
executorService.submit(new Runnable() {
    public void run() {
        try {

            System.out.println(Thread.currentThread() + " task1-1");

            System.out.println(Thread.currentThread() + " enter in
                barrier");
            cyclicBarrier.await();
            System.out.println(Thread.currentThread() + " enter out

                barrier");

        } catch (Exception e) {
            e.printStackTrace();
        }
    }
});

// 将线程B添加到线程池
executorService.submit(new Runnable() {
    public void run() {
        try {
            System.out.println(Thread.currentThread() + " task1-2");

            System.out.println(Thread.currentThread() + " enter in
                barrier");
            cyclicBarrier.await();
            System.out.println(Thread.currentThread() + " enter out
                barrier");

        } catch (Exception e) {
            e.printStackTrace();
        }
    }
});

// 关闭线程池
executorService.shutdown();
    }
}
```

输出结果如下。

```
<terminated> CycleBarrierTest1 [Java Application] /Library/Java/JavaVirtualMachines/jdk1.8.0_101.jdk/Contents/Home/bin/java
Thread[pool-1-thread-1,5,main] task1-1
Thread[pool-1-thread-1,5,main] enter in barrier
Thread[pool-1-thread-2,5,main] task1-2
Thread[pool-1-thread-2,5,main] enter in barrier
Thread[pool-1-thread-2,5,main] task1 merge result
Thread[pool-1-thread-2,5,main] enter out barrier
Thread[pool-1-thread-1,5,main] enter out barrier
```

如上代码创建了一个 CyclicBarrier 对象，其第一个参数为计数器初始值，第二个参数 Runable 是当计数器值为 0 时需要执行的任务。在 main 函数里面首先创建了一个大小为 2 的线程池，然后添加两个子任务到线程池，每个子任务在执行完自己的逻辑后会调用 await 方法。一开始计数器值为 2，当第一个线程调用 await 方法时，计数器值会递减为 1。由于此时计数器值不为 0，所以当前线程就到了屏障点而被阻塞。然后第二个线程调用 await 时，会进入屏障，计数器值也会递减，现在计数器值为 0，这时就会去执行 CyclicBarrier 构造函数中的任务，执行完毕后退出屏障点，并且唤醒被阻塞的第二个线程，这时候第一个线程也会退出屏障点继续向下运行。

上面的例子说明了多个线程之间是相互等待的，假如计数器值为 N，那么随后调用 await 方法的 $N–1$ 个线程都会因为到达屏障点而被阻塞，当第 N 个线程调用 await 后，计数器值为 0 了，这时候第 N 个线程才会发出通知唤醒前面的 $N–1$ 个线程。也就是当全部线程都到达屏障点时才能一块继续向下执行。对于这个例子来说，使用 CountDownLatch 也可以得到类似的输出结果。下面再举个例子来说明 CyclicBarrier 的可复用性。

假设一个任务由阶段 1、阶段 2 和阶段 3 组成，每个线程要串行地执行阶段 1、阶段 2 和阶段 3，当多个线程执行该任务时，必须要保证所有线程的阶段 1 全部完成后才能进入阶段 2 执行，当所有线程的阶段 2 全部完成后才能进入阶段 3 执行。下面使用 CyclicBarrier 来完成这个需求。

```java
public class CycleBarrierTest2 {

    // 创建一个CyclicBarrier实例
    private static CyclicBarrier cyclicBarrier = new CyclicBarrier(2);

    public static void main(String[] args) throws InterruptedException {

        ExecutorService executorService = Executors.newFixedThreadPool(2);
```

```
// 将线程A添加到线程池
executorService.submit(new Runnable() {
    public void run() {
        try {

            System.out.println(Thread.currentThread() + " step1");
            cyclicBarrier.await();

            System.out.println(Thread.currentThread() + " step2");
            cyclicBarrier.await();

            System.out.println(Thread.currentThread() + " step3");

        } catch (Exception e) {
            // TODO Auto-generated catch block
            e.printStackTrace();
        }
    }
});

// 将线程B添加到线程池
executorService.submit(new Runnable() {
    public void run() {
        try {
            System.out.println(Thread.currentThread() + " step1");
            cyclicBarrier.await();

            System.out.println(Thread.currentThread() + " step2");
            cyclicBarrier.await();

            System.out.println(Thread.currentThread() + " step3");

        } catch (Exception e) {
            // TODO Auto-generated catch block
            e.printStackTrace();
        }
    }
});

//关闭线程池
executorService.shutdown();
    }
}
```

输出结果如下。

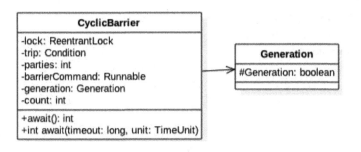

```
<terminated> CycleBarrierTest2 [Java Application] /Library/Java/JavaVirtualMachines/jdk1.8.0_101.jdk/Contents/Home/bin/java
Thread[pool-1-thread-1,5,main] step1
Thread[pool-1-thread-2,5,main] step1
Thread[pool-1-thread-2,5,main] step2
Thread[pool-1-thread-1,5,main] step2
Thread[pool-1-thread-1,5,main] step3
Thread[pool-1-thread-2,5,main] step3
```

在如上代码中，每个子线程在执行完阶段 1 后都调用了 await 方法，等到所有线程都到达屏障点后才会一块往下执行，这就保证了所有线程都完成了阶段 1 后才会开始执行阶段 2。然后在阶段 2 后面调用了 await 方法，这保证了所有线程都完成了阶段 2 后，才能开始阶段 3 的执行。这个功能使用单个 CountDownLatch 是无法完成的。

10.2.2　实现原理探究

为了能够一览 CyclicBarrier 的架构设计，下面先看下 CyclicBarrier 的类图结构，如图 10-2 所示。

```
          ┌──────────────────────────────────┐
          │          CyclicBarrier            │
          ├──────────────────────────────────┤
          │ -lock: ReentrantLock             │          ┌─────────────────────────┐
          │ -trip: Condition                 │          │       Generation        │
          │ -parties: int                    │          ├─────────────────────────┤
          │ -barrierCommand: Runnable        │─────────>│ #Generation: boolean    │
          │ -generation: Generation          │          └─────────────────────────┘
          │ -count: int                      │
          ├──────────────────────────────────┤
          │ +await(): int                    │
          │ +int await(timeout: long, unit: TimeUnit) │
          └──────────────────────────────────┘
```

图 10-2

由以上类图可知，CyclicBarrier 基于独占锁实现，本质底层还是基于 AQS 的。parties 用来记录线程个数，这里表示多少线程调用 await 后，所有线程才会冲破屏障继续往下运行。而 count 一开始等于 parties，每当有线程调用 await 方法就递减 1，当 count 为 0 时就表示所有线程都到了屏障点。你可能会疑惑，为何维护 parties 和 count 两个变量，只使用 count 不就可以了？别忘了 CycleBarrier 是可以被复用的，使用两个变量的原因是，parties 始终用来记录总的线程个数，当 count 计数器值变为 0 后，会将 parties 的值赋给 count，从而进行复用。这两个变量是在构造 CyclicBarrier 对象时传递的，如下所示。

```java
public CyclicBarrier(int parties, Runnable barrierAction) {
    if (parties <= 0) throw new IllegalArgumentException();
```

```
    this.parties = parties;
    this.count = parties;
    this.barrierCommand = barrierAction;
}
```

还有一个变量 barrierCommand 也通过构造函数传递，这是一个任务，这个任务的执行时机是当所有线程都到达屏障点后。使用 lock 首先保证了更新计数器 count 的原子性。另外使用 lock 的条件变量 trip 支持线程间使用 await 和 signal 操作进行同步。

最后，在变量 generation 内部有一个变量 broken，其用来记录当前屏障是否被打破。注意，这里的 broken 并没有被声明为 volatile 的，因为是在锁内使用变量，所以不需要声明。

```
private static class Generation {
    boolean broken = false;
}
```

下面来看 CyclicBarrier 中的几个重要的方法。

1. int await() 方法

当前线程调用 CyclicBarrier 的该方法时会被阻塞，直到满足下面条件之一才会返回：parties 个线程都调用了 await() 方法，也就是线程都到了屏障点；其他线程调用了当前线程的 interrupt（）方法中断了当前线程，则当前线程会抛出 InterruptedException 异常而返回；与当前屏障点关联的 Generation 对象的 broken 标志被设置为 true 时，会抛出 BrokenBarrierException 异常，然后返回。

由如下代码可知，在内部调用了 dowait 方法。第一个参数为 false 则说明不设置超时时间，这时候第二个参数没有意义。

```
public int await() throws InterruptedException, BrokenBarrierException {
    try {
        return dowait(false, 0L);
    } catch (TimeoutException toe) {
        throw new Error(toe); // cannot happen
    }
}
```

2. boolean await(long timeout, TimeUnit unit) 方法

当前线程调用 CyclicBarrier 的该方法时会被阻塞，直到满足下面条件之一才会返回：parties 个线程都调用了 await() 方法，也就是线程都到了屏障点，这时候返回 true；设置的

超时时间到了后返回 false；其他线程调用当前线程的 interrupt（）方法中断了当前线程，则当前线程会抛出 InterruptedException 异常然后返回；与当前屏障点关联的 Generation 对象的 broken 标志被设置为 true 时，会抛出 BrokenBarrierException 异常，然后返回。

　　由如下代码可知，在内部调用了 dowait 方法。第一个参数为 true 则说明设置了超时时间，这时候第二个参数是超时时间。

```
public int await(long timeout, TimeUnit unit)
    throws InterruptedException,
           BrokenBarrierException,
           TimeoutException {
    return dowait(true, unit.toNanos(timeout));
}
```

3. int dowait(boolean timed, long nanos) 方法

该方法实现了 CyclicBarrier 的核心功能，其代码如下。

```
private int dowait(boolean timed, long nanos)
    throws InterruptedException, BrokenBarrierException,
           TimeoutException {
    final ReentrantLock lock = this.lock;
    lock.lock();
    try {
        ...

        //(1)如果index==0则说明所有线程都到了屏障点，此时执行初始化时传递的任务
        int index = --count;
        if (index == 0) {  // tripped
            boolean ranAction = false;
            try {
                //(2)执行任务
                if (command != null)
                    command.run();
                ranAction = true;
                //（3）激活其他因调用await方法而被阻塞的线程，并重置CyclicBarrier
                nextGeneration();
                //返回
                return 0;
            } finally {
                if (!ranAction)
                    breakBarrier();
```

```
                }
            }

            // (4)如果index!=0
            for (;;) {
                try {
                    //(5)没有设置超时时间,
                    if (!timed)
                        trip.await();
                    //(6)设置了超时时间
                    else if (nanos > 0L)
                        nanos = trip.awaitNanos(nanos);
                } catch (InterruptedException ie) {
                    ...
                }
                ...
            }
        } finally {
            lock.unlock();
        }
    }

private void nextGeneration() {
    //(7)唤醒条件队列里面阻塞线程
    trip.signalAll();
    //(8)重置CyclicBarrier
    count = parties;
    generation = new Generation();
}
```

以上是dowait方法的主干代码。当一个线程调用了dowait方法后，首先会获取独占锁lock，如果创建CycleBarrier时传递的参数为10，那么后面9个调用线程会被阻塞。然后当前获取到锁的线程会对计数器count进行递减操作，递减后count=index=9，因为index!=0所以当前线程会执行代码（4）。如果当前线程调用的是无参数的await()方法，则这里timed=false，所以当前线程会被放入条件变量trip的条件阻塞队列，当前线程会被挂起并释放获取的lock锁。如果调用的是有参数的await方法则timed=true，然后当前线程也会被放入条件变量的条件队列并释放锁资源，不同的是当前线程会在指定时间超时后自动被激活。

当第一个获取锁的线程由于被阻塞释放锁后，被阻塞的9个线程中有一个会竞争到

lock 锁，然后执行与第一个线程同样的操作，直到最后一个线程获取到 lock 锁，此时已经有 9 个线程被放入了条件变量 trip 的条件队列里面。最后 count=index 等于 0，所以执行代码（2），如果创建 CyclicBarrier 时传递了任务，则在其他线程被唤醒前先执行任务，任务执行完毕后再执行代码（3），唤醒其他 9 个线程，并重置 CyclicBarrier，然后这 10 个线程就可以继续向下运行了。

10.2.3 小结

本节首先通过案例说明了 CycleBarrier 与 CountDownLatch 的不同在于，前者是可以复用的，并且前者特别适合分段任务有序执行的场景。然后分析了 CycleBarrier，其通过独占锁 ReentrantLock 实现计数器原子性更新，并使用条件变量队列来实现线程同步。

10.3 信号量 Semaphore 原理探究

Semaphore 信号量也是 Java 中的一个同步器，与 CountDownLatch 和 CycleBarrier 不同的是，它内部的计数器是递增的，并且在一开始初始化 Semaphore 时可以指定一个初始值，但是并不需要知道需要同步的线程个数，而是在需要同步的地方调用 acquire 方法时指定需要同步的线程个数。

10.3.1 案例介绍

同样下面的例子也是在主线程中开启两个子线程让它们执行，等所有子线程执行完毕后主线程再继续向下运行。

```java
public class SemaphoreTest {

    // 创建一个Semaphore实例
    private static Semaphore semaphore = new Semaphore(0);

    public static void main(String[] args) throws InterruptedException {

        ExecutorService executorService = Executors.newFixedThreadPool(2);

        // 将线程A添加到线程池
        executorService.submit(new Runnable() {
            public void run() {
                try {
```

```
                System.out.println(Thread.currentThread() +  " over");
                semaphore.release();

            } catch (Exception e) {
                e.printStackTrace();
            }
        }
    });

    // 将线程B添加到线程池
    executorService.submit(new Runnable() {
        public void run() {
            try {

                System.out.println(Thread.currentThread() +  " over");
                semaphore.release();

            } catch (Exception e) {
                e.printStackTrace();
            }
        }
    });

    // 等待子线程执行完毕，返回
    semaphore.acquire(2);
    System.out.println("all child thread over!");

    //关闭线程池
    executorService.shutdown();
    }
}
```

输出结果如下。

```
<terminated> SemaphoreTest [Java Application] /Library/Java/JavaVirtualMachines/jdk1.8.0_101.jdk/Contents/Home/bin/java
Thread[pool-1-thread-1,5,main] over
Thread[pool-1-thread-2,5,main] over
all child thread over!
```

如上代码首先创建了一个信号量实例，构造函数的入参为 0，说明当前信号量计数器的值为 0。然后 main 函数向线程池添加两个线程任务，在每个线程内部调用信号量的 release 方法，这相当于让计数器值递增 1。最后在 main 线程里面调用信号量的 acquire 方法,传参为 2 说明调用 acquire 方法的线程会一直阻塞,直到信号量的计数变为 2 才会返回。看到这里也就明白了,如果构造 Semaphore 时传递的参数为 N,并在 M 个线程中调用了该信号量的 release 方法,那么在调用 acquire 使 M 个线程同步时传递的参数应该是 $M+N$。

下面举个例子来模拟 CyclicBarrier 复用的功能,代码如下。

```java
public class SemaphoreTest2 {

    // 创建一个Semaphore实例
    private static volatile Semaphore semaphore = new Semaphore(0);

    public static void main(String[] args) throws InterruptedException {

        ExecutorService executorService = Executors.newFixedThreadPool(2);

        // 将线程A添加到线程池
        executorService.submit(new Runnable() {
            public void run() {
                try {

                    System.out.println(Thread.currentThread() + " A  task over");
                    semaphore.release();

                } catch (Exception e) {
                    e.printStackTrace();
                }
            }
        });

        // 将线程B添加到线程池
        executorService.submit(new Runnable() {
            public void run() {
                try {

                    System.out.println(Thread.currentThread() + " A  task over");
                    semaphore.release();

                } catch (Exception e) {
                    e.printStackTrace();
                }
            }
        });
```

```
// (1)等待子线程执行任务A完毕, 返回
semaphore.acquire(2);

// 将线程c添加到线程池
executorService.submit(new Runnable() {
    public void run() {
        try {

            System.out.println(Thread.currentThread() + " B  task over");
            semaphore.release();

        } catch (Exception e) {
            e.printStackTrace();
        }
    }
});

// 将线程d添加到线程池
executorService.submit(new Runnable() {
    public void run() {
        try {

            System.out.println(Thread.currentThread() + " B  task over");
            semaphore.release();

        } catch (Exception e) {
            e.printStackTrace();
        }
    }
});

// (2)等待子线程执行B完毕, 返回
semaphore.acquire(2);

System.out.println("task is over");

// 关闭线程池
executorService.shutdown();
    }
}
```

输出结果为

```
<terminated> SemaphoreTest2 [Java Application] /Library/Java/JavaVirtualMachines/jdk1.8.0_101.jdk/Contents/Home/bin/java
Thread[pool-1-thread-1,5,main]sub_A  task over
Thread[pool-1-thread-2,5,main] sub_A  task over
task A is over
Thread[pool-1-thread-1,5,main] sub_B  task over
Thread[pool-1-thread-2,5,main]sub_B  task over
task B is over
```

如上代码首先将线程 A 和线程 B 加入到线程池。主线程执行代码（1）后被阻塞。线程 A 和线程 B 调用 release 方法后信号量的值变为了 2，这时候主线程的 aquire 方法会在获取到 2 个信号量后返回（返回后当前信号量值为 0）。然后主线程添加线程 C 和线程 D 到线程池，之后主线程执行代码（2）后被阻塞（因为主线程要获取 2 个信号量，而当前信号量个数为 0）。当线程 C 和线程 D 执行完 release 方法后，主线程才返回。从本例子可以看出，Semaphore 在某种程度上实现了 CyclicBarrier 的复用功能。

10.3.2 实现原理探究

为了能够一览 Semaphore 的内部结构，首先看下 Semaphore 的类图，如图 10-3 所示。

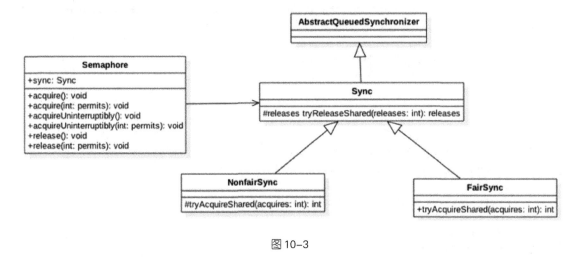

图 10-3

由该类图可知，Semaphore 还是使用 AQS 实现的。Sync 只是对 AQS 的一个修饰，并且 Sync 有两个实现类，用来指定获取信号量时是否采用公平策略。例如，下面的代码在创建 Semaphore 时会使用一个变量指定是否使用公平策略。

```
public Semaphore(int permits) {
    sync = new NonfairSync(permits);
}

public Semaphore(int permits, boolean fair) {
    sync = fair ? new FairSync(permits) : new
    NonfairSync(permits);
}

Sync(int permits) {
    setState(permits);
}
```

在如上代码中，Semaphore 默认采用非公平策略，如果需要使用公平策略则可以使用带两个参数的构造函数来构造 Semaphore 对象。另外，如 CountDownLatch 构造函数传递的初始化信号量个数 permits 被赋给了 AQS 的 state 状态变量一样，这里 AQS 的 state 值也表示当前持有的信号量个数。

下面来看 Semaphore 实现的主要方法。

1. void acquire() 方法

当前线程调用该方法的目的是希望获取一个信号量资源。如果当前信号量个数大于 0，则当前信号量的计数会减 1，然后该方法直接返回。否则如果当前信号量个数等于 0，则当前线程会被放入 AQS 的阻塞队列。当其他线程调用了当前线程的 interrupt（）方法中断了当前线程时，则当前线程会抛出 InterruptedException 异常返回。下面看下代码实现。

```
public void acquire() throws InterruptedException {
    //传递参数为1，说明要获取1个信号量资源
    sync.acquireSharedInterruptibly(1);
}

public final void acquireSharedInterruptibly(int arg)
        throws InterruptedException {

    //（1）如果线程被中断，则抛出中断异常
    if (Thread.interrupted())
        throw new InterruptedException();

    //（2）否则调用Sync子类方法尝试获取,这里根据构造函数确定使用公平策略
    if (tryAcquireShared(arg) < 0)
```

```
        //如果获取失败则放入阻塞队列。然后再次尝试，如果失败则调用park方法挂起当前线程
    doAcquireSharedInterruptibly(arg);
}
```

由如上代码可知，acquire() 在内部调用了 Sync 的 acquireSharedInterruptibly 方法，后者会对中断进行响应（如果当前线程被中断，则抛出中断异常）。尝试获取信号量资源的 AQS 的方法 tryAcquireShared 是由 Sync 的子类实现的，所以这里分别从两方面来讨论。先讨论非公平策略 NonfairSync 类的 tryAcquireShared 方法，代码如下。

```
protected int tryAcquireShared(int acquires) {
    return nonfairTryAcquireShared(acquires);
}

final int nonfairTryAcquireShared(int acquires) {
    for (;;) {
        //获取当前信号量值
        int available = getState();
        //计算当前剩余值
        int remaining = available - acquires;
        //如果当前剩余值小于0或者CAS设置成功则返回
        if (remaining < 0 ||
            compareAndSetState(available, remaining))
            return remaining;
    }
}
```

如上代码先获取当前信号量值（available），然后减去需要获取的值（acquires），得到剩余的信号量个数（remaining），如果剩余值小于 0 则说明当前信号量个数满足不了需求，那么直接返回负数，这时当前线程会被放入 AQS 的阻塞队列而被挂起。如果剩余值大于 0，则使用 CAS 操作设置当前信号量值为剩余值，然后返回剩余值。

另外，由于 NonFairSync 是非公平获取的，也就是说先调用 aquire 方法获取信号量的线程不一定比后来者先获取到信号量。考虑下面场景，如果线程 A 先调用了 aquire（）方法获取信号量，但是当前信号量个数为 0，那么线程 A 会被放入 AQS 的阻塞队列。过一段时间后线程 C 调用了 release（）方法释放了一个信号量，如果当前没有其他线程获取信号量，那么线程 A 就会被激活，然后获取该信号量，但是假如线程 C 释放信号量后，线程 C 调用了 aquire 方法，那么线程 C 就会和线程 A 去竞争这个信号量资源。如果采用非

公平策略，由 nonfairTryAcquireShared 的代码可知，线程 C 完全可以在线程 A 被激活前，或者激活后先于线程 A 获取到该信号量，也就是在这种模式下阻塞线程和当前请求的线程是竞争关系，而不遵循先来先得的策略。下面看公平性的 FairSync 类是如何保证公平性的。

```
protected int tryAcquireShared(int acquires) {
    for (;;) {
        if (hasQueuedPredecessors())
            return -1;
        int available = getState();
        int remaining = available - acquires;
        if (remaining < 0 ||
            compareAndSetState(available, remaining))
            return remaining;
    }
}
```

可见公平性还是靠 hasQueuedPredecessors 这个函数来保证的。前面章节讲过，公平策略是看当前线程节点的前驱节点是否也在等待获取该资源，如果是则自己放弃获取的权限，然后当前线程会被放入 AQS 阻塞队列，否则就去获取。

2. void acquire(int permits) 方法

该方法与 acquire() 方法不同，后者只需要获取一个信号量值，而前者则获取 permits 个。

```
public void acquire(int permits) throws InterruptedException {
    if (permits < 0) throw new IllegalArgumentException();
    sync.acquireSharedInterruptibly(permits);
}
```

3. void acquireUninterruptibly() 方法

该方法与 acquire() 类似，不同之处在于该方法对中断不响应，也就是当当前线程调用了 acquireUninterruptibly 获取资源时（包含被阻塞后），其他线程调用了当前线程的 interrupt（）方法设置了当前线程的中断标志，此时当前线程并不会抛出 InterruptedException 异常而返回。

```
public void acquireUninterruptibly() {
    sync.acquireShared(1);
}
```

4. void acquireUninterruptibly(int permits) 方法

该方法与 acquire(int permits) 方法的不同之处在于，该方法对中断不响应。

```
public void acquireUninterruptibly(int permits) {
    if (permits < 0) throw new IllegalArgumentException();
    sync.acquireShared(permits);
}
```

5. void release() 方法

该方法的作用是把当前 Semaphore 对象的信号量值增加 1，如果当前有线程因为调用 aquire 方法被阻塞而被放入了 AQS 的阻塞队列，则会根据公平策略选择一个信号量个数能被满足的线程进行激活，激活的线程会尝试获取刚增加的信号量，下面看代码实现。

```
public void release() {
    //(1)arg=1
    sync.releaseShared(1);
}

public final boolean releaseShared(int arg) {

    //(2)尝试释放资源
    if (tryReleaseShared(arg)) {

        //(3)资源释放成功则调用park方法唤醒AQS队列里面最先挂起的线程
        doReleaseShared();
        return true;
    }
    return false;
}

protected final boolean tryReleaseShared(int releases) {
    for (;;) {

        //(4)获取当前信号量值
        int current = getState();

        //(5)将当前信号量值增加releases，这里为增加1
        int next = current + releases;
        if (next < current) // 移除处理
            throw new Error("Maximum permit count exceeded");
```

```
        //(6)使用CAS保证更新信号量值的原子性
        if (compareAndSetState(current, next))
            return true;
    }
}
```

由代码 release()->sync.releaseShared(1) 可知，release 方法每次只会对信号量值增加 1，tryReleaseShared 方法是无限循环，使用 CAS 保证了 release 方法对信号量递增 1 的原子性操作。tryReleaseShared 方法增加信号量值成功后会执行代码（3），即调用 AQS 的方法来激活因为调用 aquire 方法而被阻塞的线程。

6. void release(int permits) 方法

该方法与不带参数的 release 方法的不同之处在于，前者每次调用会在信号量值原来的基础上增加 permits，而后者每次增加 1。

```
public void release(int permits) {
    if (permits < 0) throw new IllegalArgumentException();
    sync.releaseShared(permits);
}
```

另外可以看到，这里的 sync.releaseShared 是共享方法，这说明该信号量是线程共享的，信号量没有和固定线程绑定，多个线程可以同时使用 CAS 去更新信号量的值而不会被阻塞。

10.3.3 小结

本节首先通过案例介绍了 Semaphore 的使用方法，Semaphore 完全可以达到 CountDownLatch 的效果，但是 Semaphore 的计数器是不可以自动重置的，不过通过变相地改变 aquire 方法的参数还是可以实现 CycleBarrier 的功能的。然后介绍了 Semaphore 的源码实现，Semaphore 也是使用 AQS 实现的，并且获取信号量时有公平策略和非公平策略之分。

10.4　总结

本章介绍了并发包中关于线程协作的一些重要类。首先 CountDownLatch 通过计数器提供了更灵活的控制，只要检测到计数器值为 0，就可以往下执行，这相比使用 join 必须等待线程执行完毕后主线程才会继续向下运行更灵活。另外，CyclicBarrier 也可以达到 CountDownLatch 的效果，但是后者在计数器值变为 0 后，就不能再被复用，而前者则可以使用 reset 方法重置后复用，前者对同一个算法但是输入参数不同的类似场景比较适用。而 Semaphore 采用了信号量递增的策略，一开始并不需要关心同步的线程个数，等调用 aquire 方法时再指定需要同步的个数，并且提供了获取信号量的公平性策略。使用本章介绍的类会大大减少你在 Java 中使用 wait、notify 等来实现线程同步的代码量，在日常开发中当需要进行线程同步时使用这些同步类会节省很多代码并且可以保证正确性。

第三部分

Java并发编程实践篇

在高级篇讲解了Java中并发组件的原理实现,在这一篇我们要进行实践,只知道原理是不行的,还应该知道怎么在业务中使用。下面我们就来看看如何使用这些并发组件,以及进行并发编程时常会遇到哪些问题。

第11章

并发编程实践

11.1 ArrayBlockingQueue 的使用

这一节我们讲解 logback 异步日志打印中 ArrayBlockingQueue 的使用。

11.1.1 异步日志打印模型概述

在高并发、高流量并且响应时间要求比较小的系统中同步打印日志已经满足不了需求了，这是因为打印日志本身是需要写磁盘的，写磁盘的操作会暂时阻塞调用打印日志的业务线程，这会造成调用线程的 rt 增加。如图 11-1 所示为同步日志打印模型。

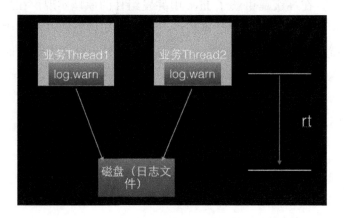

图 11-1

同步日志打印模型的缺点是将日志写入磁盘的操作是业务线程同步调用完成的，那么是否可以让业务线程把要打印的日志任务放入一个队列后直接返回，然后使用一个线程专门负责从队列中获取日志任务并将其写入磁盘呢？这样的话，业务线程打印日志的耗时就仅仅是把日志任务放入队列的耗时了，其实这就是 logback 提供的异步日志打印模型要做的事，具体如图 11-2 所示。

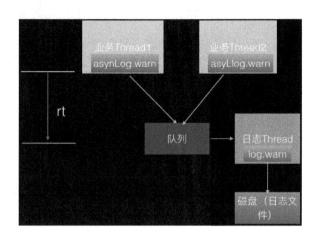

图 11-2

由图 11-2 可知，其实 logback 的异步日志模型是一个多生产者 - 单消费者模型，其通过使用队列把同步日志打印转换为了异步，业务线程只需要通过调用异步 appender 把日志任务放入日志队列，而日志线程则负责使用同步的 appender 进行具体的日志打印。日志打印线程只需要负责生产日志并将其放入队列，而不需要关心消费线程何时把日志具体写入磁盘。

11.1.2 异步日志与具体实现

1. 异步日志

一般配置同步日志打印时会在 logback 的 xml 文件里面配置如下内容。

```
//(1)配置同步日志打印appender
  <appender name="PROJECT" class="ch.qos.logback.core.FileAppender">
      <file>project.log</file>
      <encoding>UTF-8</encoding>
      <append>true</append>

      <rollingPolicy class="ch.qos.logback.core.rolling.TimeBasedRollingPolicy">
          <!-- daily rollover -->
```

```
        <fileNamePattern>project.log.%d{yyyy-MM-dd}</fileNamePattern>
        <!-- keep 7 days' worth of history -->
        <maxHistory>7</maxHistory>
    </rollingPolicy>
    <layout class="ch.qos.logback.classic.PatternLayout">
        <pattern><![CDATA[
%n%-4r [%d{yyyy-MM-dd HH:mm:ss}] %X{productionMode} - %X{method}
%X{requestURIWithQueryString} [ip=%X{remoteAddr}, ref=%X{referrer},
ua=%X{userAgent}, sid=%X{cookie.JSESSIONID}]%n  %-5level %logger{35} - %m%n
        ]]></pattern>
    </layout>
</appender>
//(2) 设置logger
<logger name="PROJECT_LOGGER" additivity="false">
    <level value="WARN" />
    <appender-ref ref="PROJECT" />
</logger>
```

然后以如下方式使用。

```java
/**
 * Hello world!
 *
 */
public class App
{
    //根据日志logger名称获取具体日志打印logger
    private static Logger logger = LoggerFactory.getLogger("PROJECT_LOGGER");

    public static void main( String[] args )
    {
        logger.warn( "Hello World!" );
        logger.warn("a {},b {}","hello","workd");
    }
}
```

要把同步日志打印改为异步则需要修改 logback 的 xml 配置文件为如下所示。

```xml
<appender name="PROJECT" class="ch.qos.logback.core.FileAppender">
    <file>project.log</file>
    <encoding>UTF-8</encoding>
    <append>true</append>

    <rollingPolicy class="ch.qos.logback.core.rolling.TimeBasedRollingPolicy">
        <!-- daily rollover -->
        <fileNamePattern>project.log.%d{yyyy-MM-dd}</fileNamePattern>
        <!-- keep 7 days' worth of history -->
        <maxHistory>7</maxHistory>
    </rollingPolicy>
    <layout class="ch.qos.logback.classic.PatternLayout">
```

```xml
            <pattern><![CDATA[
%n%-4r [%d{yyyy-MM-dd HH:mm:ss}] %X{productionMode} - %X{method}
%X{requestURIWithQueryString} [ip=%X{remoteAddr}, ref=%X{referrer},
ua=%X{userAgent}, sid=%X{cookie.JSESSIONID}]%n  %-5level %logger{35} - %m%n
            ]]></pattern>
        </layout>
    </appender>

    <appender name="asyncProject" class="ch.qos.logback.classic.AsyncAppender">
        <discardingThreshold>0</discardingThreshold>
        <queueSize>1024</queueSize>
        <neverBlock>true</neverBlock>
        <appender-ref ref="PROJECT" />
    </appender>
     <logger name="PROJECT_LOGGER" additivity="false">
        <level value="WARN" />
        <appender-ref ref="asyncProject" />
    </logger>
```

由以上代码可以看出，AsyncAppender 是实现异步日志的关键，下一节主要讲它的内部实现。

2. 异步日志实现原理

本文使用的 logback-classic 的版本为 1.0.13。我们首先从 AsyncAppender 的类图结构来认识下 AsyncAppender 的组件构成，如图 11-3 所示。

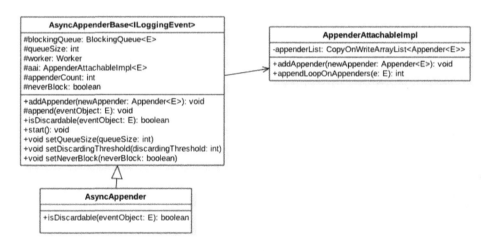

图 11-3

由图 11-3 可知，AsyncAppender 继承自 AsyncAppenderBase，其中后者具体实现了异步日志模型的主要功能，前者只是重写了其中的一些方法。由该图可知，logback 中的异步日志队列是一个阻塞队列，其实就是有界阻塞队列 ArrayBlockingQueue，其中 queueSize 表示有界队列的元素个数，默认为 256 个。

worker 是个线程，也就是异步日志打印模型中的单消费者线程。aai 是一个 appender 的装饰器，里面存放同步日志的 appender，其中 appenderCount 记录 aai 里面附加的同步 appender 的个数。neverBlock 用来指示当日志队列满时是否阻塞打印日志的线程。discardingThreshold 是一个阈值，当日志队列里面的空闲元素个数小于该值时，新来的某些级别的日志会被直接丢弃，下面会具体讲。

首先我们来看何时创建日志队列，以及何时启动消费线程，这需要看 AsyncAppenderBase 的 start 方法。该方法在解析完配置 AsyncAppenderBase 的 xml 的节点元素后被调用。

```
public void start() {
    ...
    //（1）日志队列为有界阻塞队列
    blockingQueue = new ArrayBlockingQueue<E>(queueSize);
    //（2）如果没设置discardingThreshold则设置为队列大小的1/5
    if (discardingThreshold == UNDEFINED)
        discardingThreshold = queueSize / 5;
    //（3）设置消费线程为守护线程，并设置日志名称
    worker.setDaemon(true);
    worker.setName("AsyncAppender-Worker-" + worker.getName());
    //（4）设置启动消费线程
    super.start();
    worker.start();
}
```

由以上代码可知，logback 使用的是有界队列 ArrayBlockingQueue，之所以使用有界队列是考虑内存溢出问题。在高并发下写日志的 QPS 会很高，如果设置为无界队列，队列本身会占用很大的内存，很可能会造成 OOM。

这里消费日志队列的 worker 线程被设置为守护线程，这意味着当主线程运行结束并且当前没有用户线程时，该 worker 线程会随着 JVM 的退出而终止，而不管日志队列里面是否还有日志任务未被处理。另外，这里设置了线程的名称，这是个很好的习惯，因为在查找问题时会很有帮助，根据线程名字就可以定位线程。

　　既然是有界队列，那么肯定需要考虑队列满的问题，是丢弃老的日志任务，还是阻塞日志打印线程直到队列有空余元素呢？要回答这个问题，我们需要看看具体进行日志打印的 AsyncAppenderBase 的 append 方法。

```
protected void append(E eventObject) {
    //（5）调用AsyncAppender重写的isDiscardable方法
    if (isQueueBelowDiscardingThreshold() && isDiscardable(eventObject)) {
        return;
    }
    ...
    //（6）将日志任务放入队列
    put(eventObject);
}
```

```
    private boolean isQueueBelowDiscardingThreshold() {
        return (blockingQueue.remainingCapacity() < discardingThreshold);
    }
```

　　其中代码（5）调用了 AsyncAppender 重写的 isDiscardable 方法，该方法的具体内容为

```
//(7)
    protected boolean isDiscardable(ILoggingEvent event) {
        Level level = event.getLevel();
        return level.toInt() <= Level.INFO_INT;
    }
```

　　结合代码（5) 和代码 (7) 可知，如果当前日志的级别小于等于 INFO_INT 并且当前队列的剩余容量小于 discardingThreshold 则会直接丢弃这些日志任务。

　　下面看具体代码 (6) 中的 put 方法。

```
    private void put(E eventObject) {
        //(8)
        if (neverBlock) {
            blockingQueue.offer(eventObject);
        } else {
            try {//(9)
                blockingQueue.put(eventObject);
            } catch (InterruptedException e) {
                // Interruption of current thread when in doAppend method should not
                    be consumed
                // by AsyncAppender
                Thread.currentThread().interrupt();
```

```
        }
    }
}
```

如果 neverBlock 被设置为 false（默认为 false）则会调用阻塞队列的 put 方法，而 put 是阻塞的，也就是说如果当前队列满，则在调用 put 方法向队列放入一个元素时调用线程会被阻塞直到队列有空余空间。这里可以看下 put 方法的实现。

```
public void put(E e) throws InterruptedException {
    ...

    final ReentrantLock lock = this.lock;
    lock.lockInterruptibly();
    try {
        //如果队列满，则调用await方法阻塞当前调用线程
        while (count == items.length)
            notFull.await();
        enqueue(e);
    } finally {
        lock.unlock();
    }
}
```

这里有必要解释下代码（9），当日志队列满时 put 方法会调用 await() 方法阻塞当前线程，而如果其他线程中断了该线程，那么该线程会抛出 InterruptedException 异常，并且当前的日志任务就会被丢弃。在 logback-classic 的 1.2.3 版本中，则添加了不对中断进行响应的方法。

```
private void put(E eventObject) {
    if (neverBlock) {
        blockingQueue.offer(eventObject);
    } else {
        putUninterruptibly(eventObject);
    }
}

private void putUninterruptibly(E eventObject) {
    boolean interrupted = false;
    try {
        while (true) {
            try {
                blockingQueue.put(eventObject);
                break;
```

```
            } catch (InterruptedException e) {
                interrupted = true;
            }
        }
    } finally {
        if (interrupted) {
            Thread.currentThread().interrupt();
        }
    }
}
```

如果当前日志打印线程在调用 blockingQueue.put 时被其他线程中断，则只是记录中断标志，然后继续循环调用 blockingQueue.put，尝试把日志任务放入日志队列。新版本的这个实现通过使用循环保证了即使当前线程被中断，日志任务最终也会被放入日志队列。

如果 neverBlock 被设置为 true 则会调用阻塞队列的 offer 方法，而该方法是非阻塞的，所以如果当前队列满，则会直接返回，也就是丢弃当前日志任务。这里回顾下 offer 方法的实现。

```
public boolean offer(E e) {
    ...
    final ReentrantLock lock = this.lock;
    lock.lock();
    try {
        //如果队列满则直接返回false。
        if (count == items.length)
            return false;
        else {
            enqueue(e);
            return true;
        }
    } finally {
        lock.unlock();
    }
}
```

最后来看 addAppender 方法都做了什么。

```
public void addAppender(Appender<E> newAppender) {
    if (appenderCount == 0) {
        appenderCount++;
        ...
        aai.addAppender(newAppender);
    } else {
```

```
        addWarn("One and only one appender may be attached to AsyncAppender.");
        addWarn("Ignoring additional appender named [" + newAppender.getName() + "]");
    }
}
```

由如上代码可知，一个异步 appender 只能绑定一个同步 appender。这个 appender 会被放到 AppenderAttachableImpl 的 appenderList 列表里面。

到这里我们已经分析完了日志生产线程把日志任务放入日志队列的实现，下面一起来看消费线程是如何从队列里面消费日志任务并将其写入磁盘的。由于消费线程是一个线程，所以就从 worker 的 run 方法开始。

```
class Worker extends Thread {

    public void run() {

        AsyncAppenderBase<E> parent = AsyncAppenderBase.this;
        AppenderAttachableImpl<E> aai = parent.aai;

        //（10）一直循环直到该线程被中断
        while (parent.isStarted()) {
            try {//（11）从阻塞队列获取元素
                E e = parent.blockingQueue.take();
                aai.appendLoopOnAppenders(e);
            } catch (InterruptedException ie) {
                break;
            }
        }

        //（12）到这里说明该线程被中断，则把队列里面的剩余日志任务
        //刷新到磁盘
        for (E e : parent.blockingQueue) {
            aai.appendLoopOnAppenders(e);
            parent.blockingQueue.remove(e);
        }
        ...
    }
}
```

其中代码（11）使用 take 方法从日志队列获取一个日志任务，如果当前队列为空则当前线程会被阻塞直到队列不为空才返回。获取到日志任务后会调用 AppenderAttachableImpl 的 aai.appendLoopOnAppenders 方法，该方法会循环调用通过 addAppender 注入的同步日志，

appener 具体实现把日志打印到磁盘。

11.1.3　小结

本节结合 logback 中异步日志的实现介绍了并发组件 ArrayBlockingQueue 的使用，包括 put、offer 方法的使用场景以及它们之间的区别，take 方法的使用，同时也介绍了如何使用 ArrayBlockingQueue 来实现一个多生产者 - 单消费者模型。另外使用 ArrayBlockingQueue 时需要注意合理设置队列的大小以免造成 OOM，队列满或者剩余元素比较少时，要根据具体场景制定一些抛弃策略以避免队列满时业务线程被阻塞。

11.2　Tomcat 的 NioEndPoint 中 ConcurrentLinkedQueue 的使用

本节讲解 apache-tomcat-7.0.32-src 源码中 ConcurrentLinkedQueue 的使用。 首先介绍 Tomcat 的容器结构以及 NioEndPoint 的作用，以便后面能够更加平滑地切入话题，如图 11-4 所示是 Tomcat 的容器结构。

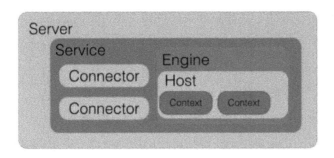

图 11-4

其中，Connector 是一个桥梁，它把 Server 和 Engine 连接了起来，Connector 的作用是接受客户端的请求，然后把请求委托给 Engine 容器处理。在 Connector 的内部具体使用 Endpoint 进行处理，根据处理方式的不同 Endpoint 可分为 NioEndpoint、JIoEndpoint、AprEndpoint。本节介绍 NioEndpoint 中的并发组件队列的使用。为了让读者更好地理解，有必要先说下 NioEndpoint 的作用。首先来看 NioEndpoint 中的三大组件的关系图（见图 11-5）。

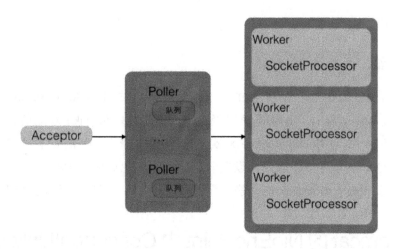

图11-5

- Acceptor 是套接字接受线程（Socket acceptor thread），用来接受用户的请求，并把请求封装为事件任务放入 Poller 的队列，一个 Connector 里面只有一个 Acceptor。
- Poller 是套接字处理线程（Socket poller thread），每个 Poller 内部都有一个独有的队列，Poller 线程则从自己的队列里面获取具体的事件任务，然后将其交给 Worker 进行处理。Poller 线程的个数与处理器的核数有关，代码如下。

```
protected int pollerThreadCount = Math.min(2,Runtime.getRuntime().
availableProcessors());
```

这里最多有 2 个 Poller 线程。

- Worker 是实际处理请求的线程，Worker 只是组件名字，真正做事情的是 SocketProcessor，它是 Poller 线程从自己的队列获取任务后的真正任务执行者。

可见，Tomcat 使用队列把接受请求与处理请求操作进行解耦，实现异步处理。其实 Tomcat 中 NioEndPoint 中的每个 Poller 里面都维护一个 ConcurrentLinkedQueue，用来缓存请求任务，其本身也是一个多生产者 - 单消费者模型。

11.2.1　生产者——Acceptor 线程

Acceptor 线程的作用是接受客户端发来的连接请求并将其放入 Poller 的事件队列。首先看下 Acceptor 处理请求的简明时序图（见图 11-6）。

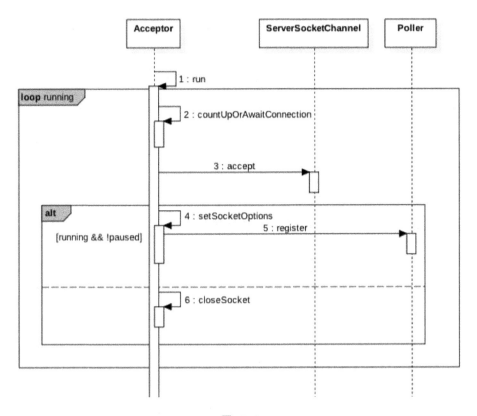

图 11-6

下面分析 Acceptor 的源码，看其如何把接受的套接字连接放入队列。

```
protected class Acceptor extends AbstractEndpoint.Acceptor {

    @Override
    public void run() {

        int errorDelay = 0;

        //(1) 一直循环直到接收到shutdown命令
        while (running) {

            ...

            if (!running) {
                break;
            }
        }
```

```
        state = AcceptorState.RUNNING;

        try {
            //(2)如果达到max connections个请求则等待
            countUpOrAwaitConnection();

            SocketChannel socket = null;
            try {
                //(3)从TCP缓存获取一个完成三次握手的套接字，没有则阻塞
                socket = serverSock.accept();
            } catch (IOException ioe) {
                ...
            }
            errorDelay = 0;
            if (running && !paused) {
                //(4)设置套接字参数并封装套接字为事件任务，然后放入Poller的队列
                if (!setSocketOptions(socket)) {
                    countDownConnection();
                    closeSocket(socket);
                }
            } else {
                countDownConnection();
                closeSocket(socket);
            }
            ....
        } catch (SocketTimeoutException sx) {
            ....
        }
        state = AcceptorState.ENDED;
    }
}
```

代码（1）中的无限循环用来一直等待客户端的连接，循环退出条件是调用了 shutdown 命令。

代码（2）用来控制客户端的请求连接数量，如果连接数量达到设置的阈值，则当前请求会被挂起。

代码（3）从 TCP 缓存获取一个完成三次握手的套接字，如果当前没有，则当前线程会被阻塞挂起。

当代码（3）获取到一个连接套接字后，代码（4）会调用 setSocketOptions 设置该套接字。

```
protected boolean setSocketOptions(SocketChannel socket) {
    // 处理链接
    try {

        ...
        //封装链接套接字为channel并注册到Poller队列
        getPoller0().register(channel);
    } catch (Throwable t) {
        ...
        return false;
    }
    return true;
}
```

代码（5）将连接套接字封装为一个 channel 对象，并将其注册到 poller 对象的队列。

```
//具体注册到事件队列
public void register(final NioChannel socket) {
    ...
    PollerEvent r = eventCache.poll();
        ka.interestOps(SelectionKey.OP_READ);//this is what OP_REGISTER turns into.
        if ( r==null) r = new PollerEvent(socket,ka,OP_REGISTER);
        else r.reset(socket,ka,OP_REGISTER);

    addEvent(r);
}
public void addEvent(Runnable event) {
    events.offer(event);
    ...
}
```

其中，events 的定义如下：

```
    protected ConcurrentLinkedQueue<Runnable> events = new ConcurrentLinkedQueue
<Runnable>();
```

由此可见，events 是一个无界队列 ConcurrentLinkedQueue，根据前文讲的，使用队列作为同步转异步的方式要注意设置队列大小，否则可能造成 OOM。当然 Tomcat 肯定不会忽略这个问题，从代码（2）可以看出，Tomcat 让用户配置了一个最大连接数，超过这个数则会等待。

11.2.2　消费者——Poller 线程

Poller 线程的作用是从事件队列里面获取事件并进行处理。首先我们从时序图来全局了解下 Poller 线程的处理逻辑（见图 11-7）。

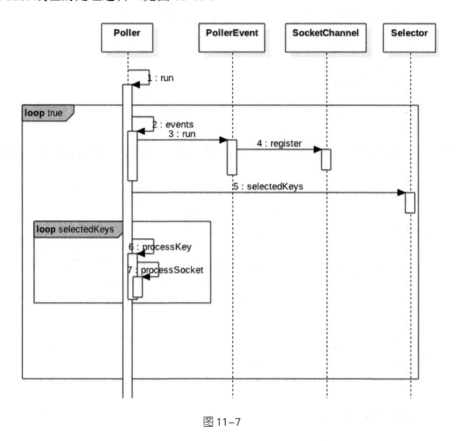

图 11-7

同理，我们看一下 Poller 线程的 run 方法代码逻辑。

```
public void run() {
    while (true) {
        try {
            ...
            if (close) {
                ...
            } else {
//(6)从事件队列获取事件
                hasEvents = events();
```

```
        }
        try {
            ...
        } catch ( NullPointerException x ) {...
        }

        Iterator<SelectionKey> iterator =
            keyCount > 0 ? selector.selectedKeys().iterator() : null;
        //（7）遍历所有注册的channel并对感兴趣的事件进行处理
        while (iterator != null && iterator.hasNext()) {
            SelectionKey sk = iterator.next();
            KeyAttachment attachment = (KeyAttachment)sk.attachment();

            if (attachment == null) {
                iterator.remove();
            } else {
                attachment.access();
                iterator.remove();
            //（8）具体调用SocketProcessor进行处理
                processKey(sk, attachment);
            }
        }//while

        ...

    } catch (OutOfMemoryError oom) {
        ...
    }
}//while
...
}
```

其中，代码（6）从 poller 的事件队列获取一个事件，events() 的代码如下。

```
public boolean events() {
    boolean result = false;

    //从队列获取任务并执行
    Runnable r = null;
    while ( (r = events.poll()) != null ) {
        result = true;
        try {
            r.run();
            ...
            } catch ( Throwable x ) {
```

```
        ...
      }
    }

    return result;
  }
```

这里是使用循环来实现的，目的是为了避免虚假唤醒。

其中代码（7）和代码（8）则遍历所有注册的 channel，并对感兴趣的事件进行处理。

```
    public boolean processSocket(NioChannel socket, SocketStatus status, boolean
dispatch) {
      try {
        ...
        SocketProcessor sc = processorCache.poll();
        if ( sc == null ) sc = new SocketProcessor(socket,status);
        else sc.reset(socket,status);
        if ( dispatch && getExecutor()!=null ) getExecutor().execute(sc);
        else sc.run();
      } catch (RejectedExecutionException rx) {
        ...
      } catch (Throwable t) {
        ...
        return false;
      }
      return true;
    }
```

11.2.3 小结

本节通过分析 Tomcat 中 NioEndPoint 的实现源码介绍了并发组件 ConcurrentLinkedQueue 的使用。NioEndPoint 的思想也是使用队列将同步转为异步，并且由于 ConcurrentLinkedQueue 是无界队列，所以需要让用户提供一个设置队列大小的接口以防止队列元素过多导致 OOM。

11.3 并发组件 ConcurrentHashMap 使用注意事项

ConcurrentHashMap 虽然为并发安全的组件，但是使用不当仍然会导致程序错误。本节通过简单的案例来复现这些问题，并给出开发时如何避免的策略。

　　这里借用直播的一个场景，在直播业务中，每个直播间对应一个 topic，每个用户进入直播间时会把自己设备的 ID 绑定到这个 topic 上，也就是一个 topic 对应一堆用户设备。可以使用 map 来维护这些信息，其中 key 为 topic，value 为设备的 list。下面使用代码来模拟多用户同时进入直播间时 map 信息的维护。

```
public class TestMap {
    //(1)创建map,key为topic,value为设备列表
    static ConcurrentHashMap<String, List<String>> map = new ConcurrentHashMap<>();
    public static void main(String[] args) {
        //(2)进入直播间topic1，线程one
        Thread threadOne = new Thread(new  Runnable() {
            public void run() {
                List<String> list1 = new CopyOnWriteArrayList<>();
                list1.add("device1");
                list1.add("device2");

                map.put("topic1", list1);
                System.out.println(JSON.toJSONString(map));
            }
        });
        //(3)进入直播间topic1，线程two
        Thread threadTwo = new Thread(new  Runnable() {
            public void run() {
                List<String> list1 = new CopyOnWriteArrayList<>();
                list1.add("device11");
                list1.add("device22");

                map.put("topic1", list1);

                System.out.println(JSON.toJSONString(map));
            }
        });

        //(4)进入直播间topic2，线程three
        Thread threadThree = new Thread(new  Runnable() {
            public void run() {
                List<String> list1 = new CopyOnWriteArrayList<>();
                list1.add("device111");
                list1.add("device222");

                map.put("topic2", list1);
```

```
            System.out.println(JSON.toJSONString(map));
        }
    });

    //(5)启动线程
    threadOne.start();
    threadTwo.start();
    threadThree.start();
    }
}
```

代码（1）创建了一个并发 map，用来存放 topic 及与其对应的设备列表。

代码（2）和代码（3）模拟用户进入直播间 topic1，代码（4）模拟用户进入直播间 topic2。

代码（5）启动线程。

运行代码，输出结果如下。

```
{"topic1":["device11","device22"],"topic2":["device111","device222"]}
{"topic1":["device11","device22"],"topic2":["device111","device222"]}
{"topic1":["device11","device22"],"topic2":["device111","device222"]}
```

或者输出如下。

```
{"topic1":["device1","device2"],"topic2":["device111","device222"]}
{"topic1":["device1","device2"],"topic2":["device111","device222"]}
{"topic1":["device1","device2"],"topic2":["device111","device222"]}
```

可见，topic1 房间中的用户会丢失一部分，这是因为 put 方法如果发现 map 里面存在这个 key，则使用 value 覆盖该 key 对应的老的 value 值。而 putIfAbsent 方法则是，如果发现已经存在该 key 则返回该 key 对应的 value，但并不进行覆盖，如果不存在则新增该 key，并且判断和写入是原子性操作。使用 putIfAbsent 替代 put 方法后的代码如下。

```
public class TestMap2 {
    //(1)创建map,key为topic,value为设备列表
    static ConcurrentHashMap<String, List<String>> map = new ConcurrentHashMap<>();
    public static void main(String[] args) {
        //(2)进入直播间topic1,  线程one
        Thread threadOne = new Thread(new  Runnable() {
            public void run() {
                List<String> list1 = new CopyOnWriteArrayList<>();
                list1.add("device1");
```

```
            list1.add("device2");
            //(2.1)
            List<String> oldList = map.putIfAbsent("topic1", list1);
            if(null != oldList){
                oldList.addAll(list1);
            }
            System.out.println(JSON.toJSONString(map));
        }
});
//(3)进入直播间topic1，线程two
Thread threadTwo = new Thread(new  Runnable() {
    public void run() {
        List<String> list1 = new CopyOnWriteArrayList<>();
        list1.add("device11");
        list1.add("device22");

        List<String> oldList = map.putIfAbsent("topic1", list1);
        if(null != oldList){
            oldList.addAll(list1);
        }

        System.out.println(JSON.toJSONString(map));
    }
});


//(4)进入直播间topic2，线程three
Thread threadThree = new Thread(new  Runnable() {
    public void run() {
        List<String> list1 = new CopyOnWriteArrayList<>();
        list1.add("device111");
        list1.add("device222");

        List<String> oldList = map.putIfAbsent("topic2", list1);
        if(null != oldList){
            oldList.addAll(list1);
        }
        System.out.println(JSON.toJSONString(map));
    }
});


//(5)启动线程
threadOne.start();
threadTwo.start();
```

```
        threadThree.start();
    }
}
```

在如上代码（2.1）中，使用 map.putIfAbsent 方法添加新设备列表，如果 topic1 在 map 中不存在，则将 topic1 和对应设备列表放入 map。要注意的是，这个判断和放入是原子性操作，放入后会返回 null。如果 topic1 已经在 map 里面存在，则调用 putIfAbsent 会返回 topic1 对应的设备列表，若发现返回的设备列表不为 null 则把新的设备列表添加到返回的设备列表里面，从而问题得到解决。

运行结果为

```
{"topic1":["device1","device2","device11","device22"],"topic2":["device111","devi
ce222"]}
{"topic1":["device1","device2","device11","device22"],"topic2":["device111","devi
ce222"]}
{"topic1":["device1","device2","device11","device22"],"topic2":["device111","devi
ce222"]}
```

总结：put(K key, V value) 方法判断如果 key 已经存在，则使用 value 覆盖原来的值并返回原来的值，如果不存在则把 value 放入并返回 null。而 putIfAbsent(K key, V value) 方法则是如果 key 已经存在则直接返回原来对应的值并不使用 value 覆盖，如果 key 不存在则放入 value 并返回 null，另外要注意，判断 key 是否存在和放入是原子性操作。

11.4 SimpleDateFormat 是线程不安全的

SimpleDateFormat 是 Java 提供的一个格式化和解析日期的工具类，在日常开发中经常会用到，但是由于它是线程不安全的，所以多线程共用一个 SimpleDateFormat 实例对日期进行解析或者格式化会导致程序出错。本节来揭示它为何是线程不安全的，以及如何避免该问题。

11.4.1 问题复现

为了复现问题，编写如下代码。

```
public class TestSimpleDateFormat {
    //(1)创建单例实例
    static SimpleDateFormat sdf = new SimpleDateFormat("yyyy-MM-dd HH:mm:ss");
```

```
public static void main(String[] args) {
    //(2)创建多个线程，并启动
    for (int i = 0; i <10 ; ++i) {
        Thread thread = new Thread(new Runnable() {
            public void run() {
                try {//(3)使用单例日期实例解析文本
                    System.out.println(sdf.parse("2017-12-13 15:17:27"));
                } catch (ParseException e) {
                    e.printStackTrace();
                }
            }
        });
        thread.start();//(4)启动线程
    }
}
```

代码（1）创建了 SimpleDateFormat 的一个实例，代码（2）创建 10 个线程，每个线程都共用同一个 sdf 对象对文本日期进行解析。多运行几次代码就会抛出 java.lang.NumberFormatException 异常，增加线程的个数有利于复现该问题。

11.4.2　问题分析

为了便于分析，首先来看 SimpleDateFormat 的类图结构（见图 11-8）。

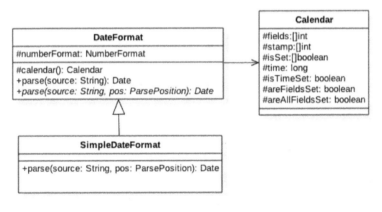

图 11-8

可以看到，每个 SimpleDateFormat 实例里面都有一个 Calendar 对象，后面我们就会知道，SimpleDateFormat 之所以是线程不安全的，就是因为 Calendar 是线程不安全的。后者之所以是线程不安全的，是因为其中存放日期数据的变量都是线程不安全的，比如 fields、time 等。

下面从代码层面来看下 parse 方法做了什么事情。

```
public Date parse(String text, ParsePosition pos)
{

    //(1)解析日期字符串，并将解析好的数据放入CalendarBuilder的实例calb中
    ...

    Date parsedDate;
    try {//（2）使用calb中解析好的日期数据设置calendar
        parsedDate = calb.establish(calendar).getTime();
        ...
    }

    catch (IllegalArgumentException e) {
        ...
        return null;
    }

    return parsedDate;
}
```

代码（1）的主要作用是解析日期字符串并把解析好的数据放入 CalendarBuilder 的实例 calb 中。CalendarBuilder 是一个建造者模式，用来存放后面需要的数据。

代码（2）使用 calb 中解析好的日期数据设置 calendar，calb.establish 的代码如下。

```
Calendar establish(Calendar cal) {
    ...
    //（3）重置日期对象cal的属性值
    cal.clear();
    //(4) 使用calb中的属性设置cal
    ...
    //(5)返回设置好的cal对象
    return cal;
}
```

代码（3）重置 Calendar 对象里面的属性值，如下所示。

```
public final void clear()
{
```

```
    for (int i = 0; i < fields.length; ) {
        stamp[i] = fields[i] = 0; // UNSET == 0
        isSet[i++] = false;
    }
    areAllFieldsSet = areFieldsSet = false;
    isTimeSet = false;
}
```

代码（4）使用 calb 中解析好的日期数据设置 cal 对象。

代码（5）返回设置好的 cal 对象。

从以上代码可以看出，代码（3）、代码（4）和代码（5）并不是原子性操作。当多个线程调用 parse 方法时，比如线程 A 执行了代码（3）和代码（4），也就是设置好了 cal 对象，但是在执行代码（5）之前，线程 B 执行了代码（3），清空了 cal 对象。由于多个线程使用的是一个 cal 对象，所以线程 A 执行代码（5）返回的可能就是被线程 B 清空的对象，当然也有可能线程 B 执行了代码（4），设置被线程 A 修改的 cal 对象，从而导致程序出现错误。

那么怎么解决呢？

- 第一种方式：每次使用时 new 一个 SimpleDateFormat 的实例，这样可以保证每个实例使用自己的 Calendar 实例，但是每次使用都需要 new 一个对象，并且使用后由于没有其他引用，又需要回收，开销会很大。
- 第二种方式：出错的根本原因是因为多线程下代码（3）、代码（4）和代码（5）三个步骤不是一个原子性操作，那么容易想到的是对它们进行同步，让代码（3）、代码（4）和代码（5）成为原子性操作。可以使用 synchronized 进行同步，具体如下。

```
public class TestSimpleDateFormat {
    // (1)创建单例实例
    static SimpleDateFormat sdf = new SimpleDateFormat("yyyy-MM-dd HH:mm:ss");

    public static void main(String[] args) {
        // (2)创建多个线程，并启动
        for (int i = 0; i < 10; ++i) {
            Thread thread = new Thread(new Runnable() {
                public void run() {
                    try {// (3)使用单例日期实例解析文本
                        synchronized (sdf) {
                            System.out.println(sdf.parse("2017-12-13 15:17:27"));
```

```
                }
            } catch (ParseException e) {
                e.printStackTrace();
            }
        }
    });
    thread.start();// (4)启动线程
    }
    }
}
```

进行同步意味着多个线程要竞争锁，在高并发场景下这会导致系统响应性能下降。

- 第三种方式：使用 ThreadLocal，这样每个线程只需要使用一个 SimpleDateFormat 实例，这相比第一种方式大大节省了对象的创建销毁开销，并且不需要使多个线程同步。使用 ThreadLocal 方式的代码如下。

```
public class TestSimpleDateFormat2 {
    // (1)创建threadlocal实例
    static ThreadLocal<DateFormat> safeSdf = new ThreadLocal<DateFormat>(){
        @Override
        protected SimpleDateFormat initialValue(){
            return new SimpleDateFormat("yyyy-MM-dd HH:mm:ss");
        }
    };

    public static void main(String[] args) {
        // (2)创建多个线程，并启动
        for (int i = 0; i < 10; ++i) {
            Thread thread = new Thread(new Runnable() {
                public void run() {
                    try {// (3)使用单例日期实例解析文本
                        System.out.println(safeSdf.get().parse("2017-12-13
                        15:17:27"));
                    } catch (ParseException e) {
                        e.printStackTrace();
                    }finally {
                        //(4)使用完毕记得清除，避免内存泄漏
                        safeSdf.remove();
                    }
                }
            });
            thread.start();// (5)启动线程
```

```
            }
        }
}
```

代码（1）创建了一个线程安全的 SimpleDateFormat 实例，代码（3）首先使用 get()
方法获取当前线程下 SimpleDateFormat 的实例。在第一次调用 ThreadLocal 的 get()方法时，
会触发其 initialValue 方法创建当前线程所需要的 SimpleDateFormat 对象。另外需要注意
的是，在代码（4）中，使用完线程变量后，要进行清理，以避免内存泄漏。

11.4.3 小结

本节通过简单介绍 SimpleDateFormat 的原理解释了为何 SimpleDateFormat 是线程不
安全的，应该避免在多线程下使用 SimpleDateFormat 的单个实例。

11.5 使用 Timer 时需要注意的事情

当一个 Timer 运行多个 TimerTask 时，只要其中一个 TimerTask 在执行中向 run 方法
外抛出了异常，则其他任务也会自动终止。

11.5.1 问题的产生

这里做了一个小的 demo 来复现问题，代码如下。

```
public class TestTimer {
    //创建定时器对象
    static Timer timer = new Timer();

    public static void main(String[] args) {
     //添加任务1,延迟500ms执行
        timer.schedule(new TimerTask() {

            @Override
            public void run() {
                System.out.println("---one Task---");
                try {
                    Thread.sleep(1000);
                } catch (InterruptedException e) {
                    e.printStackTrace();
                }
```

```
                throw new RuntimeException("error ");
            }
        }, 500);
    //添加任务2，延迟1000ms执行
        timer.schedule(new TimerTask() {

            @Override
            public void run() {
                for (;;) {
                    System.out.println("---two Task---");
                    try {
                        Thread.sleep(1000);
                    } catch (InterruptedException e) {
                        // TODO Auto-generated catch block
                        e.printStackTrace();
                    }
                }
            }
        }, 1000);

    }
}
```

如上代码首先添加了第一个任务，让其在 500ms 后执行。然后添加了第二个任务在 1s 后执行，我们期望当第一个任务输出 ---one Task--- 后，等待 1s，第二个任务输出 ---two Task---，但是执行代码后，输出结果为

```
---one Task---
Exception in thread "Timer-0" java.lang.RuntimeException: error
    at com.zlx.Timer.TestTimer$1.run(TestTimer.java:22)
    at java.util.TimerThread.mainLoop(Timer.java:555)
    at java.util.TimerThread.run(Timer.java:505)
```

11.5.2　Timer 实现原理分析

下面简单介绍 Timer 的原理，如图 11-9 所示是 Timer 的原理模型。

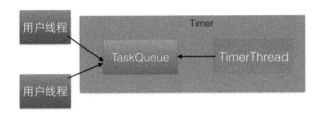

图 11-9

- TaskQueue 是一个由平衡二叉树堆实现的优先级队列，每个 Timer 对象内部有一个 TaskQueue 队列。用户线程调用 Timer 的 schedule 方法就是把 TimerTask 任务添加到 TaskQueue 队列。在调用 schedule 方法时，long delay 参数用来指明该任务延迟多少时间执行。

- TimerThread 是具体执行任务的线程，它从 TaskQueue 队列里面获取优先级最高的任务进行执行。需要注意的是，只有执行完了当前的任务才会从队列里获取下一个任务，而不管队列里是否有任务已经到了设置的 delay 时间。一个 Timer 只有一个 TimerThread 线程，所以可知 Timer 的内部实现是一个多生产者 - 单消费者模型。

从该实现模型我们知道，要探究上面的问题只需研究 TimerThread 的实现就可以了。TimerThread 的 run 方法的主要逻辑代码如下。

```
public void run() {
    try {
        mainLoop();
    } finally {
        // Someone killed this Thread, behave as if Timer cancelled
        synchronized(queue) {
            newTasksMayBeScheduled = false;
            queue.clear();  // Eliminate obsolete references
        }
    }
}

 private void mainLoop() {
        while (true) {
            try {
                TimerTask task;
                boolean taskFired;
                //从队列里面获取任务时要加锁
                synchronized(queue) {
                    ...
```

```
            }
            if (taskFired)
                task.run();//执行任务
        } catch(InterruptedException e) {
        }
    }
}
```

当任务在执行过程中抛出 InterruptedException 之外的异常时，唯一的消费线程就会因为抛出异常而终止，那么队列里的其他待执行的任务就会被清除。所以在 TimerTask 的 run 方法内最好使用 try-catch 结构捕捉可能的异常，不要把异常抛到 run 方法之外。其实要实现 Timer 功能，使用 ScheduledThreadPoolExecutor 的 schedule 是比较好的选择。如果 ScheduledThreadPoolExecutor 中的一个任务抛出异常，其他任务则不受影响。

```java
public class TestScheduledThreadPoolExecutor {

    static ScheduledThreadPoolExecutor scheduledThreadPoolExecutor = new
ScheduledThreadPoolExecutor(1);

    public static void main(String[] args) {

        scheduledThreadPoolExecutor.schedule(new Runnable() {

            @Override
            public void run()  {
                System.out.println("---one Task---");
                try {
                    Thread.sleep(1000);
                } catch (InterruptedException e) {
                    e.printStackTrace();
                }
                throw new RuntimeException("error ");
            }

        }, 500, TimeUnit.MICROSECONDS);

        scheduledThreadPoolExecutor.schedule(new Runnable() {

            @Override
            public void run() {
                for (int i =0;i<2;++i) {
                    System.out.println("---two Task---");
```

```
                try {
                    Thread.sleep(1000);
                } catch (InterruptedException e) {
                    e.printStackTrace();
                }

            }

        }

    }, 1000, TimeUnit.MICROSECONDS);

    scheduledThreadPoolExecutor.shutdown();
    }
}
```

运行结果如下。

```
TestScheduledThreadPoolExecutor [Java Application] /Library/Java/JavaVirtualMachines/jdk1.8.0_101.jdk/Cont
---one Task---
---two Task---
---two Task---
---two Task---
---two Task---
---two Task---
---two Task---
---two Task---
---two Task---
---two Task---
---two Task---
---two Task---
```

之所以 ScheduledThreadPoolExecutor 的其他任务不受抛出异常的任务的影响，是因为在 ScheduledThreadPoolExecutor 中的 ScheduledFutureTask 任务中 catch 掉了异常，但是在线程池任务的 run 方法内使用 catch 捕获异常并打印日志是最佳实践。

11.5.3　小结

ScheduledThreadPoolExecutor 是并发包提供的组件，其提供的功能包含但不限于 Timer。Timer 是固定的多线程生产单线程消费，但是 ScheduledThreadPoolExecutor 是可以配置的，既可以是多线程生产单线程消费也可以是多线程生产多线程消费，所以在日常开发中使用定时器功能时应该优先使用 ScheduledThreadPoolExecutor。

11.6　对需要复用但是会被下游修改的参数要进行深复制

11.6.1　问题的产生

　　本节通过一个简单的消息发送 demo 来讲解。首先介绍消息发送的场景，比如每个安装有手淘 App 的移动设备有一个设备 ID，每个 App（比如手淘 App）有一个 appkey 用来标识这个应用。可以根据不同的 appkey 选择不同的发送策略，对注册到自己的设备进行消息发送，每个消息有一个消息 ID 和消息体字段。下面首先贴出实例代码，如下所示。

```java
// (1)不同appkey注册不同的服务
static Map<Integer, StrategyService> serviceMap = new HashMap<Integer,
StrategyService>();
static {
    serviceMap.put(111, new StrategyOneService());
    serviceMap.put(222, new StrategyTwoService());
}

public static void main(String[] args) {

    // (2)key为appkey,value为设备ID列表
    Map<Integer, List<String>> appKeyMap = new HashMap<Integer, List<String>>();

    // (3)创建appkey=111的设备列表
    List<String> oneList = new ArrayList<>();
    oneList.add("device_id1");
    appKeyMap.put(111, oneList);

    // 创建appkey=222的设备列表
    List<String> twoList = new ArrayList<>();
    twoList.add("device_id2");
    appKeyMap.put(222, twoList);

    // (4)创建消息
    List<Msg> msgList = new ArrayList<>();
    Msg msg = new Msg();
    msg.setDataId("abc");
    msg.setBody("hello");
    msgList.add(msg);

    // (5)根据不同的appKey使用不同的策略进行处理
    appKeyItr = appKeyMap.keySet().iterator();
```

```
    while (appKeyItr.hasNext()) {
        int appKey = appKeyItr.next();
        // 这里根据appkey获取自己的消息列表
        StrategyService strategyService = serviceMap.get(appKey);
        if(null != strategyService){
            strategyService.sendMsg(msgList, appKeyMap.get(appKey));
        }else{
            System.out.println(String.format("appkey:%s, is not registerd
                service", appKey));
        }
    }


    }
}
```

代码（1）给不同的 appkey 注册对应的处理策略，appkey=111 和 appkey=222 时分别注册了 StrategyOneService 和 StrategyTwoService 服务，它们都实现了 StrategyService 接口，具体代码如下。

```
public interface StrategyService {

    public void sendMsg(List<Msg> msgList,List<String> deviceIdList);
}
public class StrategyOneService implements StrategyService {

    @Override
    public void sendMsg(List<Msg> msgList, List<String> deviceIdList) {
        for (Msg msg : msgList) {
            msg.setDataId("oneService_" + msg.getDataId());
            System.out.println(msg.getDataId() + " " + JSON.
toJSONString(deviceIdList));
        }
    }
}
public class StrategyTwoService implements StrategyService {

    @Override
    public void sendMsg(List<Msg> msgList, List<String> deviceIdList) {

        for (Msg msg : msgList) {
            msg.setDataId("TwoService_" + msg.getDataId());
```

```
            System.out.println(msg.getDataId() + " " + JSON.
toJSONString(deviceIdList));
        }
    }
}
```

每个消息对应一个 DataId，其用来唯一标识一个消息。在每个发送消息的实现里面都会添加一个前缀以用于分类统计。

代码（2）和代码（3）则是给对应的 appkey 新增设备列表。

代码（4）创建消息体。

代码（5）实现根据不同的 appkey 使用不同的发送策略进行消息发送。

运行上面代码，我们期望的输出结果为

```
TwoService_abc ["device_id2"]
oneService_abc ["device_id1"]
```

但是实际结果却是

```
TwoService_abc ["device_id2"]
oneService_TwoService_abc ["device_id1"]
```

问题产生了。这个例子运行的结果是固定的，但是如果在每个发送消息的 sendMsg 方法里面异步修改消息的 DataId，那么运行的结果就不是固定的了。

11.6.2　问题分析

分析输出结果可以知道，代码（5）先执行了 appkey=222 的发送消息服务，然后再执行 appkey=111 的服务，之所以后者打印出来的 DataId 是 oneService_TwoService 而不是 oneService，是因为在 appkey=222 的消息服务里面修改了消息体 msg 的 DataId 为 TwoService_abc，而方法 sendMsg 里面的消息是引用传递的，所以导致 appkey=111 的服务在调用 sendMsg 方法时 msg 里面的 DataId 已经变成了 TwoService_abc，然后在 sendMsg 方法内部又会在它的前面添加 oneService 前缀，最后 DataId 就变成了 oneService_TwoService_abc。

那么该问题如何解决呢？首先应该想到的是不同的 appkey 应该有自己的一份 List<Msg>，这样不同的服务只会修改自己的消息的 DataId 而不会相互影响。那么下面修改代码（5）中的部分代码如下。

```
        serviceMap.get(appKey).sendMsg(new ArrayList<Msg>(msgList), appKeyMap.
get(appKey));
```

也就是在具体发送消息前重新 new 一个消息列表传递过去，这样应该可以了吧？其实这还是不行的，因为如果 appkey 的个数大于 1，那么在第二个 appkey 服务发送时 ArrayList 构造函数里面的 msgList 已经是第一个 appkey 的服务修改后的了。那么自然会想到应该在代码（5）前面给每个 appkey 事先准备好自己的消息列表，那么新增和修改代码（5）如下。

```
        //这里给每个appkey准备自己的消息列表
        Iterator<Integer> appKeyItr = appKeyMap.keySet().iterator();
        Map<Integer,List<Msg>> appKeyMsgMap = new HashMap<Integer, List<Msg>>();
        while(appKeyItr.hasNext()){
            appKeyMsgMap.put(appKeyItr.next(), new ArrayList<>(msgList));
        }

        // (5)根据不同的appKey使用不同的策略进行处理
        appKeyItr = appKeyMap.keySet().iterator();
        while (appKeyItr.hasNext()) {
            int appKey = appKeyItr.next();
            // 这里根据appkey获取自己的消息列表
            StrategyService strategyService = serviceMap.get(appKey);
            if(null != strategyService){
                strategyService.sendMsg(appKeyMsgMap.get(appKey), appKeyMap.
                get(appKey));
            }else{
                System.out.println(String.format("appkey:%s, is not registerd
                 service", appKey));
            }
        }
```

如上代码首先给每个 appkey 创建消息列表，然后放入 appKeyMsgMap。之后在代码（5）具体发送消息时根据 appkey 去获取相应的消息列表，这样应该没问题了吧？但是当你信心满满地执行并查看结果时就傻眼了，结果竟然和之前的一样。

那么问题出在哪里呢？给每个 appkey 搞一份消息列表，然后发送时使用自己的消息列表进行发送，这个策略是没问题的，那么只有一个情况，就是给每个 appkey 创建一份消息列表时出错了，所有 appkey 用的还是同一份列表。难道 new ArrayList<>(msgList) 里面还是引用？其实确实是，因为 Msg 本身是引用类型，而 new ArrayList<>(msgList) 这种方式是浅复制，每个 appkey 消息列表都是对同一个 Msg 的引用，修改代码如下。

```
// 这里给每个appkey准备一个消息列表
Iterator<Integer> appKeyItr = appKeyMap.keySet().iterator();
Map<Integer, List<Msg>> appKeyMsgMap = new HashMap<Integer, List<Msg>>();
while (appKeyItr.hasNext()) {

    //复制每个消息到临时消息列表
    List<Msg> tempList = new ArrayList<Msg>();
    Iterator<Msg> itrMsg = msgList.iterator();
    while (itrMsg.hasNext()) {

        Msg tmpMsg = null;
        try {
            //使用BeanUtils.cloneBean对Msg对象进行属性复制
            tmpMsg = (Msg) BeanUtils.cloneBean(itrMsg.next());
        } catch (Exception e) {
            e.printStackTrace();
        }
        if (null != tmpMsg) {
            tempList.add(tmpMsg);
        }

    }
    //存放当前appkey对应的经过深复制的消息列表
    appKeyMsgMap.put(appKeyItr.next(), tempList);
}
```

如上代码使用工具类 BeanUtils.cloneBean 而不是 new ArrayList<>(msgList) 来构造每个 appkey 对应的消息列表，修改后运行结果如下。

```
TwoService_abc ["device_id2"]
oneService_abc ["device_id1"]
```

至此问题得到解决。

11.6.3　小结

本节通过一个简单的消息发送例子说明了需要复用但是会被下游修改的参数要进行深复制，否则会导致出现错误的结果；另外引用类型作为集合元素时，如果使用这个集合作为另外一个集合的构造函数参数，会导致两个集合里面的同一个位置的元素指向的是同一个引用，这会导致对引用的修改在两个集合中都可见，所以这时候需要对引用元素进行深复制。

11.7　创建线程和线程池时要指定与业务相关的名称

在日常开发中，当在一个应用中需要创建多个线程或者线程池时最好给每个线程或者线程池根据业务类型设置具体的名称，以便在出现问题时方便进行定位。下面就通过实例来说明不设置为何难以定位问题，以及如何进行设置。

11.7.1　创建线程需要有线程名

下面通过简单的代码来说明不指定线程名称为何难定位问题，代码如下。

```java
public static void main(String[] args) {
    //订单模块
    Thread threadOne = new Thread(new Runnable() {
        public void run() {
            System.out.println("保存订单的线程");
            try {
                Thread.sleep(500);
            } catch (InterruptedException e) {
                e.printStackTrace();
            }
            throw new NullPointerException();
        }
    });
    //发货模块
    Thread threadTwo = new Thread(new Runnable() {
        public void run() {
            System.out.println("保存收获地址的线程");
        }
    });

    threadOne.start();
    threadTwo.start();

}
```

如上代码分别创建了线程 one 和线程 two，运行上面的代码，输出如下。

```
保存订单的线程
保存收获地址的线程
Exception in thread "Thread-0" java.lang.NullPointerException
        at com.zlx.thread.ThreadName$1.run(ThreadName.java:16)
        at java.lang.Thread.run(Thread.java:745)
```

从运行结果可知，Thread-0 抛出了 NPE 异常，那么单看这个日志根本无法判断是订单模块的线程抛出的异常。首先我们分析下这个 Thread-0 是怎么来的，我们看一下创建线程时的代码。

```
public Thread(Runnable target) {
    init(null, target, "Thread-" + nextThreadNum(), 0);
}
private void init(ThreadGroup g, Runnable target, String name,
                  long stackSize) {
    init(g, target, name, stackSize, null);
}
```

由这段代码可知，如果调用没有指定线程名称的方法创建线程，其内部会使用 "Thread-" + nextThreadNum() 作为线程的默认名称，其中 nextThreadNum 的代码如下。

```
private static int threadInitNumber;
private static synchronized int nextThreadNum() {
    return threadInitNumber++;
}
```

由此可知，threadInitNumber 是 static 变量，nextThreadNum 是 static 方法，所以线程的编号是全应用唯一的并且是递增的。这里由于涉及多线程递增 threadInitNumber，也就是执行读取—递增—写入操作，而这是线程不安全的，所以要使用方法级别的 synchronized 进行同步。

当一个系统中有多个业务模块而每个模块又都使用自己的线程时，除非抛出与业务相关的异常，否则你根本没法判断是哪一个模块出现了问题。现在修改代码如下。

```
static final String THREAD_SAVE_ORDER = "THREAD_SAVE_ORDER";
static final String THREAD_SAVE_ADDR = "THREAD_SAVE_ADDR";

public static void main(String[] args) {
    // 订单模块
    Thread threadOne = new Thread(new Runnable() {
        public void run() {
```

```
            System.out.println("保存订单的线程");
            throw new NullPointerException();
        }
    }, THREAD_SAVE_ORDER);
    // 发货模块
    Thread threadTwo = new Thread(new Runnable() {
        public void run() {
            System.out.println("保存收货地址的线程");
        }
    }, THREAD_SAVE_ADDR);

    threadOne.start();
    threadTwo.start();

}
```

如上代码在创建线程时给线程指定了一个与具体业务模块相关的名称，运行代码，输出结果为

```
<terminated> ThreadName2 [Java Application] /Library/Java/JavaVirtualMachines/jdk1.8.0_101.jdk/Contents/Home/bin/java (2017年12
保存订单的线程
保存收货地址的线程
Exception in thread "THREAD_SAVE_ORDER" java.lang.NullPointerException
        at com.zlx.thread.ThreadName2$1.run(ThreadName2.java:13)
        at java.lang.Thread.run(Thread.java:745)

```

从运行结果就可以定位到是保存订单模块抛出了 NPE 异常，一下子就可以找到问题所在。

11.7.2 创建线程池时也需要指定线程池的名称

同理，下面通过简单的代码来说明不指定线程池名称为何难定位问题，代码如下。

```
static ThreadPoolExecutor executorOne = new ThreadPoolExecutor(5, 5, 1,
TimeUnit.MINUTES, new LinkedBlockingQueue<>());
    static ThreadPoolExecutor executorTwo = new ThreadPoolExecutor(5, 5, 1,
TimeUnit.MINUTES, new LinkedBlockingQueue<>());

public static void main(String[] args) {

    //接受用户链接模块
    executorOne.execute(new  Runnable() {
        public void run() {
```

```
            System.out.println("接受用户链接线程");
            throw new NullPointerException();
        }
    });
    //具体处理用户请求模块
    executorTwo.execute(new  Runnable() {
        public void run() {
            System.out.println("具体处理业务请求线程");
        }
    });

    executorOne.shutdown();
    executorTwo.shutdown();
}
```

运行代码，输出结果如下。

```
<terminated> ThreadPool [Java Application] /Library/Java/JavaVirtualMachines/jdk1.8.0_101.jdk/Contents/Home/bin/java (2017年12月16日 下
接受用户链接线程
Exception in thread "pool-1-thread-1" java.lang.NullPointerException
        at com.zlx.thread.ThreadPool$1.run(ThreadPool.java:18)
        at java.util.concurrent.ThreadPoolExecutor.runWorker(ThreadPoolExecutor.java:1142)
        at java.util.concurrent.ThreadPoolExecutor$Worker.run(ThreadPoolExecutor.java:617)
        at java.lang.Thread.run(Thread.java:745)
具体处理业务请求线程
```

同样，我们并不知道是哪个模块的线程池抛出了这个异常，那么我们看下这个 pool-1-thread-1 是如何来的。其实这里使用了线程池默认的 ThreadFactory，查看线程池创建的源码如下。

```
public ThreadPoolExecutor(int corePoolSize,
                          int maximumPoolSize,
                          long keepAliveTime,
                          TimeUnit unit,
                          BlockingQueue<Runnable> workQueue) {
    this(corePoolSize, maximumPoolSize, keepAliveTime, unit, workQueue,
        Executors.defaultThreadFactory(), defaultHandler);
}

public static ThreadFactory defaultThreadFactory() {
return new DefaultThreadFactory();
}

static class DefaultThreadFactory implements ThreadFactory {
    //(1)
    private static final AtomicInteger poolNumber = new AtomicInteger(1);
```

```
    private final ThreadGroup group;
    //(2)
    private final AtomicInteger threadNumber = new AtomicInteger(1);
    //(3)
    private final String namePrefix;

    DefaultThreadFactory() {
        SecurityManager s = System.getSecurityManager();
        group = (s != null) ? s.getThreadGroup() :
                            Thread.currentThread().getThreadGroup();
        namePrefix = "pool-" +
                    poolNumber.getAndIncrement() +
                    "-thread-";
    }

    public Thread newThread(Runnable r) {
        //(4)
        Thread t = new Thread(group, r,
                            namePrefix + threadNumber.getAndIncrement(),
                            0);
        if (t.isDaemon())
            t.setDaemon(false);
        if (t.getPriority() != Thread.NORM_PRIORITY)
            t.setPriority(Thread.NORM_PRIORITY);
        return t;
    }
}
```

代码（1）中的 poolNumber 是 static 的原子变量，用来记录当前线程池的编号，它是应用级别的，所有线程池共用一个，比如创建第一个线程池时线程池编号为 1，创建第二个线程池时线程池的编号为 2，所以 pool-1-thread-1 里面的 pool-1 中的 1 就是这个值。

代码（2）中的 threadNumber 是线程池级别的，每个线程池使用该变量来记录该线程池中线程的编号，所以 pool-1-thread-1 里面的 thread-1 中的 1 就是这个值。

代码（3）中的 namePrefix 是线程池中线程名称的前缀，默认固定为 pool。

代码（4）具体创建线程，线程的名称是使用 namePrefix + threadNumber. getAndIncrement() 拼接的。

由此我们知道，只需对 DefaultThreadFactory 的代码中的 namePrefix 的初始化做下手脚，即当需要创建线程池时传入与业务相关的 namePrefix 名称就可以了，代码如下。

```
// 命名线程工厂
static class NamedThreadFactory implements ThreadFactory {
    private static final AtomicInteger poolNumber = new AtomicInteger(1);
    private final ThreadGroup group;
    private final AtomicInteger threadNumber = new AtomicInteger(1);
    private final String namePrefix;

    NamedThreadFactory(String name) {

        SecurityManager s = System.getSecurityManager();
        group = (s != null) ? s.getThreadGroup() : Thread.currentThread().
          getThreadGroup();
        if (null == name || name.isEmpty()) {
            name = "pool";
        }

        namePrefix = name + "-" + poolNumber.getAndIncrement() + "-thread-";
    }

    public Thread newThread(Runnable r) {
        Thread t = new Thread(group, r, namePrefix + threadNumber.
          getAndIncrement(), 0);
        if (t.isDaemon())
            t.setDaemon(false);
        if (t.getPriority() != Thread.NORM_PRIORITY)
            t.setPriority(Thread.NORM_PRIORITY);
        return t;
    }
}
```

创建线程池如下。

```
static ThreadPoolExecutor executorOne = new ThreadPoolExecutor(5, 5, 1,
    TimeUnit.MINUTES,
        new LinkedBlockingQueue<>(), new NamedThreadFactory("ASYN-ACCEPT-POOL"));
static ThreadPoolExecutor executorTwo = new ThreadPoolExecutor(5, 5, 1,
        TimeUnit.MINUTES,
        new LinkedBlockingQueue<>(), new NamedThreadFactory("ASYN-PROCESS-POOL"));
```

执行结果如下。

接受用户链接线程Exception in thread "ASYN-ACCEPT-POOL-1-thread-1"
java.lang.NullPointerException
    at com.zlx.thread.ThreadPool2$1.run(ThreadPool2.java:50)
    at java.util.concurrent.ThreadPoolExecutor.runWorker(ThreadPoolExecutor.java:1142)
    at java.util.concurrent.ThreadPoolExecutor$Worker.run(ThreadPoolExecutor.java:617)
    at java.lang.Thread.run(Thread.java:745)
具体处理业务请求线程

从 ASYN-ACCEPT-POOL-1-thread-1 就可以知道，这是接受用户链接线程池抛出的异常。

11.7.3 小结

本节通过简单的例子介绍了为何不为线程或者线程池起名字会给问题排查带来麻烦，然后通过源码分析介绍了线程和线程池名称及默认名称是如何来的，以及如何定义线程池名称以便追溯问题。另外，在 run 方法内使用 try-catch 块，避免将异常抛到 run 方法之外，同时打印日志也是一个最佳实践。

11.8 使用线程池的情况下当程序结束时记得调用 shutdown 关闭线程池

在日常开发中为了便于线程的有效复用，经常会用到线程池，然而使用完线程池后如果不调用 shutdown 关闭线程池，则会导致线程池资源一直不被释放。下面通过简单的例子来说明该问题。

11.8.1 问题复现

下面通过一个例子说明如果不调用线程池对象的 shutdown 方法关闭线程池，则当线程池里面的任务执行完毕并且主线程已经退出后，JVM 仍然存在。

```java
public class TestShutDown {

    static void asynExecuteOne() {
    ExecutorService executor = Executors.newSingleThreadExecutor();
    executor.execute(new  Runnable() {
        public void run() {
            System.out.println("--async execute one ---");
        }
    });
    }
```

```
static void asynExecuteTwo() {
    ExecutorService executor = Executors.newSingleThreadExecutor();
    executor.execute(new Runnable() {
        public void run() {
            System.out.println("---async execute two ---");
        }
    });
}


public static void main(String[] args) {
    //(1)同步执行
    System.out.println("---sync execute---");
    //(2)异步执行操作one
    asynExecuteOne();
    //(3)异步执行操作two
    asynExecuteTwo();
    //(4)执行完毕
    System.out.println("---execute over---");
}
}
```

在如上代码的主线程里面，首先同步执行了代码（1），然后执行代码（2）和代码（3），
代码（2）和代码（3）使用线程池的一个线程执行异步操作，我们期望当主线程与代码（2）
和代码（3）执行完线程池里面的任务后整个 JVM 就会退出，但是执行结果却如下所示。

```
TestShutDown [Java Application] /Library/Java/JavaVirtualMachines/jdk1.8.0_101.jdk/Contents/Home/bin/java (201)
---sync execute---
--async execute one ---
---execute over---
--async execute two ---
```

右上的方块说明 JVM 进程还没有退出，在 Mac 上执行 ps -eaf|grep java 命令后发现
Java 进程还存在，这是什么情况呢？修改代码（2）和代码（3），在方法里面添加调用线
程池的 shutdown 方法的代码。

```
static void asynExecuteOne() {
    ExecutorService executor = Executors.newSingleThreadExecutor();
    executor.execute(new Runnable() {
        public void run() {
            System.out.println("--async execute one ---");
        }
}
```

```
    });

    executor.shutdown();
}

static void asynExecuteTwo() {
    ExecutorService executor = Executors.newSingleThreadExecutor();
    executor.execute(new  Runnable() {
        public void run() {
            System.out.println("--async execute two ---");
        }
    });

    executor.shutdown();
}
```

再次执行代码你会发现 JVM 已经退出了，使用 ps -eaf|grep java 命令查看，发现 Java
进程已经不存在了，这说明只有调用了线程池的 shutdown 方法后，线程池任务执行完毕，
线程池资源才会被释放。

11.8.2　问题分析

下面看为何会如此？大家或许还记得在基础篇讲解的守护线程与用户线程，JVM 退
出的条件是当前不存在用户线程，而线程池默认的 ThreadFactory 创建的线程是用户线程。

```
static class DefaultThreadFactory implements ThreadFactory {
    ...
    public Thread newThread(Runnable r) {
        Thread t = new Thread(group, r,
                              namePrefix + threadNumber.getAndIncrement(),
                              0);
        if (t.isDaemon())
            t.setDaemon(false);
        if (t.getPriority() != Thread.NORM_PRIORITY)
            t.setPriority(Thread.NORM_PRIORITY);
        return t;
    }
}
```

由如上代码可知，线程池默认的 ThreadFactory 创建的都是用户线程。而线程池里面
的核心线程是一直存在的，如果没有任务则会被阻塞，所以线程池里面的用户线程一直存
在。而 shutdown 方法的作用就是让这些核心线程终止，下面简单看下 shutdown 的主要代码。

```
public void shutdown() {
    final ReentrantLock mainLock = this.mainLock;
    mainLock.lock();
    try {
        ...
        //设置线程池状态为SHUTDOWN
        advanceRunState(SHUTDOWN);
        //中断所有的空闲工作线程
        interruptIdleWorkers();
        ...
    } finally {
        mainLock.unlock();
    }
    ...
}
```

这里在 shutdown 方法里面设置了线程池的状态为 SHUTDOWN，并且设置了所有 Worker 空闲线程（阻塞到队列的 take() 方法的线程）的中断标志。那么下面来看在工作线程 Worker 里面是不是设置了中断标志，然后它就会退出。

```
final void runWorker(Worker w) {
        ...
        try {
        while (task != null || (task = getTask()) != null) {
            ...
        }
        ...
        } finally {
            ...
        }
    }

private Runnable getTask() {
        boolean timedOut = false;

        for (;;) {
            ...
            //(1)
            if (rs >= SHUTDOWN && (rs >= STOP || workQueue.isEmpty())) {
                decrementWorkerCount();
                return null;
            }

            try {
```

```
            //(2)
            Runnable r = timed ?
                workQueue.poll(keepAliveTime, TimeUnit.NANOSECONDS) :
                workQueue.take();
            if (r != null)
                return r;
            timedOut = true;
        } catch (InterruptedException retry) {
            timedOut = false;
        }
    }
}
```

在如上代码中，在正常情况下如果队列里面没有任务，则工作线程被阻塞到代码（2）等待从工作队列里面获取一个任务。这时候如果调用线程池的 shutdown 命令（shutdown 命令会中断所有工作线程），则代码（2）会抛出 InterruptedException 异常而返回，而这个异常被捕捉到了，所以继续执行代码（1），而执行 shutdown 时设置了线程池的状态为 SHUTDOWN，所以 getTask 方法返回了 null，因而 runWorker 方法退出循环，该工作线程就退出了。

11.8.3 小结

本节通过一个简单的使用线程池异步执行任务的案例介绍了使用完线程池后如果不调用 shutdown 方法，则会导致线程池的线程资源一直不会被释放，并通过源码分析了没有被释放的原因。所以在日常开发中使用线程池后一定不要忘记调用 shutdown 方法关闭。

11.9 线程池使用 FutureTask 时需要注意的事情

线程池使用 FutureTask 时如果把拒绝策略设置为 DiscardPolicy 和 DiscardOldestPolicy，并且在被拒绝的任务的 Future 对象上调用了无参 get 方法，那么调用线程会一直被阻塞。

11.9.1 问题复现

下面先通过一个简单的例子来复现问题。

```
public class FutureTest {

    //(1)线程池单个线程，线程池队列元素个数为1
```

```java
    private final static ThreadPoolExecutor executorService = new
ThreadPoolExecutor(1, 1, 1L, TimeUnit.MINUTES,
        new ArrayBlockingQueue<Runnable>(1),new ThreadPoolExecutor.
DiscardPolicy());

    public static void main(String[] args) throws Exception {

        //(2)添加任务one
        Future futureOne = executorService.submit(new Runnable() {
            @Override
            public void run() {

                System.out.println("start runable one");
                try {
                    Thread.sleep(5000);
                } catch (InterruptedException e) {
                    e.printStackTrace();
                }
            }
        });

        //(3)添加任务two
        Future futureTwo = executorService.submit(new Runnable() {
            @Override
            public void run() {
                System.out.println("start runable two");
            }
        });

        //(4)添加任务three
        Future futureThree=null;
        try {
            futureThree = executorService.submit(new Runnable() {
                @Override
                public void run() {
                    System.out.println("start runable three");
                }
            });
        } catch (Exception e) {
            System.out.println(e.getLocalizedMessage());
        }
```

```
        System.out.println("task one " + futureOne.get());//(5)等待任务one执行完毕
        System.out.println("task two " + futureTwo.get());//(6)等待任务two执行完毕
        System.out.println("task three " + (futureThree==null?null:futureThree.
get()));// (7)等待任务three执行完毕


        executorService.shutdown();//(8)关闭线程池，阻塞直到所有任务执行完毕
    }
```

输出结果为

```
FutureTest [Java Application] /Library/Java/JavaVirtualMachines/jdk1.8.0_101.jdk/Contents/Home/bin/java (2017年12月12日 下午11:00:32)
start runable one
task one null
start runable two
task two null
```

代码（1）创建了一个单线程和一个队列元素个数为 1 的线程池，并且把拒绝策略设置为 DiscardPolicy。

代码（2）向线程池提交了一个任务 one，并且这个任务会由唯一的线程来执行，任务在打印 start runable one 后会阻塞该线程 5s。

代码（3）向线程池提交了一个任务 two，这时候会把任务 two 放入阻塞队列。

代码（4）向线程池提交任务 three，由于队列已满所以触发拒绝策略丢弃任务 three。从执行结果看，在任务 one 阻塞的 5s 内，主线程执行到了代码（5）并等待任务 one 执行完毕，当任务 one 执行完毕后代码（5）返回，主线程打印出 task one null。任务 one 执行完成后线程池的唯一线程会去队列里面取出任务 two 并执行，所以输出 start runable two，然后代码（6）返回，这时候主线程输出 task two null。然后执行代码（7）等待任务 three 执行完毕。从执行结果看，代码（7）会一直阻塞而不会返回，至此问题产生。如果把拒绝策略修改为 DiscardOldestPolicy，也会存在有一个任务的 get 方法一直阻塞，只是现在是任务 two 被阻塞。但是如果把拒绝策略设置为默认的 AbortPolicy 则会正常返回，并且会输出如下结果。

```
start runable one
Task java.util.concurrent.FutureTask@135fbaa4 rejected from java.util.concurrent.Thr
eadPoolExecutor@45ee12a7[Running, pool size = 1, active threads = 1, queued tasks =
1, completed tasks = 0]
task one null
```

```
start runable two
task two null
task three null
```

11.9.2 问题分析

要分析这个问题，需要看线程池的 submit 方法都做了什么，submit 方法的代码如下。

```java
public Future<?> submit(Runnable task) {
    ...
    //（1）装饰Runnable为Future对象
    RunnableFuture<Void> ftask = newTaskFor(task, null);
    execute(ftask);
    //(6)返回Future对象
    return ftask;
}


    protected <T> RunnableFuture<T> newTaskFor(Runnable runnable, T value) {
    return new FutureTask<T>(runnable, value);
}


public void execute(Runnable command) {
    ...
    //(2) 如果线程个数小于核心线程数则新增处理线程
    int c = ctl.get();
    if (workerCountOf(c) < corePoolSize) {
        if (addWorker(command, true))
            return;
        c = ctl.get();
    }
    //（3）如果当前线程个数已经达到核心线程数则把任务放入队列
    if (isRunning(c) && workQueue.offer(command)) {
        int recheck = ctl.get();
        if (! isRunning(recheck) && remove(command))
            reject(command);
        else if (workerCountOf(recheck) == 0)
            addWorker(null, false);
    }
    //（4）尝试新增处理线程
    else if (!addWorker(command, false))
        reject(command);//(5)新增失败则调用拒绝策略
}
```

在以上代码中，代码（1）装饰 Runnable 为 FutureTask 对象，然后调用线程池的 execute 方法。

代码（2）判断如果线程个数小于核心线程数则新增处理线程。

代码（3）判断如果当前线程个数已经达到核心线程数则将任务放入队列。

代码（4）尝试新增处理线程。失败则执行代码（5），否则直接使用新线程处理。代码（5）执行具体拒绝策略，从这里也可以看出，使用业务线程执行拒绝策略。

所以要找到上面例子中问题所在，只需要看代码（5）对被拒绝任务的影响，这里先看下拒绝策略 DiscardPolicy 的代码。

```
public static class DiscardPolicy implements RejectedExecutionHandler {
    public DiscardPolicy() { }
    public void rejectedExecution(Runnable r, ThreadPoolExecutor e) {
    }
}
```

拒绝策略的 rejectedExecution 方法什么都没做，代码（4）调用 submit 后会返回一个 Future 对象。这里有必要再次重申，Future 是有状态的，Future 的状态枚举值如下。

```
private static final int NEW          = 0;
private static final int COMPLETING   = 1;
private static final int NORMAL       = 2;
private static final int EXCEPTIONAL  = 3;
private static final int CANCELLED    = 4;
private static final int INTERRUPTING = 5;
private static final int INTERRUPTED  = 6;
```

在代码（1）中使用 newTaskFor 方法将 Runnable 任务转换为 FutureTask，而在 FutureTask 的构造函数里面设置的状态就是 NEW。

```
public FutureTask(Runnable runnable, V result) {
    this.callable = Executors.callable(runnable, result);
    this.state = NEW;        // ensure visibility of callable
}
```

所以使用 DiscardPolicy 策略提交后返回了一个状态为 NEW 的 Future 对象。那么我们下面就需要看下当调用 Future 的无参 get 方法时 Future 变为什么状态才会返回，那就要看下 FutureTask 的 get（）方法代码。

```
    public V get() throws InterruptedException, ExecutionException {
        int s = state;
        //当状态值<=COMPLETING时需要等待, 否则调用report返回
        if (s <= COMPLETING)
            s = awaitDone(false, OL);
        return report(s);
    }

    private V report(int s) throws ExecutionException {
    Object x = outcome;
    //状态值为NORMAL正常返回
    if (s == NORMAL)
        return (V)x;
    //状态值大于等于CANCELLED则抛出异常
    if (s >= CANCELLED)
        throw new CancellationException();
    throw new ExecutionException((Throwable)x);
}
```

也就是说, 当 Future 的状态 >COMPLETING 时调用 get 方法才会返回, 而明显 DiscardPolicy 策略在拒绝元素时并没有设置该 Future 的状态, 后面也没有其他机会可以设置该 Future 的状态, 所以 Future 的状态一直是 NEW, 所以一直不会返回。同理, DiscardOldestPolicy 策略也存在这样的问题, 最老的任务被淘汰时没有设置被淘汰任务对应 Future 的状态。

那么默认的 AbortPolicy 策略为啥没问题呢？其实在执行 AbortPolicy 策略时, 代码 (5) 会直接抛出 RejectedExecutionException 异常, 也就是 submit 方法并没有返回 Future 对象, 这时候 futureThree 是 null。

所以当使用 Future 时, 尽量使用带超时时间的 get 方法, 这样即使使用了 DiscardPolicy 拒绝策略也不至于一直等待, 超时时间到了就会自动返回。如果非要使用不带参数的 get 方法则可以重写 DiscardPolicy 的拒绝策略, 在执行策略时设置该 Future 的状态大于 COMPLETING 即可。但是我们查看 FutureTask 提供的方法, 会发现只有 cancel 方法是 public 的, 并且可以设置 FutureTask 的状态大于 COMPLETING, 则重写拒绝策略的具体代码如下。

```
public class MyRejectedExecutionHandler implements RejectedExecutionHandler{

    @Override
```

```
public void rejectedExecution(Runnable runable, ThreadPoolExecutor e) {
    if (!e.isShutdown()) {
        if(null != runable && runable instanceof FutureTask){
            ((FutureTask) runable).cancel(true);
        }
    }
}

}
```

使用这个策略时，由于在 cancel 的任务上调用 get() 方法会抛出异常，所以代码（7）需要使用 try-catch 块捕获异常，因此将代码（7）修改为如下所示。

```
try{
    System.out.println("task three " + (futureThree==null?null:futureThree.
      get()));// (6)等待任务three
}catch(Exception e){
    System.out.println(e.getLocalizedMessage());
}
```

执行结果为

```
<terminated> FutureTest [Java Application] /Library/Java/JavaVirtualMachines/jdk1.8.0_101.jdk/Contents/Home/bin/java (2017年12月13日 上午9:47:30)
start runable one
task one null
start runable two
task two null
null
```

当然这相比正常情况多了一个异常捕获操作。最好的情况是，重写拒绝策略时设置 FutureTask 的状态为 NORMAL，但是这需要重写 FutureTask 方法，因为 FutureTask 并没有提供接口让我们设置。

11.9.3 小结

本节通过案例介绍了在线程池中使用 FutureTask 时，当拒绝策略为 DiscardPolicy 和 DiscardOldestPolicy 时，在被拒绝的任务的 FutureTask 对象上调用 get() 方法会导致调用线程一直阻塞，所以在日常开发中尽量使用带超时参数的 get 方法以避免线程一直阻塞。

11.10　使用 ThreadLocal 不当可能会导致内存泄漏

在基础篇已经讲解了 ThreadLocal 的原理，本节着重介绍使用 ThreadLocal 会导致内存泄漏的原因，并给出使用 ThreadLocal 导致内存泄漏的案例。

11.10.1　为何会出现内存泄漏

在基础篇我们讲了，ThreadLocal 只是一个工具类，具体存放变量的是线程的 threadLocals 变量。threadLocals 是一个 ThreadLocalMap 类型的变量，该类型如图 11-10 所示。

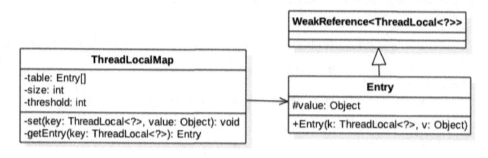

图 11-10

由 图 11-10 可 知，ThreadLocalMap 内 部 是 一 个 Entry 数 组，Entry 继 承 自 WeakReference，Entry 内部的 value 用来存放通过 ThreadLocal 的 set 方法传递的值，那么 ThreadLocal 对象本身存放到哪里了呢？下面看看 Entry 的构造函数。

```
Entry(ThreadLocal<?> k, Object v) {
            super(k);
            value = v;
}

public WeakReference(T referent) {
   super(referent);
}

Reference(T referent) {
   this(referent, null);
}

Reference(T referent, ReferenceQueue<? super T> queue) {
```

```
        this.referent = referent;
        this.queue = (queue == null) ? ReferenceQueue.NULL : queue;
    }
```

k 被 传 递 给 WeakReference 的 构 造 函 数，也 就 是 说 ThreadLocalMap 里 面 的 key 为 ThreadLocal 对象的弱引用，具体就是 referent 变量引用了 ThreadLocal 对象，value 为具体调用 ThreadLocal 的 set 方法时传递的值。

当一个线程调用 ThreadLocal 的 set 方法设置变量时，当前线程的 ThreadLocalMap 里就会存放一个记录，这个记录的 key 为 ThreadLocal 的弱引用，value 则为设置的值。如果当前线程一直存在且没有调用 ThreadLocal 的 remove 方法，并且这时候在其他地方还有对 ThreadLocal 的引用，则当前线程的 ThreadLocalMap 变量里面会存在对 ThreadLocal 变量的引用和对 value 对象的引用，它们是不会被释放的，这就会造成内存泄漏。

考虑这个 ThreadLocal 变量没有其他强依赖，而当前线程还存在的情况，由于线程的 ThreadLocalMap 里面的 key 是弱依赖，所以当前线程的 ThreadLocalMap 里面的 ThreadLocal 变量的弱引用会在 gc 的时候被回收，但是对应的 value 还是会造成内存泄漏，因为这时候 ThreadLocalMap 里面就会存在 key 为 null 但是 value 不为 null 的 entry 项。

其实在 ThreadLocal 的 set、get 和 remove 方法里面可以找一些时机对这些 key 为 null 的 entry 进行清理，但是这些清理不是必须发生的。下面简单说下 ThreadLocalMap 的 remove 方法中的清理过程。

```
private void remove(ThreadLocal<?> key) {

    //(1)计算当前ThreadLocal变量所在的table数组位置，尝试使用快速定位方法
    Entry[] tab = table;
    int len = tab.length;
    int i = key.threadLocalHashCode & (len-1);
    //(2)这里使用循环是防止快速定位失效后，遍历table数组
    for (Entry e = tab[i];
         e != null;
         e = tab[i = nextIndex(i, len)]) {
        //(3)找到
        if (e.get() == key) {
            //(4)找到则调用WeakReference的clear方法清除对ThreadLocal的弱引用
            e.clear();
            //(5)清理key为null的元素
            expungeStaleEntry(i);
```

```
        return;
    }
  }
}
```

代码（4）调用了 Entry 的 clear 方法，实际调用的是父类 WeakReference 的 clear 方法，作用是去掉对 ThreadLocal 的弱引用。

如下代码（6）去掉对 value 的引用，到这里当前线程里面的当前 ThreadLocal 对象的信息被清理完毕了。

```
private int expungeStaleEntry(int staleSlot) {
        Entry[] tab = table;
        int len = tab.length;

        //（6）去掉对value的引用
        tab[staleSlot].value = null;
        tab[staleSlot] = null;
        size--;

        Entry e;
        int i;
        for (i = nextIndex(staleSlot, len);
            (e = tab[i]) != null;
            i = nextIndex(i, len)) {
            ThreadLocal<?> k = e.get();

            //(7)如果key为null,则去掉对value的引用
            if (k == null) {
                e.value = null;
                tab[i] = null;
                size--;
            } else {
                int h = k.threadLocalHashCode & (len - 1);
                if (h != i) {
                    tab[i] = null;
                    while (tab[h] != null)
                        h = nextIndex(h, len);
                    tab[h] = e;
                }
            }
        }
```

```
        return i;
    }
```

代码（7）从当前元素的下标开始查看 table 数组里面是否有 key 为 null 的其他元素，有则清理。循环退出的条件是遇到 table 里面有 null 的元素。所以这里知道 null 元素后面的 Entry 里面 key 为 null 的元素不会被清理。

总　结：ThreadLocalMap 的 Entry 中 的 key 使用 的 是 对 ThreadLocal 对 象 的 弱 引用，这在避免内存泄漏方面是一个进步，因为如果是强引用，即使其他地方没有对 ThreadLocal 对象的引用，ThreadLocalMap 中的 ThreadLocal 对象还是不会被回收，而如果是弱引用则 ThreadLocal 引用是会被回收掉的。但是对应的 value 还是不能被回收，这时 候 ThreadLocalMap 里面就会存在 key 为 null 但是 value 不为 null 的 entry 项，虽然 ThreadLocalMap 提供了 set、get 和 remove 方法，可以在一些时机下对这些 Entry 项进行清理，但是这是不及时的，也不是每次都会执行，所以在一些情况下还是会发生内存漏，因此在使用完毕后及时调用 remove 方法才是解决内存泄漏问题的王道。

11.10.2　在线程池中使用 ThreadLocal 导致的内存泄漏

下面先看一个在线程池中使用 ThreadLocal 的例子。

```java
public class ThreadPoolTest {

    static class LocalVariable {
        private Long[] a = new Long[1024*1024];
    }

    // (1)
    final static ThreadPoolExecutor poolExecutor = new ThreadPoolExecutor(5, 5, 1,
TimeUnit.MINUTES,
            new LinkedBlockingQueue<>());
    // (2)
    final static ThreadLocal<LocalVariable> localVariable = new
ThreadLocal<LocalVariable>();

    public static void main(String[] args) throws InterruptedException {
        // (3)
        for (int i = 0; i < 50; ++i) {
            poolExecutor.execute(new Runnable() {
                public void run() {
```

```
        // (4)
        localVariable.set(new LocalVariable());
        // (5)
        System.out.println("use local varaible");
        //localVariable.remove();

        }
    });

    Thread.sleep(1000);
}
// (6)
System.out.println("pool execute over");
}
```

代码（1）创建了一个核心线程数和最大线程数都为 5 的线程池。

代码（2）创建了一个 ThreadLocal 的变量，泛型参数为 LocalVariable，LocalVariable 内部是一个 Long 数组。

代码（3）向线程池里面放入 50 个任务。

代码（4）设置当前线程的 localVariable 变量，也就是把 new 的 LocalVariable 变量放入当前线程的 threadLocals 变量中。

由于没有调用线程池的 shutdown 或者 shutdownNow 方法，所以线程池里面的用户线程不会退出，进而 JVM 进程也不会退出。

运行代码，使用 jconsole 监控堆内存变化，如图 11-11 所示。

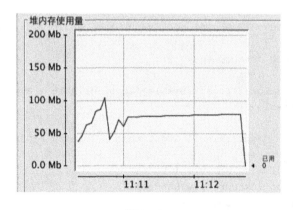

图 11-11

　　然后去掉 localVariable.remove() 注释，再运行，观察堆内存变化，如图 11-12 所示。

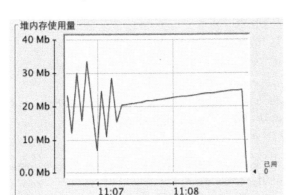

图 11-12

　　从运行结果一（图 11-11）可知，当主线程处于休眠时，进程占用了大概 77MB 内存，运行结果二（图 11-12）显示占用了大概 25MB 内存，由此可知运行代码一时发生了内存泄漏，下面分析泄露的原因。

　　第一次运行代码时，在设置线程的 localVariable 变量后没有调用 localVariable.remove() 方法，这导致线程池里面 5 个核心线程的 threadLocals 变量里面的 new LocalVariable() 实例没有被释放。虽然线程池里面的任务执行完了，但是线程池里面的 5 个线程会一直存在直到 JVM 进程被杀死。这里需要注意的是，由于 localVariable 被声明为了 static 变量，虽然在线程的 ThreadLocalMap 里面对 localVariable 进行了弱引用，但是 localVariable 不会被回收。第二次运行代码时，由于线程在设置 localVariable 变量后及时调用了 localVariable.remove() 方法进行了清理，所以不会存在内存泄漏问题。

　　总结：如果在线程池里面设置了 ThreadLocal 变量，则一定要记得及时清理，因为线程池里面的核心线程是一直存在的，如果不清理，线程池的核心线程的 threadLocals 变量会一直持有 ThreadLocal 变量。

11.10.3　在 Tomcat 的 Servlet 中使用 ThreadLocal 导致内存泄漏

　　首先看一个 Servlet 的代码。

```
public class HelloWorldExample extends HttpServlet {
```

```
    private static final long serialVersionUID = 1L;

    static class LocalVariable {
        private Long[] a = new Long[1024 * 1024 * 100];
    }

    //(1)
    final static ThreadLocal<LocalVariable> localVariable = new
ThreadLocal<LocalVariable>();

    @Override
    public void doGet(HttpServletRequest request, HttpServletResponse response)
throws IOException, ServletException {
        //(2)
        localVariable.set(new LocalVariable());

        response.setContentType("text/html");
        PrintWriter out = response.getWriter();

        out.println("<html>");
        out.println("<head>");

        out.println("<title>" + "title" + "</title>");
        out.println("</head>");
        out.println("<body bgcolor=\"white\">");
        //(3)
        out.println(this.toString());
        //(4)
        out.println(Thread.currentThread().toString());

        out.println("</body>");
        out.println("</html>");
    }
}
```

代码（1）创建一个 localVariable 对象。

代码（2）在 Servlet 的 doGet 方法内设置 localVariable 值。

代码（3）打印当前 Servlet 的实例。

代码（4）打印当前线程。

修改 Tomcat 的 conf 下 sever.xml 配置如下。

```
<Executor name="tomcatThreadPool" namePrefix="catalina-exec-"
    maxThreads="10" minSpareThreads="5"/>

<Connector executor="tomcatThreadPool" port="8080" protocol="HTTP/1.1"
        connectionTimeout="20000"
        redirectPort="8443" />
```

这里设置了 Tomcat 的处理线程池的最大线程数为 10，最小线程数为 5。那么这个线程池是干什么用的呢？我们回顾下 Tomcat 的容器结构，如图 11-13 所示。

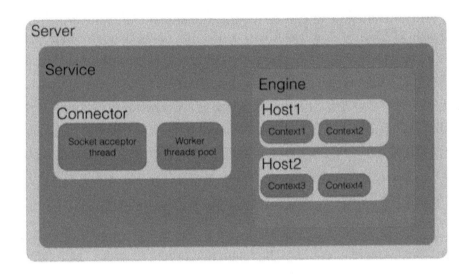

图 11-13

Tomcat 中的 Connector 组件负责接收并处理请求，其中 Socket acceptor thread 负责接收用户的访问请求，然后把接收到的请求交给 Worker threads pool 线程池进行具体处理，后者就是我们在 server.xml 里面配置的线程池。Worker threads pool 里面的线程则负责把具体请求分发到具体的应用的 Servlet 上进行处理。

那么，下面启动 Tomcat 访问该 Servlet 多次，你会发现可能输出下面的结果：

```
HelloWorldExample@2a10b2d2 Thread[catalina-exec-5,5,main]
HelloWorldExample@2a10b2d2 Thread[catalina-exec-1,5,main]
HelloWorldExample@2a10b2d2 Thread[catalina-exec-4,5,main]
```

输出的前半部分是 Servlet 实例，可以看出都一样，这说明多次访问的是同一个 Servlet 实例，后半部分中的 catalina-exec-5、catalina-exec-1、catalina-exec-4，则说明使用了 Connector 中的线程池里面的线程 5、线程 1，线程 4 来执行 Servlet。

如果在访问该 Servlet 的同时打开 jconsole 观察堆内存，会发现内存飙升，究其原因是因为工作线程在调用 Servlet 的 doGet 方法时，工作线程的 threadLocals 变量里面被添加了 LocalVariable 实例，但是后来没有清除。另外多次访问该 Servlet 可能使用的不是工作线程池里面的同一个线程，这会导致工作线程池里面多个线程都会存在内存泄漏问题。

更糟糕的还在后面，上面的代码在 Tomcat 6.0 时代，应用 reload 操作后会导致加载该应用的 webappClassLoader 释放不了，这是因为在 Servlet 的 doGet 方法里面创建 LocalVariable 时使用的是 webappClassLoader，所以 LocalVariable.class 里面持有对 webappclassloader 的引用。由于 LocalVariable 实例没有被释放，所以 LocalVariable.class 对象也没有被释放，因而 webappClassLoader 也没有被释放，那么 webappClassLoader 加载的所有类也没有被释放。这是因为当应用 reload 时，Connector 组件里面的工作线程池里面的线程还是一直存在的，并且线程里面的 threadLocals 变量并没有被清理。而在 Tomcat 7.0 中这个问题被修复了，应用在加载时会清理工作线程池中线程的 threadLocals 变量。在 Tomcat 7.0 中，加载后会有如下提示。

```
十二月 31, 2017 5:44:24 下午 org.apache.catalina.loader.WebappClassLoader
checkThreadLocalMapForLeaks
严重: The web application [/examples] created a ThreadLocal with key of type [java.
lang.ThreadLocal] (value [java.lang.ThreadLocal@63a3e00b]) and a value of type
[HelloWorldExample.LocalVariable] (value [HelloWorldExample$LocalVariable@4fd7564b])
but failed to remove it when the web application was stopped. Threads are going to
be renewed over time to try and avoid a probable memory leak.
```

11.10.4　小结

Java 提供的 ThreadLocal 给我们编程提供了方便，但是如果使用不当也会给我们带来麻烦，所以要养成良好的编码习惯，在线程中使用完 ThreadLocal 变量后，要记得及时清除掉。

11.11　总结

本章首先结合开源框架 Logback 日志系统和 Tomcat 容器讲解了并发队列的使用，然后讲解了在并发编程时容易遇到的问题以及解决方法。读者在阅读完本章后最好动手去实践，尝试在项目实践中解决类似问题。